辽宁省战略性新兴领域
"十四五"高等教育教材体系建设项目系列教材

GUFEI NENGYUANHUA DE
CHUZHI YU
FENGXIAN PINGGU

固废能源化的处置与风险评估

朱春玉◎主编

化学工业出版社
·北京·

内容简介

《固废能源化的处置与风险评估》主要介绍了利用焚烧、填埋、厌氧发酵以及好氧发酵等技术进行固废能源化处置的原理及应用。本教材突破了有机固废能源化领域，涉及产热、发电、供暖等多方面内容。同时，在实现固废能源化基础上，阐明固废能源化过程中副产物产生原理、风险评价及控制方式，包括污染性气体控制、重金属控制、渗滤液的控制与资源化以及固废转化产物的资源化利用。本书融合我国固废能源化利用的前沿技术与创新成果，通过固废能源转化相关案例，将固废能源化基础理论和实际应用有机结合，帮助读者提高运用理论解决复杂工程问题的能力。

本书适用于能源化工、环境保护等相关专业本科生、研究生，也可供相关领域的科研人员与工程技术人员参考。

图书在版编目（CIP）数据

固废能源化的处置与风险评估 / 朱春玉主编.
北京 ：化学工业出版社，2025. 8. --（辽宁省战略性新兴领域“十四五”高等教育教材体系建设项目系列教材）.
ISBN 978-7-122-48156-6

Ⅰ. X705

中国国家版本馆 CIP 数据核字第 2025RH2643 号

责任编辑：林　媛　蔡洪伟　　　文字编辑：朱　婧　师明远
责任校对：王　静　　　　　　　装帧设计：王晓宇

出版发行：化学工业出版社
（北京市东城区青年湖南街 13 号　邮政编码 100011）
印　　装：北京科印技术咨询服务有限公司数码印刷分部
787mm×1092mm　1/16　印张 10½　字数 254 千字
2026 年 1 月北京第 1 版第 1 次印刷

购书咨询：010-64518888　　　售后服务：010-64518899
网　　址：http://www.cip.com.cn
凡购买本书，如有缺损质量问题，本社销售中心负责调换。

定　　价：40.00 元

前言
PREFACE

《固废能源化的处置与风险评估》是一本专注于固体废物能源化处理、处置及其相关风险评估的教材。在当前全球面临环境污染、资源枯竭的巨大挑战下，固体废物的有效处理和能源化利用已成为我国乃至世界各国关注的焦点。本教材旨在为广大读者提供一本系统、全面、实用的固体废物处置与风险评估的学习用书，助力读者深入学习相关知识。

随着我国经济的快速发展，工业生产、城市生活等方面产生的固体废物量逐年增加，对环境造成了严重的影响。固体废物的无序堆放、不当处理不仅占用大量土地资源，而且会产生臭气、渗滤液等二次污染，对土壤、水体、空气等环境介质造成污染。此外，固体废物还含有大量的有害物质，如重金属、有机污染物等，严重威胁着人类的健康。面对这一问题，我国政府高度重视固体废物的处理与处置工作，制定了一系列政策、法规和标准，推动固体废物的资源化、减量化和无害化处理。在此基础上，固体废物的能源化处置与风险评估也逐渐受到关注，成为评价固体废物处理效果、预防环境污染事故的重要手段。

本书主要围绕焚烧、填埋、厌氧发酵以及好氧发酵等技术在固体废物能源化处置中的应用展开论述，包括焚烧产热、发电，填埋气作燃料、发电，厌氧发酵制备甲烷，好氧发酵制备热能等内容。通过阐述固体废物能源化处置多项技术的基本概念和基本原理，系统介绍能源转化过程中有机组分变化规律，明确其能源化的主要机制。另外，在实现固体废物能源化基础上，阐明固体废物能源化过程中副产物产生原理、风险评价及控制方式，包括污染性气体控制、重金属控制、渗滤液的控制与资源化以及固体废物转化产物的资源化利用。教材不仅对固体废物能源化技术及应用进行详细介绍，更进一步对处理过程中副产物进行风险评价，阐明副产物控制技术，实现固体废物“绿色”能源化。

全书共十章，包括绪论、固体废物处理处置现状与能源化利用、固体废物焚烧处理技术、固体废物焚烧副产物风险评估及处置方式、固体废物填埋处理技术、固体废物填埋处理副产物风险评估及资源化利用、固体废物厌氧发酵处理技术、固体废物厌氧发酵副产物风险评估及控制、固体废物好氧发酵处理技术及固体废物好氧发酵过程中污染源控制。

本书由朱春玉担任主编，吴俊秋、卢倩以及齐海石担任副主编。各章节编写分工如下：吴俊秋编写第 1 章、第 6 章，卢倩编写第 9 章、第 10 章，朱春玉、齐海石、付琳编写第 2 章、第 5 章、第 7 章和第 8 章，舒振杨编写第 3 章、第 4 章。

由于编者水平有限，书中难免有不足之处，欢迎读者批评指正。

编者

2025 年 1 月

目录

CONTENTS

第1章

绪 论

学习目标

1. 理解固体废物的概念、分类及其性质，包括物理、化学和生物学特性。

2. 掌握固体废物产生及其环境属性，了解固体废物对环境和人类健康的潜在风险。

3. 学习固体废物风险评估的基本步骤，包括确定风险评估的目标和范围、收集废弃物信息、评估废弃物特性和污染物释放等。

固体废物（solid waste）简称固废。环境中固体废物按照产生来源可分为城市固废、城镇固废、城乡结合部固废、农业固废等；按照组成可分为生活垃圾、工业固废、电子垃圾等；按照形态则可分为固态废弃物、半固态废弃物及容器中气态或液态废物。综合以上多种类型固体废物，总体可将其归纳为有机固废和无机固废。针对固废能源化而言，有机固体废物将发挥主要作用。

固废能源化处置是研究有机固体废物转化为可利用能源的一门学科，包括转化为热能、电能、填埋气、生物燃气以及资源化产物等。这种固废能源化处置方式在国际上也被称为废弃物转制能源（WtE）化处理技术或废弃物能源（EfW）化处理技术。因此，固废能源化处置是从有机固废预处理转化为燃料的过程，包含将其转化为电能、热能等能源形式。固废能源化处置是一种能量回收及废弃物资源可持续利用的形式。传统意义上认为固废能源化处置工艺是直接通过燃烧产生电力和/或热量，或生产可燃燃料商品，例如甲烷、甲醇、乙醇或合成燃料。但随着现代科技进步及各项固废处理技术研究的不断深入，固废能源化处置方式包括但已不限于燃烧发电或产热等形式。多种技术因地制宜、共同发展将成为未来有机固废能源化处理处置的良好选择。

1.1 固体废物的概念

固体废物在广义上指源自工业、农业、畜牧业及城镇生产、生活，可自发或被微生物降解的固体、半固体废物，包括工业有机废物、秸秆、禽畜粪便、餐厨垃圾、生活垃圾及市政污泥等。而根据《中华人民共和国固体废物污染环境防治法》，固体废物是指在生产、生活或其他活动中产生的丧失原有利用价值或者虽未丧失利用价值但被抛弃或放弃的固态、半固态和置于容器中的气态物品、物质，以及法律、行政法规规定纳入固体废物管理的物品、物质。

在生产、生活中，纳入固体废物管理体系的主要包括农业种植、养殖产生的秸秆、畜禽粪便、萎菜等农业固废；城市产生的厨余、污泥、园林垃圾、纸张、玻璃、塑料制品、金属制品等可回收城市固废；废电池、废灯管、含油废手套、废油残渣、废棉丝等危险固废以及建筑、矿山、交通运输等工矿企业产生的废水泥渣、碎砖头、石块等工业固废。在某种程度上，还包括了不能排入水体的液态废物和不能排入大气的置于容器中的气态物质。由于上述物质在得不到妥善处理的情况下，多具有较大的危害性，因此将其统一纳入固体废物管理体系。

固体废物的生成是无时无刻的，自然环境中存在的微生物、植物、动物乃至人类所经历的所有活动，如生长、繁殖、新陈代谢、物种演替等都将产生各种类型的固体废物。就植物生长而言，从一年生草本植物到多年生乔木、灌木，其生长、开花、结果到死亡的各个阶段都会产生固体废物。其中包括杂草、落叶、枯花在内的园林废弃物，包括玉米、水稻、大豆秸秆在内的农业废弃物，餐饮行业产生的白菜、甘蓝、土豆皮等餐厨垃圾等，都属于典型的植物源固体废物，其产生及废弃充斥着我们生活的各个角落。如果生成的固体废物得到妥善处置并正确利用，它将成为一种“资源”继续为人类生产、生活服务。因此，在对其进行处理处置、资源化利用之前，固体废物常被称为“放错地方的资源”。

固体废物处理处置不当不仅将造成资源浪费，更是造成环境污染的主要原因之一。一方面，固体废物中含有的污染型废弃物将直接威胁人类和环境健康。另一方面，固体废物堆置过程中产生的废气、渗滤液等将给大气或土壤等环境带来二次污染，严重威胁生态环境和人类健康。为解决上述问题，我国在 20 世纪 80 年代中期即提出控制固体废物污染的三大技术政策，即减量化、资源化及无害化。固体废物减量化是指通过适宜的处理及控制手段，减少固体废物的生成量或危害性，既包括数量的减少，也包括固体废物对环境危害性的降低。我国对固体废物减量化高度重视，设有《中华人民共和国固体废物污染环境防治法》、《中华人民共和国清洁生产促进法》和《中华人民共和国循环经济促进法》直接管理法律，严格要求亟须减少固体废物类型，并大力支持开展相关技术研究。固体废物资源化是指回收固体废物中重复利用组分或能源，促进资源再生、废弃物可持续利用，目的是减少资源消耗，降低废弃物污染，实现资源循环利用。某种意义上，固体废物资源化也是固体废物减量化的一种方式。固体废物无害化则是指经过处理的固体废物要达到对环境无污染、对人体健康无损害的要求。同时也要求在对固体废物处理的过程中做到副产物及产品无害化。我国作为一个农业大国，同时也是一个城镇化快速发展的国家，每年固体废物产量逐步增加，目前如何合理安排这些“放错位置的资源”已经成为我国生态文明建设中的一项重要议题。

1.2 固体废物的性质

固体废物由于来源及组成复杂，其性质可分为两个方面：一是固体废物自身的物理、化学及生物学特性；二是根据其与环境、资源、社会的关系分析的环境特性。

1.2.1 固体废物的自身属性

1.2.1.1 固体废物的物理特性

固体废物的物理特性与传统意义上的物质的物理性质不同，固体废物无固定来源及组成，导致其亦无固定的内部结构，故其物理性质不能以密度、形状进行定性。因此，目前固体废物的物理特性主要包括含水率、物质组成、容重、粒径、孔隙率等。

（1）含水率

含水率是指固体废物中的水分含量，通常以百分比形式表示（%）。在应用过程中，常以固体废物原始质量减去烘干质量的差值比原始质量。含水率是固体废物处理过程中调节定位必不可少的物理特性指标，是关系处理技术成功及产品质量的关键。自然界中存在的固体废物的含水率无固定值，且受到成分、气候、季节的影响十分明显。在高温干燥环境条件下，固体废物表面干燥，呈现干裂状态，此时也常被人们误认为含水率为零。如秋季回收的水稻、玉米等作物秸秆干燥易燃，表面无水，但此时结构内部仍然存在一定的结合水，经过高温干燥后，亦可得到含水率，即使含量较低。相反，在潮湿与雨水环境下，固体废物含水率可大于 100%。而类似黄瓜、白菜、西红柿等果蔬类废弃物，即使不处于湿润条件，其本身含水量较高，含水重量更是接近果蔬的原始重量。

（2）物质组成

固体废物的物质组成是指混合组分中含有的有机物、无机物、可回收物及其他物质等，更细化时可包括其含有的木质素、纤维素、蛋白质、脂肪、无机盐、黏土矿物、金属等物质。在应用过程中，针对不同组分将通过不同的方法进行测定分析，例如小分子有机组分可以利用高效液相色谱法进行测定分析。对多组分进行分析的目的在于对固体废物进行更进一步的分类，根据其物质组成选择更适宜的能源化方法，使固体废物能源化效率最大化。然而，可能源化的固体废物的组成成分十分复杂，且受到多方面因素的综合影响，例如经济发展水平、人类活动特点、气候条件、能源结构等。在上述因素的影响下，不同地区来源的固体废物的组成成分差异较大，这也对其综合处理及统一管理造成了诸多困难。因此，在进行固体废物能源化过程中，应因地制宜选择最佳能源化处理方法，保证能源化过程顺利进行的同时，实现能源化效率的最大化。那么，这同时也要求固体废物来源稳定、分类清晰。

（3）容重

固体废物的容重是指自然条件下单位体积固废所含有的物质质量，一般以 kg/m^3 表示。多种类型的固体废物由于其物质组成不同、压缩处理程度不同，故容重差异较大。一般情况下，容重可通过小样测定法及多次测量平均法实现。小样测定法即可将缩分后的原始样品装满一定容积的广口容器，随后通过质量体积比得到固体废物的容量。多次测量平均法与小样测定法类似，同样用一定体积的容器，在固定一段时间（如半年）内，每个月或每半个月称量一次，取平均值。多次测量平均法适用于环卫系统计算年垃圾平均容重，而在固体废物能源化实际应用过程中，小样测定法更为常用。

在固体废物能源化场地及设备设计过程中，常用容积来表征规模大小。但固体废物常用质量来表示产生量的多少。因此，容重成了联系二者之间的重要桥梁参数。进而测定固体废物容重的目的是为选择和设计贮存容器、运输车辆的容积、中转站及处理设施的规模的库容提供依据。同时，在固体废物管理中，容重也成为衡量运输及能源化工程承载能力的重要指标。

(4) 粒径

固体废物的粒径是指其几何形状及尺寸大小，也就是颗粒的大小，又称粒度或者颗粒直径。对球形颗粒而言，粒径就是指直径。而对于非球形颗粒，如立方体、长方体、不规则形状等，则可以用规则物体（如球体）的直径表示不规则颗粒的粒径。生活中常见的固体废物粒径范围在 2～600mm 不等。粒径大小对固体废物处理和利用会产生非常大的影响，尤其是在筛分和分选阶段，每种工艺及设备所能够处理的粒径是有固定范围的。因此，粒径数据常用以判断固体废物需要前处理的程度，如若固体废物粒径过大，常需要提前进行机械破碎处理，进而为后续处理提供合适的固相粒度。当然，固体废物作为混合物，各组分尺寸存在较大差异，单一粒度难以表征所有类型组分的尺寸。进而，常采用粒径分布，即粒径范围值表征混合固体废物的粒度。

(5) 孔隙率

固体废物的孔隙率是指物料之间孔隙空间占总体积的百分比，用以反映固体废物内部空隙程度，常以孔隙体积除以总体积乘以百分比表示（%）。固体废物处理相关孔隙率常用于堆肥通风供氧、焚烧炉强制通风的阻力计算和通风风机参数的确定。一方面，孔隙率常与容重、粒径密切相关，通常容重大、粒径小，孔隙率就小；而容重小、粒径大，则孔隙率相对较大。固体废物之间孔隙率大表示物料间通风面积大，空气流通阻力小，有利于固体废物处理过程中氧气的供应。另一方面，孔隙率与物料尺寸、物料强度及含水率也密切相关。如，物料尺寸越小，物料间空隙越多，孔隙率越大；物料强度越大，孔隙平均容积越大，孔隙率越大；而物料含水率越高，水将占据物料间隙，进而导致孔隙率越小。目前，针对不同的固体废物处理技术，对物料孔隙率的要求差别较大。例如，在污泥堆肥过程中，孔隙率可达到 88%以上，以利于通风系统对体系氧气的供应；而对燃烧而言，如以秸秆为底物，相对孔隙率一般小于 2%。

1.2.1.2 固体废物的化学特性

固体废物的化学特性是指其在发生化学反应时表现出来的化学性质，如元素组成、挥发分、灰分、可燃分、灰熔点、热值等指标。这些指标不仅反映了垃圾的化学性质，也是选择固体废物加工处理工程工艺的重要参数。根据固体废物的物理性质和化学性质综合考虑，全方位分析垃圾的基本特性，结合适宜技术，才能充分发挥固体废物的优势，实现固废能源化效率的最大化。

(1) 元素组成

受人类活动、自然条件、气候变化等环境因素的影响，固体废物来源复杂，各个地区所拥有的固体废物均是由多种废弃物混合而成。就其化学本质而言，在混合固体废物中优势元素组成可能决定着其在利用过程中的主要特性。如高有机碳含量固体废物可能更适合进行堆肥化处理，在实现堆肥热能转化的同时，生产高营养含量的有机肥。但无论固体废物组成成分如何复杂，组成其的化学元素大体上是类似的，区别仅在于每种元素所占比例不同。本书以堆肥为例，对固体废物中主要元素进行介绍，总体上可分为三大类。

① 大量元素：碳（C）、氢（H）、氧（O）、氮（N）、磷（P）、钾（K）、钠（Na）、镁

(Mg)、钙 (Ca) 等。

② 微量元素：锰 (Mn)、硅 (Si)、铁 (Fe)、铜 (Cu)、锌 (Zn)、铝 (Al)、钴 (Co)、镍 (Ni) 等。

③ 毒性元素：汞 (Hg)、铅 (Pb)、镉 (Cd)、砷 (As)、氯 (Cl)、硫 (S)、钛 (Ti) 等。

对适宜堆肥的固体废物而言，大量元素多组成堆体中的有机组分，堆肥过程中，多种类型有机质在微生物作用下将会转化为成熟的腐殖质类物质。腐殖质是一类以芳香族有机碳为核心，外接醇羟基、酚羟基 (—OH)、羧基 (—COOH)、羰基 (C=O)、氨基 ($—NH_2$) 等活性官能团，具有提高土壤肥力，交换、吸附、络合、螯合环境介质中重金属、有机染料等作用。因此，堆肥过程中生成的腐殖质类物质可螯合微量元素进而为作物生长提供营养。此外，厌氧发酵、填埋处理虽然与堆肥处理工艺差异较大，但产物类型均为高腐殖质含量产品，对土壤具有同等环境效益。然而，腐熟产品吸附微量元素的同时，也将吸附毒性元素。

固体废物中不可避免地会含有一些商业垃圾、工业垃圾、电子垃圾等具有毒性元素的垃圾。在堆肥过程中，腐殖质类物质将与有害元素螯合，实现了毒性元素的固定，避免其在环境中流动而扩大污染范围。由此可知，在固体废物能源化过程中，关注技术工艺提高能源产量的同时，同样要重点关注产物的环境效益，进而达到双赢的目的。

(2) 挥发分

固体废物中的挥发分又称挥发性固体含量，是指在某一固定温度、隔绝氧气或空气条件下，固体废物完全干燥后，由物质本身进一步蒸发或升华的组分，主要包括一些有机挥发物，如油、树脂、黏结剂等各种气态的烃类化合物，氢气、硫化氢、一氧化碳等可燃气体，同时还包括一些氧气、二氧化碳、氮气等不可燃气体，用 V_s (%) 表示。根据概念可知，挥发分是固体废物加热后生成的产物，并不是结构中某一固定的组分。因此，不同类型固体废物由于其化学性质及结构不同，能够解析出挥发分的温度及其解析出的物质类型、含量也存在较大差异。测定方法多采用马弗炉高温加热，灼烧固定时间后，计算灼烧前后质量差，进而获取挥发分含量。一般挥发分的测定可用于判断固体废物的热值，制定工业废弃物处理措施，以及进行环境监察、空气污染物排放管控等，如挥发分越多，固体废物越容易着火，燃烧也越充分，进而有利于对固体废物进行处理工艺判断。

(3) 灰分

灰分是指高温环境中，固体废物在空气或氧气充足条件下经过完全燃烧残留下的物质，是固体废物中的不可燃烧组分，反映了固体废物中无机物的含量，即灼烧残留量 (%)，包括金属氧化物、硫酸盐、磷酸盐、碳酸盐等氧化物或氧化物的化合物。由概念可知，灰分是固体废物中不可燃烧部分，具有降低废弃物热值的功能，是对固体废物能源化具有危害性的存在。例如，高灰分含量固体废物会阻碍燃烧，成为能源化处理工艺技术瓶颈问题。灰分测定方法与挥发分类似，均是利用高温失重法获得灼烧前后的质量差。但通常灰分测定灼烧时间更长，待固体废物中所有有机组分燃烧殆尽后，残余物质量不再降低，获得的最终产物才是理论意义上的灰分。固体废物的灰分测定主要用于判断废物的热值，判断难以燃烧的电子垃圾，销毁生物医疗废弃物等。

(4) 可燃分

固体废物的可燃分是指固体废物中含有的可在高温、含氧情况下燃烧的组分。包含了结构中的所有有机组分。可燃分是固体废物产生热能的主要成分，经过燃烧后也可以转化为电能，进而实现了资源的能源回收和可持续利用。由概念可知，可燃分与灰分是相对组分，可燃分完全燃烧后的残留物为灰分，因此去掉灰分比例即为可燃分含量。固体废物能源化处理过程中，可燃分含量是极其重要的指标，即，可燃分含量越高，可进行能源转化的组分的含量就越多。尤其对焚烧技术而言，高可燃分含量是高产能的基础。在对纸张、橡胶、塑料等废弃物进行焚烧处理前，可燃分及灰分是评估固体废物是否适合焚烧的重要指标。因此，可燃分指标被广泛应用于通过焚烧技术处理不可再生固体废物的过程中，可以通过增加可燃分来提高焚烧效率和处理废物的安全性。

(5) 灰熔点

灰熔点又称熔融性，是指固体废物中的灰分随着加热温度变化而发生形变、软化和流动时的温度，是灰分的特性指标。固体废物来源的复杂性也将导致其焚烧产物灰分组成十分复杂，进而无固定的灰熔点，只能是一个熔化范围。其测定方法可以选择灰熔点测定仪，也可以选择灰锥法进行测量。灰锥法是将灰分与糊精混合，将混合产物制成三角锥形，并将其置于加热设备中，在一定加热条件下快速升温，通过观察三角锥形形状变化以确定灰熔点。固体废物的灰熔点与灰分中含有的矿物质成分有关，如 Al_2O_3、SiO_2 含量越高，灰熔点越高；而 Fe_2O_3、CaO、MgO、Na_2O 和 K_2O 含量越高，灰熔点越低。灰熔点能够反映固废焚烧后矿物质的存在形态，据此可预判锅炉受热面的结渣倾向与灰沉积风险，进而影响固废能源化工艺参数的选择及设备选型。灰熔点与热量无关，但一些热处理设备的热处理温度却取决于灰熔点，灰熔点低的原料，热处理温度维持太高，将导致灰渣熔融、结块，进而破坏工艺，损坏设备。因此，选择适宜灰熔点温度的处理工艺，是固体废物能源化顺利进行的基本保障。

(6) 热值

热值又称卡值或发热量，是表示固体废物燃料质量的一种重要指标，是指单位质量的固体废物完全燃烧过程中所释放出的所有热量，属于物质的特性指标，一般用 q 表示，常用单位为 kJ/kg、MJ/kg、kcal/kg。热值主要用于评价固体废物工艺性质，反映了固体废物本身的一种燃烧性质，是判断其是否适宜燃烧的基础。固体废物热值越大，说明其燃烧性能越好，即燃烧相同质量的固体废物，放出的热量越多；相反，热值越小，说明固体废物燃烧性能越差，放出的热量就越少。固体废物的热值多采用弹筒法测定，即将一定质量的固体废物装入含有过量氧气的氧弹内进行燃烧，燃烧过程中所释放的所有热量则为固体废物的发热量。一般情况下，固体废物热值大于 3700 kJ/kg 即可视为适宜燃烧的燃料，能源化处理时不需要其他辅助燃料。但固体废物中可能存在一些水分含量较高的组分，导致其不适合燃烧。这时可以通过前期脱水或干燥处理，减少固体废物中含水量，提高热值，以提高固体废物能源化效率。

1.2.1.3 固体废物的生物学特性

固体废物的生物学特性涉及其自身组分所具有的生物性质及其对环境的影响；同时包括固体废物可生物降解及转化的性能，也称之为固体废物的可生化性。

一方面，固体废物自身生物学性质极其复杂，主要原因在于其来源复杂。在物质组成方面，对农村生活来源的固体废物而言，其中包括了畜禽粪便、作物秸秆、大棚蒌菜、餐厨垃圾、生活垃圾、生活废水等。固体废物有机质含量高，水分含量大，有机组成主要为粗蛋白、木质素、纤维素、半纤维素以及少量脂类组分。而对于城市固体废物，其中包括人畜粪便、生活污水、水处理剩余污泥等，除上述有机组分外，还存在部分重金属、抗生素等污染性组分。对固体废物中附带的微生物而言，人畜粪便、生活垃圾、生活废水、污泥中含有大量细菌、真菌、与疾病相关的病毒及昆虫卵等生物。若固体废物处理处置不当，将造成环境中生物污染，严重时威胁人类健康。

在固体废物能源化过程中，根据其能源化工艺充分考虑其生物学特性，对人类及环境健康具有重要意义。如，在利用高热值固体废物进行焚烧发热、发电的过程中，重点考虑其所附带的病原微生物、病毒、昆虫卵等在运输、预处理、混合及进料过程中对环境和人体的危害；而在填埋、厌氧发酵或堆肥过程中，除了要考虑上述过程外，其在处理过程中及形成的产物中所含有的危害性微小生物都应充分消灭，避免其进一步散布进入水体、土壤及大气中，对人类健康造成严重威胁。

另一方面，固体废物的生物转化性能是由其自身生物学性质决定的。在固体废物能源化处理过程中，微生物是主导其有机组分转化的重要驱动力。固体废物中含有大量有机质，可以作为微生物活动的能源底物。固体废物中有机组分可综合分为木质纤维素类、粗蛋白类及粗脂肪类。在利用堆肥、厌氧发酵、填埋技术处理固体废物过程中，微生物首先利用胞外酶将大分子有机组分降解成多聚木质素、多糖、多肽、有机酸等有机物质。上述有机物质将进一步被分解为木质素单体、五碳糖、六碳糖、氨基酸、小分子有机酸等小分子有机组分。这些小分子组分则可进入到微生物细胞中被进一步利用、转化生成生物热、甲烷、氢气等诸多能源物质。其中，微生物细胞内代谢过程、有机组分代谢方式及能源产量等与固体废物组成及工艺处理技术密切相关。如，类似农业废弃物、园林垃圾、餐厨等富含纤维素、粗蛋白、脂肪等有机组分的固体废物，常采用堆肥处理方式，进行微生物产热的同时，实现固体废物的资源化可持续利用。

1.2.2 固体废物的环境属性

固体废物的环境属性是指其对所处环境的影响，包括其与人类、资源、社会间的关系。具体可分为污染性、资源性、社会性以及废物与资源双重性、潜伏性等其他特性。

(1) 污染性

固体废物的污染性主要体现在其本身具有的污染性、固体废物处理过程中造成的二次污染以及处理产物处置不当造成的污染。固体废物中可能具有毒性、燃烧性、爆炸性、放射性、腐蚀性、反应性、传染性与致病性等有害组分，这些组分导致固体废物在产生、排放及处理过程中对生态环境造成污染，甚至威胁人类生命健康。此外，对固体废物进行能源化、资源化或饲料化利用过程中，处理工艺选择不当或工艺先进性较弱，将产生大量有毒、有害物质，进而对生态环境造成二次污染。如焚烧处理过程中生成的氮氧化物、硫化物、二噁英类物质，不仅污染大气，加重雾、霾，污染物达到一定浓度时将直接威胁人类身心健康；填埋或堆肥过程中，微生物活性低、有机质转化效率低导致的氨气、硫化氢等污染性气体释放同样对生态环境造成严重威胁。当然，固体废物处理处置工艺不当，也将导致处理产品仍然具有污染性。如经过堆肥处理的固体废物，若最终产物腐熟度低，那么生产出来的有机肥产品由于有机质转化不充分，产物不稳定，将导致进一步消耗土壤中的氧气、养分，改变土壤微生物结构，进一步为土壤生态环境带来危害。因此，固体废物的污染性不仅体现在其本身，而且在处理过程中产生的二次污染及产品污染均可严重威胁生态环境代谢，或进一步损害人类身体健康。

(2) 资源性

固体废物的资源性是指其自身具有的一定的资源价值或通过一定条件开发处理后将其由废弃物转变为资源化产物。通常，固体废物之所以成为“废弃物”，其实质是一部分人的主观认识，具有片面性。而在专业技术人员眼中，固体废物具有一定的使用价值，可成为生产的原材料、燃料或者消费物品，具有一定的资源价值以及经济价值。例如，利用厨余垃圾、农业废弃物、园林垃圾等通过厌氧发酵生产燃气，利用好氧堆肥生产肥料、烧制生物炭，以及利用部分热值高的固体废物还可以焚烧发电等，因此，固体废物也常被称为“放错位置的资源”。其中，固体废物中具有可回收利用价值的组分包括纸张、金属、塑料、玻璃等可再生利用固废，以及高炉渣、粉煤灰、煤矸石、尾矿等可用于生产建筑材料的固废。当然，本书中重点关注热值高且燃烧产物无害的具有能源回收特性的固废，包括秸秆、园林垃圾、纺织类生活垃圾等通过焚烧供热、发电，或通过填埋、发酵生产可燃沼气。

(3) 社会性

固体废物的社会性是指其在产生、排放再到处理过程中所关系到的社会成员、环境及三者间关系的性质。具体表现为：a. 参与到社会中的每个成员都涉及固体废物的产生及排放。事实上，固体废物的产生一方面是人类生产、生活的结果，包括城乡生活垃圾、市政污泥、餐厨垃圾、厨余垃圾等。b. 固体废物产生的另一方面是社会资源的消耗。虽然固体废物被认为是“放错位置的资源”，但其产生的根本是直接资源的消耗这一事实也是无法改变的，因此实现资源的循环利用才是维持资源可持续的根本。c. 固体废物的排放、可持续利用及过程中产生的污染对社会、工作、生活等活动产生影响，即可称为外部性。外部性从概念上可以理解为活动主体涉及的相关活动对他人的利用产生了影响，当损害他人利益时为负外部性，而当增大他人利益时为正外部性。而固体废物的正、负外部性取决于是否得到合理的处理处置，如将其置之不理，那么对环境造成的污染构成其负外部性；而若得到妥善的处理处置，实现其可持续循环利用，进一步为人们生产、生活带来能源、资源等，则充分体现了其正外部性。综合上述内容可知，固体废物的形成、排放及处理与人类活动密切相关，而其对社会产生的正面或负面影响也完全取决于人类对其的利用及处理方式。

(4) 其他特性

固体废物的废物及资源的双重性，是指固废产生时为在错误的时间放在错误位置的资源，当对其进行回收、运输、处理、转化，实现其可回收利用时，则成为利于社会生产发展和人们生活的资源产物。

固体废物的潜伏性，是指其含有的污染物在环境中缓慢释放的过程。例如，部分金属的积累及转移，对土壤及水体的污染是存在临界值的，当未超过临界值时，金属类元素对环境及人体无害，甚至可以作为辅酶因子促进酶活性；而当超过临界值时，金属元素则成为土壤或水体生态健康的主要威胁，对农作物、人体具有重大危害。此外，部分固体废物中含有的甲苯类芳香族污染物具有潜伏期长的特点，释放缓慢，危害性可长达数年甚至数十年，且不易被察觉。一旦发生，对环境、人体的危害可能是灾难性的。因此，有学者认为固体废物去污染对环境造成的危害可能要比水、气造成的危害更为严重。

固体废物的污染聚集性，是指在治理有害气体、飘尘、水体悬浮物或有害溶质时，其中的有害成分往往最终被分离出来成为残渣或污泥的固体或半固体状态，因此固体废物也成了许多污染的终极状态。而这些污染聚集而成的固体废物在长期的自然因素作用下，又将转入大气、水体及土壤中，形成污染源头，构成污染性循环，进而应得到及时处理。

部分固体废物具有惰性及不可稀释性，主要指固体废物进入大气、水体或土壤中的一种缓慢释放的现象。一种情况是固体废物本身溶解度小、降解难度大，进入环境中不易被水解转化，如多环芳烃类、木质纤维素类废弃物；另一种情况是固体废物本身具有极性，可以与土壤中的有机组分构成吸附状态，进而导致迁移速度慢的现象，如土壤中的腐殖质组分通过吸附重金属使其钝化，减少其对环境及人类健康的威胁。

1.3　固体废物的产生及分类

截止到 2021 年，我国固体废物年产量约为 60 亿～100 亿 t，存量可达 200 亿 t，并呈现逐年增长趋势，对其进行合理化处理利用已迫在眉睫。相应的，我国已经出台《中华人民共和国环境保护法》《中华人民共和国固体废物污染环境防治法》《固体废物与危险废物综合利用管理办法》《固体废物处置许可管理办法》等一系列法律法规。在法律约束下，固体废物排放及分类标准更为严格，危害性大幅度降低。同时在政策支持下，我国固体废物处理关键技术与装备已取得突破性进展，为实现固体废物能源化与资源化高效利用奠定理论基础，提供技术支撑及设备支持。

目前，固体废物主要来源涉及人类生产、消费及环境污染治理过程多个方面。具体表现为：

① 生产过程。从产品投产前一系列生产技术组织工作开始，直到把合格产品生产出来的全部过程中，所有涉及的原料获取、加工、处理均将产生固体废物。包括工业生产、农业生产、服务业生产等。产生的主要废弃物包括尾矿、煤渣、秸秆、畜禽粪便等。

② 消费过程。在购物消费、餐饮消费、住宿消费、旅游消费、娱乐消费乃至医疗消费等过程中将产生一系列相关固体废物，包括餐厨垃圾、厨余垃圾、果蔬废弃物、商品包装、医疗垃圾等。同时还包括一些使用过的废旧商品，如衣帽、废旧电器、建筑垃圾等。

③ 环境污染治理过程。在治理大气污染过程中，一些含飘尘、雾、霾类的有害气体，经过处理后最终富集为固体废物；废水中含有的悬浮物也最终以污泥或残渣形式析出，达到治理的目的；此外，对一些热值高的固体废物进行焚烧处理后，将产生灰烬、灰渣类残渣，仍然需要进一步治理。

面对上述多种过程产生的固体废物，一般可以按照来源、组分、形态等进行分类，也可以按照危害性、燃烧特性等进行分类。

① 按照地域来源可以分为城市固体废物、城镇混合固体废物、农业固体废物、城乡结合部固体废物；

② 按照产生来源可以分为工业固体废物、矿业固体废物、农业固体废物、城市生活垃圾、危险固体废物、放射性废物和非常规来源固体废物等；

③ 按照形态可以分为固体废物（块状、粒状、粉状）、半固态废物（废机油等）和非常规固态废物（含有气态或固态物质的固态废物，如废油桶、含废气体的物质、污泥等）；

④ 按其危害状况可分为危险废物（氰化尾渣、含汞废物等）、有害废物（指腐蚀、腐败、剧毒、传染、自燃、锋刺、放射性等废物）和一般废物；

⑤ 按其燃烧特性可分为可燃废物（如废纸、废塑料、废机油等）、不可燃废物（如金属、玻璃、砖石等）。

固体废物的产生量及类型与其所处的地理条件、人口组成、经济发展水平、经济发展类型、居民消费水平等因素密切相关。例如人口，随着我国城市规模不断扩大、旅游业发展逐渐壮大、非农业人口比例迅速增长，城市生活垃圾产生量逐年增加。此外，经济发展水平也是固体废物产生量的主要影响因素之一。城市或地区高 GDP（国内生产总值）的背后是发达的工业生产，相应的固体废物产生量也随之增加。而当 GDP 增长到一定幅度后固体废物的增长量将逐渐趋于稳定。另外，固体废物类型与城市或乡镇经济发展类型及趋势密切相关。例如，以旅游业为主要经济来源的城市中，其餐厨垃圾、厨余垃圾以及一些素食食品等生活垃圾占主体；以农业生产为主要经济来源的城乡地区，种植业、渔业、畜牧业产生的农副产品类固废则占主体。因此，在对固体废物进行能源化处理过程中，应充分考虑处理地区的固体废物类型，选择适宜的处理方式。

1.4 固体废物风险评估

固体废物风险评估是评估固体废物对人类和环境可能造成的潜在风险程度和影响的过程。它主要包括以下几个步骤：

① 确定风险评估的目标和范围：确定评估的目的，明确评估的范围和边界。

② 收集废弃物信息：收集有关废弃物类型、来源、数量、特性和处理方式等信息。

③ 评估废弃物特性和污染物释放：通过化学分析和实验室测试，评估废弃物的物理、化学和生物特性，并确定其中可能存在的有害物质释放。

④ 评估人与环境暴露途径：确定固体废物可能对人类和环境造成的暴露途径，包括直接接触、空气传播、水体污染等。

⑤ 评估潜在危害和风险：基于废弃物特性、暴露途径和暴露剂量，评估固体废物对人类和环境的潜在危害和风险。

⑥ 确定风险管理措施：根据评估结果，确定降低风险和管理废弃物的措施和策略，包括减少废弃物产生、改进废弃物处理技术、加强监管和控制等。

⑦ 监测与评估：建立监测和评估机制，跟踪废弃物处理和管理效果，及时调整和改进措施，确保风险控制的有效性。

固体废物风险评估是一项复杂的工作，需要多学科的知识和专业技术的支持。它对制定和实施废弃物管理政策和控制措施具有重要的指导意义，有助于保护人类健康和环境安全。因此，在以维护生态环境健康为主要目标的固体废物能源化过程中，本书对每一项可以实现固体废物能源化的技术进行风险评价，以期针对不同地区、不同类型固体废物获得最佳的能源化处理方式。

本章小结

1. 固体废物是自然界中微生物、植物、动物乃至人类工业、农业、畜牧业及城镇生产生活无时无刻地不在产生的可自发或被微生物水解的固体、半固体废物，包括工业有机废物、秸秆、禽畜粪便、餐厨垃圾、生活垃圾及市政污泥等。

2. 固体废物自身物理属性与化学属性共同决定了其在能源化利用过程中的方式以及能量释放量。

3. 固体废物的环境属性决定了其环境污染性质及其能源化利用过程中的二次污染风险。

复习思考题

1. 环境中固体废物的广义概念是什么?
2. 为什么说固体废物的环境问题是伴随着人类经济发展而来的?
3. 固体废物的环境风险可以预防吗?
4. 固体废物自身性质对能源化利用有什么影响?

参考文献

[1] Hoornweg D, Bhada-Tata P. What a waste: A global review of solid waste management[R]. USA: The World Blank, 2012.

[2] Christense T H. Solid waste technology and management[M]. USA: John Wiley & Sons. 2011.

[3] 毛庚仁，张涌新，文雯，等. 我国城市生活垃圾处理现状及焚烧法的可行性分析[J]. 城市发展研究，2010 (9): I0012-I0016.

[4] 俞明锋，付建英，蒋宝，等. 某生活垃圾焚烧炉二噁英的生成与控制技术研究[J]. 环境卫生工程，2020, 28(2): 46-50.

[5] He X T, Traina S J, Logan T J. Chemical properties of municipal solid waste composts[J]. Journal of environmental quality, 1992, 21(3): 318-329.

[6] Glancey J L, Hoffman S C. Physical properties of solid waste materials[J]. Applied Engineering in Agriculture, 1996, 12(4): 441-446.

[7] Burnley S J. A review of municipal solid waste composition in the United Kingdom[J]. Waste management, 2007, 27(10): 1274-1285.

[8] Tian H, Gao J, Hao J, et al. Atmospheric pollution problems and control proposals associated with solid waste management in China: A review[J]. Journal of Hazardous Materials, 2013, 252: 142-154.

[9] Kumar A, Samadder S R. A review on technological options of waste to energy for effective management of municipal solid waste[J]. Waste Management, 2017, 69: 407-422.

[10] Cheng H, Hu Y. Municipal solid waste (MSW) as a renewable source of energy: Current and future practices in China[J]. Bioresource technology, 2010, 101(11): 3816-3824.

[11] Khan A H, López-Maldonado E A, Khan N A, et al. Current solid waste management strategies and energy recovery in developing countries-State of art review[J]. Chemosphere, 2022, 291: 133088.

第 2 章

固体废物处理处置现状与能源化利用

学习目标

1. 理解固体废物的产生背景及其处理的重要性。
2. 了解有机固体废物的分类、特性及其资源化、减量化和无害化处理的必要性。
3. 掌握固体废物管理的基本原则及当前的处理技术。
4. 全面了解有效管理固体废物对生态环境和人类健康的重要性。

随着经济快速发展，人口大量增长，工业化水平及城市化进程迅猛发展，固体废物产生量也逐渐增加。据不完全统计，到 2050 年，全球固体废物产生量将达到 34.0 亿吨，其中固体废物中有机组分部分约占 40%～70%。有机固体废物在固体废物中占据重要地位，其来源广泛且种类繁多。根据来源不同，国内常将有机固体废物分为三大类别：城市有机固体废物、农业有机固体废物和工业有机固体废物。城市有机固体废物主要包括居民生活垃圾、市场垃圾以及餐饮废弃物等，其产生量与城市人口和消费水平密切相关；农业有机固体废物则包括农作物秸秆、畜禽粪便、农产品加工废弃物等，其产生与农业生产活动密切相关；工业有机固体废物涵盖了各类生产过程中产生的有机废弃物，如制药废弃物、化工废弃物等。有机固体废物具有污染源与可利用资源双重属性，若处置不当，将会造成资源浪费，同时也对生态环境造成严重污染，甚至危害人类健康。因此，如何高效地实现有机固体废物资源化、减量化及无害化处置是固体废物有效管理中亟须解决的问题。固体废物的减量化、无害化和资源化是固体废物管理的三大基本原则。

① 固体废物减量化，一般指减少固体废物的产生量或危害性，包括两层意思，一是数量的减少，二是固体废物对环境的危害性质下降。

② 无害化是指对固体废物进行处理，使其不再对环境和人类健康造成危害。通过选择安全和可行的处理方法，如物理、化学、生物处理等，可以将废物转化为较小的体积或无害的形式。这有助于防止废物对土壤、水体和大气的污染，以及降低威胁人类健康的风险。

③ 资源化是指将固体废物转化为可再利用的资源。通过适当的处理和回收技术，可以从废物中提取可再利用的材料、能源或其他有价值的物质。这有助于减少对自然资源的需

求，推动可持续发展，并促进循环经济的实践。

我国政府制定了一系列相关的政策和法规，促进有机固体废物“三化”处置。例如，2019 年颁布的《生活垃圾分类制度实施方案》要求各地建立垃圾分类制度，将有机废弃物与其他垃圾分类处理；为了保护和改善生态环境，防治固体废物污染，保障公众健康，维护生态安全，推进生态文明建设，促进经济社会可持续发展，于 2022 年颁布《中华人民共和国固体废物污染环境防治法》。我国的城市生活垃圾清运量一直处于快速增长状态，据统计，2024 年全国城市生活垃圾清运量已超过 3 亿吨，其中城镇生活垃圾无害化处理率达到 99%。目前，我国生活垃圾无害化处理率达到 99.2%。

2.1　固体废物处理处置现状

固体废物处置是指对产生的固体废物进行处理和管理的过程。它包括收集、运输、处理和最终处置固体废物的方法和措施。固体废物处置的主要目标是减少对环境和人类健康的负面影响，最大限度地实现资源的回收利用，并降低固体废物的数量。固体废物主要可通过焚烧、填埋等传统方式及厌氧消化、好氧堆肥等主流技术进行处置，其中焚烧属于热化学转化，而填埋、厌氧消化及好氧堆肥属于生物化学过程（表 2-1）。对我国来说，城镇生活垃圾早期以混合填埋为主，始于 20 世纪 70 年代，处理方式主要是将垃圾倒入填埋设施中并用土壤覆盖。截止到 2019 年底，全国共有固体废物填埋场约 2.5 万个，填埋场总面积超过 2.5 亿平方米，其中，城市固体废物填埋场约有 1.5 万个，约占据总填埋场的 60%。但随着废弃物逐渐增加，填埋设施及填埋用地逐渐趋于饱和状态，焚烧设施建设逐步达到高峰。按照国家统计局 2022 年的统计，到了 2021 年增长到 583 座，处理量达 1.80 亿吨/年。我国城市生活垃圾过去十年焚烧处理占比增长了 32.4%。此外，中国城市生活垃圾处理领域的现状显示，焚烧方式处理的垃圾占比约 62%，而卫生填埋方式处理的垃圾占比约 33%，因此构建了以焚烧为主的生活垃圾处理格局。对于县城生活垃圾仍然是填埋方式占据主体，处理量占比达到 72%。相较于填埋与焚烧等处理方式，厌氧消化与好氧堆肥则具有一定局限性。厌氧消化主要应用于厨余垃圾能源化处置，厨余垃圾厌氧消化工艺约占处理总量的 87.5%，其余工艺仅占 12.5%。我国在处理有机固废方面已经取得了一定的进展。随着环境保护和资源回收的重要性日益凸显，政府和社会各界对推动好氧堆肥的应用也有一定的关注和支持。我国目前有生物肥料生产企业近 4000 家，年产量超过 3500 万吨，年产值达 400 亿元以上，在部分替代化肥、推动农业绿色发展方面发挥了重要作用。这些堆肥厂通常由政府或私营企业运营，采用不同的技术和规模来处理不同的有机废物，如城市固体废物、农业废弃物等。此外，我国还在推动建设和提升堆肥处理设施的能力和效率。国家和一些地方政府出台了相关政策和规范，鼓励和引导固体废物处理向资源化和环境友好方向发展。

表 2-1　四种处理方法对比

技术方法	技术优点	技术缺点
焚烧	减量化程度高、减容性高、资源利用程度高	处理成本偏高、产生环境污染

续表

技术方法	技术优点	技术缺点
填埋	减量化程度高、技术易于操作、运行成本低	占地面积较大、产生环境污染、未实现废弃物资源化利用
厌氧消化	资源利用程度高、减量化程度好、处理效率高、技术稳定	处理成本较高、工艺复杂
好氧堆肥	资源化程度高、操作简单、运行成本低廉	占地面积较大、易产生环境污染、产品质量不稳定

2.2 固体废物能源化利用简述

固体废物具有“双重性”，它既可作为污染源，对生态环境及人类造成危害，又因为其本身包含了一定量的可再利用或可回收的物质和能源，有效地回收和再利用固体废物可以减少对自然资源的消耗，降低废弃物对环境的负面影响，促进可持续发展。同时，固体废物也具有鲜明的时空特性，一方面固体废物中的“废”也只是在当前的技术水平及经济条件下不能将其用于资源化转化，但随着科学技术的进步及经济水平的提升，一部分废弃物也可能转化为满足人类需要的某种能源或资源；空间性是指在某一过程中的废弃物，可能成为有用的物质或者可用作生产某些物质的原料，因此，固体废物也被称为“放错位置的资源”。固体废物成分复杂、物理性状（如水分、热值、体积、密度及颗粒大小等）多变，甚至具有一定地域特性。因此，不同地区对有机固废的处理及处置也不尽相同，但基本都是围绕焚烧、填埋、厌氧消化、好氧堆肥等技术进行最终处置，将其转化为可用的能源。有机固废能源化的概念是指将固体废物通过化学或生物方式转化为能源，如热能、电能、生物质能等，以实现资源的再利用以及减少环境污染。

2.2.1 焚烧技术

中国生活垃圾中的大部分是可燃固体废物，包括食品垃圾、纸张、木材、织物、塑料、橡胶等。这些可燃固体废物一般采用焚烧技术进行处理和处置。据统计，2024 年全国城市生活垃圾清运量已超过 3 亿吨，其中可燃固体废物占比约 60%。需要注意的是，这个比例可能会因地区和季节等因素而有所不同。例如，一些城市的生活垃圾中可能会有更多的食品垃圾，而另一些城市则可能会有更多的纸张和塑料等可回收物。此外，由于季节性因素，夏季生活垃圾中的食品垃圾数量通常会比冬季更多。可燃固体废物在焚烧过程中可以释放 CO_2，因此可以利用这部分能源替代化石燃料产生热量并可缓解气候变暖，促进城市供能结构的多元化发展。

焚烧是一种将固体废物在高温下氧化分解的处理方法，通常产生热能用于发电或供热。现代焚烧设施采用先进技术，减少了废气排放的污染物，并且提高了废物处理的效率。焚烧可以减少垃圾体积，减少填埋对土地的需求。在全球范围内，固体废物焚烧技术已经得到了广泛应用。根据生态环境部 2024 年统计数据，全球投运的生活垃圾焚烧发电厂总处理能力达 170 万吨/天。其中，中国内地投运的生活垃圾焚烧发电厂达 1040 座，处理能力 107 万吨/天，约占全球总处理能力的 63%，展现出绝对的市场主导地位。相较之下，欧洲 500 座同类设施合计处理能力 35 万吨/天，日本 400 座设施处理能力 12 万吨/天，美国 77 座设施处理能力 8.6 万吨/天。

全球范围内，固体废物焚烧技术的设备主要有以下几种。

① 热解式焚烧炉：热解式焚烧炉采用高温下的干燥、热解和氧化反应将固体废物转化为灰渣和烟气。其主要优点是能够处理多种类型的废弃物，处理效率高，废气排放量较低。其缺点是需要消耗大量的燃料和能源。

② 流化床焚烧炉：流化床焚烧炉采用气体流化技术使固体废物在高温下发生氧化反应。其主要优点是能够处理多种类型的废弃物，排放的污染物较少。其缺点是造价较高，需要消耗大量的氧气和燃料。

③ 回转窑式焚烧炉：回转窑式焚烧炉采用旋转筒体使固体废物在高温下发生氧化反应。其主要优点是处理能力大，能够处理多种类型的废弃物。其缺点是能耗较高，需要消耗大量的电力和燃料。

④ 倒置式炉膛焚烧炉：倒置式炉膛焚烧炉采用倒置式炉膛使固体废物在高温下发生氧化反应。其主要优点是处理效率高，排放的污染物较少。其缺点是造价较高，需要消耗大量的电力和燃料。

总的来说，不同类型的焚烧设备各有优缺点，需要根据具体情况选择合适的设备。同时，在使用焚烧技术处理固体废物时，也需要采取相应的措施来减少其对环境和公共卫生的影响。

2.2.2　填埋技术

固体废物的填埋处置就是在合适的空地或者人工修建的场所，将废弃物掩埋在地下，并需要进行压实和覆盖，以减少废弃物散落和臭气扩散，经过一定时间的自然分解和压实，使其达到稳定状态，最终形成一种固体废物。这种技术通常被用于处理生活垃圾、建筑垃圾、危险废弃物等，最终收集填埋过程所产生的气体并用作能源或有机肥料。在发达国家或地区，如欧洲和北美洲，由于环保意识的提高和法律法规的规范，填埋技术已经逐渐被淘汰。但填埋是当前我国农村生活垃圾处理的主要应用技术，这是由于填埋技术处理规模大及范围适用性强，且建设投资与运行成本相对较低、管理简单。根据住房和城乡建设部城乡建设统计信息管理系统数据，填埋技术处理垃圾量占农村生活垃圾无害化处理垃圾总量的 80%以上。然而，目前我国多数农村小型填埋场的建设水平及维护水平较低，无法达到卫生填埋相关标准规范要求，尤其是对渗滤液和填埋气的收集处理不达标，这使得填埋技术具有较大的环境风险隐患。

中国主流的固体废物填埋场通常可以分为以下几类：

① 垃圾填埋场：主要用于处理城市生活垃圾和一般工业固废等有机固废，采用基本的填埋技术和管理措施。

② 危险废物填埋场：专门用于处理危险废物，通常是在地下挖掘出巨大坑洞，然后在底部和周围覆盖特殊的防渗膜和防渗层，以避免危险废物渗漏到地下水中。填埋场内还会设置收集管道和抽气系统，以便对填埋场内的气体进行处理和排放，以最大限度地降低对环境和人体健康的影响。

③ 生物技术填埋场：是一种使用微生物降解有机废物的填埋场。与传统的卫生填埋场

不同，生物技术填埋场将有机废物与特定的微生物混合，利用微生物降解有机废物，从而减少填埋场中产生的温室气体和有害物质，可以有效地降解有机物质，减少填埋体积和垃圾重量。

④ 筛分填埋场：对有机固废进行筛分和分类，然后采用不同的填埋方式进行处理。

⑤ 黏土封闭填埋场：在填埋前先在底部和侧面加装防渗层，然后采用黏土材料对有机固废进行覆盖和封闭，以减少渗漏和臭气扩散。

2020年，国家发展和改革委员会、住房和城乡建设部、生态环境部等三部门联合印发了《城镇生活垃圾分类和处理设施补短板强弱项实施方案》。该方案旨在加快发展以焚烧为主的垃圾处理方式，到2023年基本实现原生生活垃圾“零填埋”。在生活垃圾日清运量超过300t的地区，要求各地在摸清垃圾填埋场剩余库容的基础上，合理规划填埋场建设。原则上地级以上城市以及具备焚烧处理能力的县（市、区），不再新建原生生活垃圾填埋场，现有生活垃圾填埋场主要作为垃圾无害化处理的应急保障设施使用。该政策的出台标志着长期一直占据我国生活垃圾处理方式首位的卫生填埋已逐步退出“主舞台”，未来将主要作为应急保障性措施存在。

2.2.3 厌氧消化技术

厌氧消化技术是目前处理有机固体废物最为有效的方法之一。与其他处理方法相比，厌氧消化技术具有较大的优势，例如能够减少处理过程中产生的恶臭味，同时能够利用有机固废中的有机质产生生物质能源，如乙醇和沼气等，减少固体废物的总量达到30%以上。然而，传统的厌氧消化技术存在一些缺点，例如需要一次性投入较大的资金、水解速率缓慢、产甲烷效率低、工艺不稳定等，这些都限制了其广泛应用。

随着环境保护意识的提高，厌氧消化技术在处理有机固废方面的应用越来越广泛。厌氧消化技术也迅速发展，目前主流的厌氧消化技术如下：

① 新型厌氧消化器：传统的厌氧消化器存在工艺不稳定、水解速率缓慢、产甲烷效率低等问题，限制了其应用范围。近年来，一些新型厌氧消化器被研发出来，例如高温厌氧消化器、微生物燃料电池等，这些新型厌氧消化器具有更高的水解速率和产甲烷效率，同时也更加稳定。

② 厌氧消化技术与其他技术的结合：将厌氧消化技术与其他技术结合可以进一步提高处理效率和产物利用率。例如将厌氧消化技术与生物质热解技术相结合，可以将固体废物转化为液体燃料和固体炭，实现资源的最大化利用。

③ 厌氧消化技术的自动化和智能化：随着自动化和智能化技术的发展，厌氧消化技术也逐渐实现了自动化和智能化。例如利用传感器监测厌氧消化过程中的温度、pH值、压力等参数，可以实现对厌氧消化过程的实时监测和控制，提高处理效率和稳定性。

未来，厌氧消化技术在处理有机固废方面的应用将继续扩大。随着新型厌氧消化器的研发和应用，以及厌氧消化技术与其他技术的结合，固废处理效率和产物利用率将进一步提高。同时，厌氧消化技术的自动化和智能化也将得到进一步发展和应用。

2.2.4 好氧堆肥技术

好氧堆肥技术是利用自然界广泛存在的好氧微生物，如细菌、真菌、放线菌或外源微生物复合菌剂，在一定的控制指标如温度、水分含量、pH值、C/N比、氧气含量、添加剂种类等下，通过微生物代谢的方式将有机固废分解为稳定的二氧化碳、水或转化为腐殖质，从而达到减量化和无害化的生物处理技术。它也是一种可持续的处理方式，适用于有机废物，如厨余垃圾、农业废弃物和园艺废弃物。好氧堆肥处理技术作为一种环保、经济、高效的生物处理技术，逐渐得到了人们的关注和应用。好氧堆肥处理有机固废过程中除了会生成有机肥料，还会产生大量的热量，这些热量也可以进行能源化应用。一种常见的能源化应用方式是利用好氧堆肥过程中产生的热量进行温室供暖。在冬季，温室内部温度较低，需要进行加热。利用好氧堆肥产生的热量进行温室供暖，不仅可以减少能源消耗，还可以提高堆肥处理效率。另外，好氧堆肥过程中产生的热量还可以用于发电。通过利用好氧堆肥过程中产生的热量，可以驱动蒸汽轮机等设备，产生电力。这种方式不仅可以减少能源消耗，还可以将有机固废转化为有用的能源。此外，好氧堆肥过程中产生的热量还可以用于农业生产。例如，在冬季寒冷的地区，可以利用好氧堆肥产生的热量进行温室供暖，以提高蔬菜等作物的生长速度和品质。有机固废好氧堆肥技术起源较早，最初的好氧堆肥处理技术主要是采用传统的堆垛式或槽式处理方式，但这种方式存在空气流通不畅、堆肥过程难以控制等问题。为了解决这些问题，人们开始研究反应器式好氧堆肥处理技术，即在密闭的反应器中进行好氧堆肥处理。这种技术可以实现环境可控，减少边际效应，并且可以实现物料的连续实时输入。目前中国主流的好氧堆肥技术主要包括以下几种。

① 堆式好氧堆肥技术：这种技术是最早应用的好氧堆肥技术，主要是将有机废弃物层层堆放，通过通风和翻堆等方式控制好氧微生物的生长和代谢，使有机废弃物得到分解和转化。堆式好氧堆肥技术是一种简单、成本低、适用范围广、处理效果稳定的好氧堆肥技术。通过控制好氧微生物的生长和代谢，可以实现有机废弃物的分解和转化。然而，堆式好氧堆肥技术的处理周期较长，对环境条件要求较高，容易排放气味，并且存在一定的安全隐患。因此，在实际应用中需要注意控制好氧堆肥的过程，以确保处理效果和安全性。

② 反应器式好氧堆肥技术：这种技术是在密闭的反应器内进行好氧堆肥处理，通过控制反应器内的温度、湿度、通风等参数来控制好氧微生物的生长和代谢，从而实现有机废弃物的分解和转化。这种技术可以实现连续、稳定的处理效果，适用于大规模的有机废弃物处理。这种技术处理效果好、处理周期短、排放气味少，并且可以实现连续、稳定的处理效果。然而，反应器式好氧堆肥技术设备成本较高，对操作人员的技术要求较高，需要对设备进行定期维护和保养，对操作人员定期培训。因此，在实际应用中需要注意设备的运行和维护，以确保处理效果和安全性。

③ 旋转式好氧堆肥技术：这种技术是将有机废弃物放置在旋转的筒体中进行好氧堆肥处理，通过筒体的旋转来实现有机废弃物的混合和通风，从而促进好氧微生物的生长和代谢。这种技术处理效果好、处理周期短、操作简单，适用于小规模有机废弃物处理。然而，旋转式好氧堆肥技术设备成本较高，处理量有限，不适用于大规模有机废弃物处理。

④ 好氧-厌氧联合处理技术：这种技术是将好氧堆肥和厌氧消化两种处理方式结合起来，通过好氧堆肥将有机废弃物分解为易于厌氧消化的有机物质，然后再将有机物质送入厌氧消化池进行厌氧消化处理，从而实现有机废弃物的高效处理。这种技术可以充分发挥好氧微生物和厌氧微生物的优势，实现有机废弃物的高效分解和转化。具体来说，好氧处理可以快速分解易生化的有机物质，厌氧处理则可以进一步分解难生化的有机物质，并产生沼气等有用产物。这种技术处理效果好，能够实现有机废弃物的最大化利用，同时还能减少污染物排放。然而，好氧-厌氧联合处理技术对设备和技术要求较高，成本也较高，需要进行定期

维护和保养。

需要注意的是，不同的好氧堆肥技术适用于不同类型和规模的有机废弃物处理，选择合适的技术可以提高处理效率和处理质量。

总的来说，现代社会正逐渐向更环保和可持续的固体废物处理方法过渡。焚烧和填埋仍然是常见的废物处理方式，但由于受到监管限制和公众意识的压力，各国正逐渐加强对这些方法的监管和改进。同时，厌氧消化和好氧堆肥等生物处理方式在废物管理中的应用逐渐增多，有助于减少环境污染和资源浪费。未来，希望看到更多的创新技术和方法，以更有效地处理和处置固体废物。

2.3 固体废物能源化利用的技术构成

2.3.1 生物炼制技术

生物炼制技术作为一种新兴的处理方法，通过利用微生物和酶的作用，可以将有机固废转化为有价值的产品，如生物质能源和有机肥料，从而提高其价值。它是一种可持续的生产方式，通过利用废弃物、农业和林业副产品以及其他可再生资源，减少对有限资源的依赖，并降低对环境的负面影响。这个概念超越了生物质枯竭的范畴，基于四个原则开发出各种产品：可持续性、级联、不与食品冲突和中性碳足迹。自从 *Science* 杂志上首次提出了生物炼制的概念，随着能源、资源和环境问题的日益严峻，生物炼制已成为各国战略研究的方向。基于此，美国制定了《生物质技术路线图》，计划到 2030 年用生物基产品和生物能源取代 25％的有机化学品和 20％的运输用石油燃料，并每年减少 1 亿吨的碳排放量。为此，美国启动了名为“生物质计划”的投资项目，总投资额为 7106 亿美元。此外，各国政府也大力支持和鼓励生物质能源领域的技术创新，以加速实现替代一次性能源的目标。从本质上来讲，生物炼制与石油炼制是平行进行的。生物炼制利用微生物的合成代谢能力，甚至通过重组微生物细胞来将生物质原料高效转化为燃料、材料等各类化学品。这个过程类似于石油炼制中的裂解、裂化、重整等单元操作，微生物利用其自身特有的合成能力，几乎可以合成地球上所有的有机化学品，这使得生物炼制可用一系列生物质原料通过生物化学途径所生成的产物来替代石油原料或产生有机肥料。

生物炼制厂处理的废弃物主要取决于所使用的生物质底物类型和生产过程。一般来说，生物炼制厂处理的有机固废可以分为两类：可回收利用的废弃物和可生物降解的废弃物。可生物降解的有机固废主要包括植物和藻类油、纤维素和木质纤维素等。这些废弃物可以通过生物炼制厂的处理，利用新型酶、预处理、重组技术、生物催化剂设计和反应工程等方法，转化为生物燃料和化学品。这些废弃物在生物炼制过程中可以被微生物降解，从而实现资源的回收和再利用。可再生的有机固体废物主要包括糖、秸秆、木材和淀粉等。这些废弃物可以作为生物炼制厂的底物，通过转化过程生产乙醇、木质素和有机酸等产品。生物炼制过程一般包括预处理、发酵、分离和精炼等步骤。在预处理阶段，生物质被处理成适合后续转化的形式，例如通过研磨、热处理或化学处理。然后，生物质被送入发酵系统，利用微生物或酶催化剂将其转化为可用于生产生物燃料、化学品或其他产品的化合物。在发酵过程中，底物中的碳源被代谢成目标产物，并产生能量。最后，产物通过分离和精炼步骤进行提纯和纯化，以获得所需的最终产品。生物炼制厂相较于人造化学精炼厂，在化学反应管理方面更为高效。这些系统产生的大部分废物可回收利用或经生物降解处理，其操作温度较低，并且生成的有毒废物和排放物较传统化学能源生产过程更少。生物精炼厂可以利用大量的农业、林业和市政废弃物，如木质素、纤维素和半纤维素作为底物，通过代谢工程改良的新型酶、预处理、重组技术、生物催化剂设计和反应工程等方法，合成生物燃料和化学品。这些底物不会与食品或土地产生竞争关系。根据 Adesina 等人（2017）的研究，可成功通过人工改造微生物代谢途径，高效转化生物质，将其用于生产丁醇、富含油脂的燃料、支链醇、中链脂肪酸、烷烃、类汽油分子、生物柴油和航空燃料。此外，通过微生物对有机固废的矿化作用，可以构建用于电池电极的纳米结构和多孔性的材料。电活性微生物通过使用导电纤毛（细菌纳米线）在细胞表面和外部底物之间进行远距离电子传递。利用纳米结构电极材料也有助于提高电池的容量、循环寿命和安全性。例如在微生物燃料电池中，微生物通过氧化底物来释放电子，这些电子随后被电极捕获并用于产生电流。微生物燃料电池的性能受到电极材料的影响，微生物矿化作用所构建具有的纳米结构和多孔性的电极材料，可以提高电池的容量、循环寿命和安全性。此外，病毒具有在常温下模板化碳纳米管电极的潜力，而细菌生物膜可用于纳米纤维的设计，这些发现为电极材料的开发提供了新的方向。基于我国生物质资源的特征与潜在技术优势，可将燃料乙醇、生物柴油、生物基塑料等生物基化学品，以及沼气发电、生物质固化成型燃料作为重点发展方向。如果能利用全国每年 50% 的作物秸秆、40% 的畜禽粪便、30% 的林业废弃物，开发 5%（约 550 万 hm^2）的边际性土地种植能源植物，建设约 1000 个生物质转化工厂，那么其生产能力可相当于 5000 万吨石油的年生产能力，即一个大庆油田（年产 4800 万吨石油）。而且每增加 1000 万公顷能源植物的种植与加工，就相当于增加 4500 万吨石油的年生产能力，可见生物质产业的潜力之大。因此，使用生物炼制技术将有机固废转化为能源与传统处理方式相比，更具有潜力，并且更符合人与自然和谐发展的规律。

2.3.2　热解处理

热解是传统生产工艺，具有悠长的历史，人们常常将木材和煤炭干馏后产生的木炭或焦炭，用于日常取暖和冶炼钢铁。目前，热解技术的应用范围也越来越广泛了，如煤炭气化成燃料气，以及重油可经热裂化分解成轻质油等。随着人们生活水平的提高及科技的进步，在日常生产生活中有机高分子材料应用得越来越多，有机固废占固体废物的比例也逐年增大，这些有机组分既可通过生物炼制技术进行能源回收，也可以通过热解的方式生产油料与燃料气等。

2.3.2.1　热解原理

热解是指有机组分在缺氧甚至无氧状态下经加热，转化为气态、液态或固态等可燃物质的过程。热解是一个吸热过程，其主要产物为可燃的低分子化合物，并且其产物如炭黑、可燃气及油料制品等既可储存又可进行远距离运输。

2.3.2.2 热解过程及机理

热解是一个十分复杂的化学反应过程，首先高温会导致大分子化学键的断裂，其次发生异构化和小分子的聚合等反应，最终生成具有较低分子量的各种有机物。热解反应过程可由下述通式表征：

$$有机固体废弃物＋热\longrightarrow气体＋有机液体＋固体$$

公式中气体产物主要包含甲烷、氢气、一氧化碳及二氧化碳等，液体产物主要包含多种有机酸、小分子量脂肪烃类及焦油等，固体产物主要包含炭黑以及无机残留物等。但是热解产物中，气体、有机液体及固体的收率主要取决于热解原料的结构组成、物理形态以及热解温度和时间等因素。热解过程中是否能获得高能量及高价值的产物，主要受固体废物组分的影响，如废弃物中的氢元素可转化为可燃气体及水的比例，废弃物中所有氧元素与氢元素结合生成水后，所剩余的氢元素与碳元素的比值，即 H/C 比。原料中 H/C 比在热解中起着重要的作用，较高的 H/C 比通常会导致生成更多的氢气和烃类产物，而较低的 H/C 比则倾向于产生更多的碳质产物。高 H/C 比的原料在热解过程中通常会释放更多的能量，这对一些需要高温条件的反应有利。在热解过程中也会生成一氧化碳和二氧化碳，导致热解产物中碳含量的多少也不能仅以 H/C 比衡量热解效果。例如，废弃物中木材（$C_6H_{8.6}O_4$）或纤维素（$C_6H_{10}O_5$）类废弃物所占比例较大，热解产物中碳化物质的比例就会有所增加。如果热解条件为低温、缓慢升温，废弃物中有机分子则会先分解成小分子组分，随后结合成热稳定固体，导致热解产物中固体所占的比例升高；而高温、高升温速度条件下，有机分子则会生成大量的小分子有机物，热解产物中气体含量也会随之上升。热解产物随温度变化情况如图 2-1 所示。

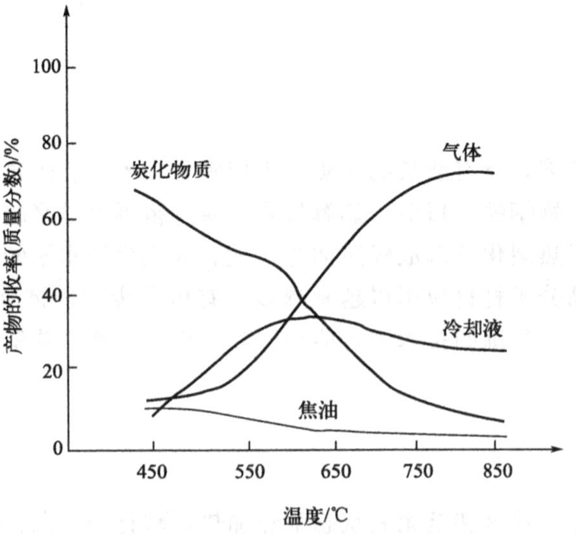

图 2-1　不同温度下热解产物分布

总体来说，有机废弃物的热解中包含一系列复杂的物理化学反应，不同热解条件及废弃物原料组成，都会导致热解产物的组成有所差异。热解过程一方面涉及小分子中间产物聚合成热稳定性物质的过程，而另一方面也涉及大分子完全断裂成小分子甚至其气体的过程。有机废弃物的热解具有多个优势。首先，它可以减少废弃物的数量，有助于环境保护。其次，它可以将废弃物转化为有价值的资源，实现资源的再利用。最后，热解过程还可以产生能源，减少对传统能源的依赖。

2.3.2.3　热解反应器

目前，热解反应器种类众多，不同的热解工艺中，热解反应器与工艺流程也有所不同，热解反应器的类型选择会直接影响热解产物的比例，常用热解反应器如下。

① 旋转管式热解反应器：是一种通过加热和旋转管道结构实现生物质热解反应的设备。其基本运行参数包括温度、旋转速度、反应时间等。通常，热解温度在400～800℃，旋转速度在10～100r/min，反应时间在几分钟至几小时不等。该反应器的原理是通过加热和旋转作用，使生物质颗粒在反应器内悬浮并被均匀加热，从而促进热解反应的进行。旋转管式热解反应器中的生物质颗粒在高温条件下分解，产生固体、液体和气体产物。旋转管式热解反应器的优点在于颗粒悬浮，有利于均匀加热和混合，反应器内部温度均匀，提高了热解效率。然而，该反应器的缺点包括设备复杂、维护成本高，且可能出现颗粒磨损和堵塞等问题。该反应器在生物质能源转化、生物质制备化学品等领域具有广泛应用，并且正在不断进行改进和优化，以提高其性能和可靠性。

② 流化床热解反应器：是一种利用气体或液体作为流动介质，在高温条件下对生物质进行热解反应的设备。其基本运行参数包括温度、流速、压力、颗粒物料的粒径等。通常，热解温度在500～800℃，流速在0.5～2m/s，压力在1～5Pa。该反应器的原理是通过气体或液体的流动使颗粒物料在流化床内悬浮，并在高温环境中进行热解反应。流化床热解反应器中的生物质颗粒在流化床内受到加热和气体或液体的作用，发生热解分解，产生固体、液体和气体产物。流化床热解反应器的优点在于颗粒物料与气体或液体充分接触，传热和传质效果好，反应均匀，热解效率高。此外，该反应器具有较好的可扩展性和适应性，适用于不同规模和类型的生物质。流化床热解反应器虽然在许多应用中表现出优越性，但也存在一些明显的缺点。首先，固体颗粒和气泡在连续流动过程中的剧烈循环和搅动，导致产品分布不适当，降低了目标产物的收率。其次，反应物以气泡形式通过床层，减少了气-固相之间的接触机会，降低了反应转化率。再次，固体催化剂在流动过程中的剧烈撞击和摩擦使催化剂加速粉化，加上床层顶部气泡的爆裂和高速运动、大量细粒催化剂的带出，造成明显的催化剂流失。此外，床层内的复杂流体力学、传递现象，使过程处于非稳态操作条件下，难以揭示其统一的规律，也难以脱离经验放大、经验操作。最后，颗粒对设备磨损严重，脆性颗粒易粉碎被气流带走，高温非催化操作下，颗粒易于聚集和烧结。

③ 固定床热解反应器：是一种多相反应器，其内部装填有颗粒状的固体催化剂或固体反应物，形成一定高度的堆积床层。固定床反应器的特点是填充在设备内的固体颗粒固定不动，有别于固体物料在设备内发生运动的流化床，又称填充床反应器。在反应过程中，气体或液体物料通过颗粒间隙流过静止的固定床层，实现非均相反应过程。固定床反应器有三种基本形式：a.轴向绝热式固定床反应器，流体沿轴向自上而下流经床层，床层同外界无热交换。b.径向绝热式固定床反应器，流体沿径向流过床层，可采用离心流动或向心流动，床层同外界无热交换。c.列管式固定床反应器，由多根反应管并联构成。管内或管间布置催化

剂，载热流体经管间或管内进行加热或冷却，管径通常在 25～50mm 之间，管数可多达上万根。这种反应器的优点是返混小，流体同催化剂可进行有效接触，催化剂机械损耗小，结构简单。然而，它也存在一些缺点，如传热差，反应放热量很大时，可能出现飞温，以及在操作过程中催化剂不能更换，需要频繁再生的反应一般不宜使用。

④ 移动床反应器：是一种用于进行气相或液相反应的设备，其特点是将固体催化剂或吸附剂装填在床层中，由流体的通过来实现反应。移动床反应器通常由一个固定的反应器壳体和一个可移动的床层组成。床层中装填了固体催化剂或吸附剂，而流体（气体或液体）从下方或上方通过床层，与催化剂或吸附剂发生反应。在移动床反应器中，流体从一个端口进入床层，通过床层的流体中反应物质与催化剂或吸附剂接触，发生反应。同时，产生的产物通过另一个端口从床层中排出。床层中的催化剂或吸附剂在反应过程中不断移动，以保持反应的进行。移动床反应器是一种高效的多相反应器，具有较大的比表面积，使得反应物质与催化剂或吸附剂之间的接触更充分，从而提高传质和传热效率。它的灵活性和适应性强，可以通过调整进料流速和催化剂或吸附剂的装填量来实现对反应过程的灵活控制，适应不同的反应条件和需求。此外，由于催化剂或吸附剂在床层中移动，可以避免催化剂或吸附剂在反应过程中发生严重的堵塞或失活，从而保持较长时间的稳定性。移动床反应器还适用于连续生产，可以实现持续供应产物，提高生产效率。然而，移动床反应器也存在一些缺点。首先，设备结构较为复杂，需要精确控制进料流速、床层压力等参数，增加了设备的设计和运行难度。其次，对催化剂或吸附剂的选择要求较高，需要具有较高的活性和稳定性，以保证长时间的运行。这些因素都需要在选择和使用移动床反应器时予以考虑。总的来说，移动床反应器在传质和传热高效、灵活性和适应性强、反应过程稳定性好以及可连续生产等优点的同时，也存在设备复杂度高和催化剂或吸附剂选择要求高等缺点。

2.3.2.4 典型有机固废的热解

热解在城市生活垃圾处置中已广泛应用。目前，城市生活垃圾的热解技术可分为：移动床熔融炉方式、回转窑方式、流化床方式、多段炉方式及瞬时热解方式。不同类型的城市生活垃圾可根据原料特性，选择不同热解方式。城市生活垃圾最早就是采用回转窑和瞬时热解等方式进行热解。而像含水率较高的有机污泥则是采用多段炉方式进行热解。移动床熔炉系统是目前最为成熟的城市生活垃圾热解技术之一，其中包括新日铁系统、Purox 系统和 Torrax 系统等代表性系统。本节将以新日铁系统为例，对该技术进行详细介绍。

新日铁系统是一种将热解和熔融一体化的设备，通过控制炉温和供氧条件，使垃圾在同一炉体内完成干燥、热解、燃烧和熔融。具体来说，新日铁系统的工作流程如下。

① 干燥段：垃圾由炉顶投料口进入炉内，为了防止空气的混入和热解气体的泄漏，投料口采用双重密封阀结构。进入炉内的垃圾在竖式炉内由上向下移动，通过与上升的高温气体换热，垃圾中的水分受热蒸发。这个阶段的温度约为 300℃。

② 热解段：垃圾逐渐降至热解段，在控制的缺氧状态下有机物发生热解，生成可燃气和灰渣。这个阶段的温度为 300～1000℃。

③ 燃烧和熔融段：灰渣中残存的热解固相产物炭黑与从炉下部通入的空气在燃烧区发生燃烧反应，通过添加焦炭来补充碳源。这个阶段的温度为 1700～1800℃。

新日铁系统的可燃烧性气体热值为 6276～10460kJ/m^3。并且，新日铁系统利用尾气的余热发电（图 2-2）。

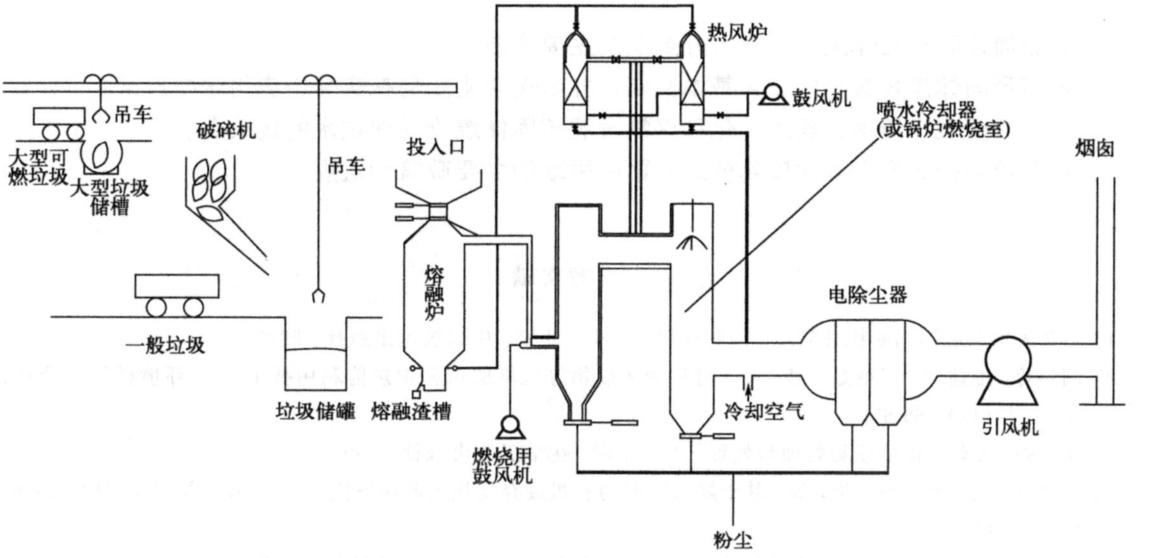

图 2-2　新日铁系统示意图

本章小结

1. 固体废物的增长与分类：随着经济发展和城市化进程加快，全球固体废物产量预计到 2050 年将达到 34 亿吨，其中有机组分占 40%～70%。有机固体废物主要分为城市有机固体废物、农业有机固体废物和工业有机固体废物三类，具有重要的资源化和污染源特性。

2. 固体废物管理的基本原则：固体废物的管理应遵循减量化、无害化和资源化三大基本原则。减量化旨在减少废物产生和危害，无害化处理确保废物不对环境和人类健康造成危害，而资源化则是将废物转化为可再利用的资源。

3. 固体废物处理现状：我国固体废物的处理方式主要包括焚烧和填埋，焚烧处理占比逐渐上升，尤其在城市生活垃圾中，焚烧处理已占 62%。然而，县城生活垃圾仍以填埋为主，面临设施饱和和环境污染的挑战。

4. 能源化利用的潜力：固体废物的能源化利用可以通过焚烧、厌氧消化和好氧堆肥等技术实现。焚烧技术在全球范围内得到广泛应用，能够有效减少垃圾体积并产生热能，而厌氧消化和好氧堆肥则为有机固废提供了可持续的处理方案。

5. 填埋处理的风险与挑战：填埋过程中产生的臭气和渗滤液对环境和人类健康造成威胁。臭气成分如硫化氢和甲烷等，可能导致空气质量下降，而渗滤液中的重金属和有机物则可能污染地下水和地表水。

6. 政策与技术的推动：中国政府通过一系列政策和法规，推动固体废物的资源化和环境友好处理。相关技术的创新与应用，如生物炼制、热解处理和膜分离等，为固体废物的有效管理和资源化利用提供了新的解决方案。

复习思考题

1. 请简述有机固体废物的三大分类及其主要来源。
2. 解释固体废物管理的三大基本原则，并举例说明如何在实际中应用这些原则。
3. 比较焚烧、填埋、厌氧消化和好氧堆肥等固体废物处理技术的优缺点。
4. 讨论中国政府在固体废物处理方面所采取的主要政策和法规。

参考文献

[1] 中华人民共和国国家统计局. 中国统计年鉴[M]. 北京：中国统计出版社，2020.
[2] 刘春玲，王建华，王丽娜，等. 城市有机固体废物好氧堆肥过程中热能利用技术[J]. 环境科学与管理，2017，42(12)：65-68.
[3] 庄伟强，尤峥. 固体废物处理与处置[M]. 北京：化学工业出版社，2004.
[4] 吴小康，段云峰，张丽娟，等. 基于好氧堆肥的有机废弃物热能利用研究[J]. 中国资源综合利用，2018，(2)：45-47.
[5] 贺晓蓉，王海兵，刘珊珊，等. 城市有机固体废物好氧堆肥过程中热量的能源化利用[J]. 环境科学与技术，2018，41(6)：60-63.
[6] 岑可法，倪明江，严建华，等. 可燃固体废弃物能源化利用技术[M]. 北京：化学工业出版社，2016.
[7] 毛庚仁，张涌新，文雯，等. 我国城市生活垃圾处理现状及焚烧法的可行性分析[J]. 城市发展研究，2010 (9)：I0012-I0016.
[8] 邓小红，李春花，马丽娜，等. 城市有机固体废物好氧堆肥发电技术的研究[J]. 环境科学与技术，2016，39(8)：165-168.

第3章

固体废物焚烧处理技术

学习目标

1. 了解固体废物的焚烧条件。

2. 掌握目前主流固体废物主要焚烧技术的原理。

3. 掌握循环流化床技术在垃圾焚烧处理中的应用及其技术优势。

4. 学习固体废物焚烧技术的主要特点，并能够识别出基于CAO技术的工业固体废物焚烧系统的应用案例。

5. 理解垃圾热解焚烧技术的原理，以及其在减少污染物排放和缓解雾、霾现象方面的作用。

固体废弃物通过焚烧可以产生多种类型的能源，主要包括热能和电能。热能是焚烧废弃物的过程中产生的高温，可以用来加热水或产生蒸汽。这些热能可以被用于供暖或工业用途，如向周围的客户提供蒸汽或热水，或者转化为其他形式的热能。焚烧废弃物过程中，废气释放出的高温通过蒸汽发电机组转化为电能，或将蒸汽送入涡轮机中，涡轮机驱动发电机产生电力。这种方式可以将废弃物的能量回收，并将其转化为可用的电能供应给周围的社区或工业设施。这些固体废物能源化方式可以减少人类对传统能源的依赖，减少碳排放。同时，这种能源回收方式也可以使焚烧设施达到自给自足或部分自给的能源供应。

3.1 固体废物焚烧概论

3.1.1 固体废物焚烧概念及条件

3.1.1.1 固体废物焚烧概念

焚烧是一种将固体废物在高温下氧化燃烧的处理方法。这种方法是将废弃物投放到专门设计的焚烧炉中，并在高温下将其热解成灰烬和废气，包括蒸发、挥发、分解、烧结、熔融和氧化还原一系列复杂的物理变化和化学反应。固体废物焚烧可以有效减小废弃物的体积，并将其转化为能源或进行安全处理。一般认为，固体废物焚烧存在以下三种不同的燃烧方式。

① 蒸发燃烧：可燃固体受热熔化成液体，继而化成蒸气，所产生的蒸气再与空气扩散混合而燃烧。

② 分解燃烧：可燃固体首先受热分解，轻质的烃类化合物挥发，留下固定碳及惰性物质，挥发分与空气扩散混合而燃烧，固定碳的表面与空气接触进行表面燃烧。

③ 表面燃烧：如木炭、焦炭等可燃固体受热后不发生熔化、蒸发和分解等过程，而是在固体表面与空气反应进行燃烧。

焚烧炉通常经过专门的设计，以确保充分燃烧和高热效率。一般情况下，燃烧温度可以达到 800℃以上，甚至更高。在高温下，有机物质会热解生成灰烬和废气，而无机物质则保留在灰烬中。废气经过烟气净化设备进行处理，以去除其中的有害物质和污染物。这些净化设备包括除尘器、脱硫装置和脱硝装置等，可以大大减少废气对环境的污染。净化后的废气符合相关的排放标准，可以安全排放到大气中。灰烬可以进一步处理，例如经过磁选、重选等步骤，以回收其中的可用资源。剩余的灰烬可以用作填埋材料，或者用于土地改良等其他用途。总而言之，焚烧是一种有效的固体废物处理方法，可以减少固体废物的体积，回收能源，并安全处理废弃物。然而，需要注意的是焚烧过程中产生的废气和灰烬需要进行适当的处理和控制，以确保不对环境和人体健康造成负面影响。

3.1.1.2 固体废物焚烧需满足的条件

固体废物的焚烧受到多种因素影响，包括焚烧炉类型、固体废物性质、物料停留时间、燃烧温度、供氧量、物料的混合程度等。若要保证固废稳定焚烧、持续放能，需满足以下条件：

(1) 固体废物燃烧特性

不同种类的固体废物具有不同的物理和化学特性，在焚烧过程中会产生不同的反应和排放。例如，固体废物的热值、含水量、有机物成分、气味、颗粒度等都会对焚烧过程和废气排放产生影响。一般情况下，固体废物热值越高，焚烧越容易进行，焚烧的效果也越好。国家规定焚烧固体废物的最低热值需达到 4148kJ/kg。多种类型固体废物中，有机类废弃物(如塑料、橡胶、纸张、木材、秸秆类废弃物等)的热值通常较高，约为 10～40MJ/kg，而其他种类的固体废物(如医疗垃圾、建筑废弃物等)的热值一般较低，约为 2～10MJ/kg。而针对混合垃圾而言，其平均热值在 10～20MJ/kg 范围内，达不到焚烧要求，因此我国在焚烧过程中需要添加辅助燃料，如掺煤或喷油助燃。

另外，固体废物焚烧过程中，应充分考虑焚烧物料的湿度、挥发分及无机物含量。湿度过高将导致固体废物不能自持燃烧，需要外源辅助燃料；挥发分是固体废物可燃组分的一部分，与焚烧时火焰密切相关，其中挥发分含量越低，焚烧时越没有火焰；灰分对固体废物的热值具有直接影响，灰分含量越高，热值越低。因此，了解固体废物的性质有助于评估焚烧过程的能源回收潜力和效果。例如，高热值废物通常在焚烧过程中能够提供更多的热量，从而增加能源回收的效率。而低热值废物可能需要额外的燃料输入或能源补充，以维持燃烧过程的温度和效率。在焚烧废弃物时，应综合考虑废弃物的热值、湿度、成分等特性，以选择合适的处理方法以及优化燃烧过程，以最大限度地回收能源并减少对环境的负面影响。

（2）适当的焚烧设备

选择适当的焚烧设备以确保固体废物在适当的温度下完全燃烧和分解，如固定床焚烧炉、流化床焚烧炉或回转窑焚烧炉。固定床焚烧炉适用于处理各种固体废物，尤其是具有高固体含量和低水分含量的废物，在选择使用固定床焚烧炉处理固体废物时，还要考虑废物的特性和燃烧温度，以确保燃烧过程的效果和效率。有时候，可能需要对不同的废物进行预处理，如粉碎、干燥或去除可回收物。流化床焚烧炉适用于处理各种固体废物，尤其是水分含量高、含多种成分或具有较高燃烧特性的废物。流化床焚烧炉的优点在于其适应性广，可处理不同种类的固体废物，并能够处理含水量较高的废物。然而，在选择使用流化床焚烧炉处理固体废物时，还要考虑废物的成分、水分含量、大小和特性，以确保焚烧过程的效果和效率。回转窑焚烧炉适合处理具有高燃烧特性和高能值的固体废物。需要注意的是，回转窑焚烧炉对于含水率较高的废物，可能需要进行额外的干燥或预处理。再者，在选择使用回转炉处理固体废物时，还要考虑废物的成分、大小和特性，以确保燃烧过程的效果和效率。因此，选择焚烧设备时应根据废物特性、处理需求、环保要求和经济性等因素进行综合考虑。

（3）温度条件

固体废物焚烧是一个多体系配合的过程，温度条件贯穿焚烧全过程，除常见的燃烧温度要求外，加热方式、燃料供给、高温控制系统都属于固体废物焚烧的温度条件体系。第一，对燃烧温度而言，固体废物的燃烧温度通常在 800～1200℃之间，具体取决于废物的特性和种类。高温可以确保废物中的有机物质充分燃烧和分解，减少有害物质的生成。第二，加热方式是维持高温条件所必需的条件。焚烧设备常见的加热方式包括燃烧介质的直接接触加热、辐射加热、对流加热和传导加热等。第三，燃料供给是为确保高温燃烧，需要提供足够的燃料以维持加热废物。燃料供给可以通过固定供应或可调节供应来实现，以确保足够的燃烧热量。第四，高温控制系统。焚烧设备通常配备高温控制系统，用于监测和维持燃烧室内的温度。通过控制气流、燃料和废物的供给，可以调整和保持适宜的燃烧温度。需要注意的是，不同类型的固体废物可能具有不同的燃烧特性，需要在焚烧设备的设计和操作中进行适当的调整。

（4）氧气供应

固体废物焚烧过程中的氧气供应是非常关键的。氧气是燃烧的必需品，它促使废物燃烧并释放热能。在固体废物焚烧装置中，通常有以下几种方法来提供氧气。

① 自然通风：固体废物焚烧炉通常设计有适当的通风系统，通过自然对流将氧气引入燃烧室。例如，通过底部或侧面的通风口进入新鲜空气。

② 强制通风：一些焚烧装置使用风机或风扇来引入更多的氧气。这有助于提供更高的氧浓度，以促进更高效地燃烧。

③ 预热空气：为了进一步提高燃烧效率，一些焚烧装置会预热进入燃烧室的空气。预热空气可以提高氧气的温度和浓度，从而增强燃烧的效果。

④ 氧气注入：在某些情况下，可以向燃烧室注入纯氧气来增大燃烧效率。这种方法通常用于高温焚烧过程，如凝固垃圾焚烧装置。

无论哪种方法，氧气供应都是焚烧过程中至关重要的环节。足够的氧气供应可以确保固体废物充分燃烧，最大限度地减少污染物排放，并产生更多的热能用于能源回收。

(5) 烟气净化系统

固体废物焚烧过程中的烟气净化系统，是用于降低焚烧过程中产生的污染物排放的装置。该系统主要包括以下几个关键部分。

① 烟气处理塔：燃烧后的烟气进入烟气处理塔，经过一系列的物理、化学或生物反应，对其中的有害物质进行处理或转化。不同的塔可以针对不同污染物进行处理，如可选择性催化还原（SCR）塔用于氮氧化物的处理，碱喷射/湿式脱硫（FF/WS）塔用于二氧化硫的处理。

② 高效过滤器：烟气处理塔之后，通常还会设置高效过滤器，用于捕捉更小的颗粒物、金属和无机化合物颗粒。常见的高效过滤器包括布袋过滤器、电除尘器等。

③ 脱硝装置：对于焚烧过程中产生的氮氧化物，可以使用脱硝装置进行处理。脱硝装置通过选择性催化还原或选择性催化氧化等方法，将氮氧化物转化为无害的氮气和水。

④ 脱硫装置：煤和某些废弃物在焚烧过程中会产生二氧化硫，对于这些有害物质，可以使用脱硫装置进行处理。常见的脱硫方法有湿法脱硫和干法脱硫，通过喷射碱性溶液或使用吸附剂来去除二氧化硫。

⑤ 排放监测系统：为确保烟气净化效果符合环保法规要求，烟气净化系统通常还配备了排放监测系统。该系统可以实时监测烟气中的污染物浓度，以确保排放的烟气符合相关的排放标准。

通过以上的烟气净化系统，焚烧过程中产生的污染物可以得到有效控制和处理，从而减少对环境和人类健康的影响。这些系统的选择和配置通常会根据具体的废弃物类型和焚烧装置的规模进行定制。

(6) 运营和维护

固体废物焚烧的运营和维护是确保焚烧装置安全、高效运行的重要环节。

① 操作员培训：所有操作员应接受适当的培训，了解焚烧设备的工作原理、安全操作程序以及应急措施。培训还应覆盖废物的种类和特性，以及与供氧、温度和烟气净化相关的关键参数。

② 日常巡检：操作员应定期巡检焚烧装置，检查炉膛、烟气处理系统、氧气供应等设备的状态。这有助于及早发现并解决潜在问题，确保设备的正常运行。

③ 维护计划：制订定期维护计划，包括清理、更换磨损部件，检查和校准仪器设备等。确保设备在最佳状态下运行，并提前计划维护工作，以减少停机时间。

④ 废物质量控制：严格控制进入焚烧装置的废物质量和种类。确保只接收符合规定的废物，避免有害物质和不适宜焚烧的废物进入系统。

⑤ 烟气排放监测：安装烟气排放监测设备，以实时监测排放中的污染物浓度。这有助于及时发现问题，确保排放符合环保法规。

⑥ 废渣处理：废物焚烧产生的废渣需要得到适当的处理。这包括分类、固化、无害化处理和安全的处置方法。废渣处理应符合环保法规和标准。

⑦ 环保合规：遵守国家和地方的环保法规和标准，确保焚烧过程和排放符合规定。定期提交必要的报告和文件以证明合规性。

⑧ 应急准备：制订应急计划，以处理突发情况，如火灾、气体泄漏或设备故障。操作员应熟悉应急程序，以及设备必备的安全设备和装置。

⑨ 监测和改进：不断监测焚烧装置的性能，收集数据以识别潜在的改进点。通过不断改进操作和维护实践，提高设备的效率和可靠性。

⑩ 培训更新：定期更新操作员的培训，以适应新技术和法规的变化。确保操作员始终保持在最佳实践水平上。

维护焚烧装置的安全性、可靠性和环保性是确保固体废物焚烧过程顺利进行的关键。遵循最佳实践和法规，与相关监管机构保持密切联系，并采取适当的措施来保护环境和人类健康。

（7）监测和监管

固体废物在焚烧发电或发热过程中，要时刻保证焚烧过程的安全、高效和环保，以保护环境及人民群众的身体健康。在对固体废物焚烧进行监测和监管过程中，涉及产业内部自检自查及相关部门的监管督查。

① 排放监测：焚烧厂内部应对焚烧过程中的烟气排放进行监测，包括大气污染物（如二氧化硫、氮氧化物、颗粒物）和其他有害物质（如重金属、有机物）。监测数据应定期报告并与相关环保法规和标准进行比较。

② 废物质量控制：对进入焚烧设施的固体废物进行质量控制，确保废物种类、含量和特性符合相关法规和标准。废物质量的监控通常包括样品采集和化验分析。

③ 固体废物焚烧炉的许可和审批：焚烧厂需要获得当地环保部门的许可和审批。这些文件规定了焚烧设施的设计、运营和排放要求，以确保其符合环境法规和标准。

④ 环保报告和信息披露：焚烧厂需要定期提交环保报告，记录和披露关键数据，如排放浓度、废物处理情况、维护记录等。这些报告可以供监管机构和公众参考，以确保透明度和问责制。

⑤ 现场检查和监督：监管机构会定期进行现场检查，以确保焚烧厂的合规性。他们会检查设备运行情况、数据记录、废物处理等方面，并提出建议或要求改进的措施。

⑥ 处罚和罚款：对违反环境法规和标准的焚烧厂进行处罚和罚款，以切实推动合规性。这样可以保持焚烧过程的可持续性，减少对环境和公众健康的影响。

⑦ 技术咨询和支持：焚烧厂与技术研发相关高校、研究院所或部门保持技术联系，为焚烧厂提供技术咨询和支持，帮助焚烧厂理解和采用最佳的实践方法，以确保达到最高的环境和安全标准。监管机构可以提供技术指导和培训，与焚烧行业保持沟通和合作。

通过有效的监测和监管措施，固体废物焚烧可以成为一种可持续和环保的废物管理方法。监测和监管的重点在于建立透明度、强制合规和持续改进，以确保焚烧过程的无害化以及减少对环境的负面影响。

3.1.2　固体废物主要焚烧技术

固体废物的焚烧技术是指处理固体废物的方法和理念，涉及了固废的燃烧过程和污染物的控制，是一种将固体废物转化为能量和/或废渣的处理方法。它是一种灭菌、减量化和无害化的废物处理方法，具有能源回收和污染控制的双重效益。固体废物的焚烧技术包括不同的工艺和操作原理，如直接燃烧、气化、氧化、还原等。每种技术都有其特点和适用范围，可根据废物的特性和处理要求进行选择。焚烧技术的目标是将废物安全、高效地转化为热能、电能，同时尽可能减少对环境的负面影响。目前，主要的固体废物焚烧技术包括流化床技术、回转窑技术及热解气化技术。

3.1.2.1 流化床技术

(1) 流化床技术的基本概念及特点

固体废物焚烧的流化床技术是一种在特定条件下将固体颗粒物料悬浮于气流中，形成类似流动液体的状态，并通过气力将颗粒物料悬浮起来的技术。在流化床焚烧过程中，废物被喷入预热的空气或氧气燃烧剂的床层中，形成流动的床粒，废物在高温环境下燃烧，产生热能。

该技术通过将床层保持在流化状态，即床层中的颗粒物料悬浮在气流中并保持煤烟状态，实现了较高的燃烧效率。床层中的颗粒物料具有较大的表面积，利于废物与燃烧剂之间的混合反应，从而提高了燃烧效率。此外，流化床还可以有效地控制废气中的污染物排放，减少了氮氧化物和二氧化硫的生成。因此，流化床的主要特点如下。

① 均匀混合：流化床中的颗粒物料在气流的作用下可以均匀混合，这有助于化学反应的进行，提高了反应效率。

② 高热传递性：由于颗粒物料在气流中悬浮，与气体之间的接触面积大，因此有利于热传递，可用于各种热处理过程。

③ 高负荷运行：流化床技术允许高浓度的颗粒物料悬浮在气流中，因此可以在相对较小的装置中处理大量的物料。

④ 可控性强：通过控制气流速度、温度和颗粒物料的粒径等参数，可以调整流化床的性能，以满足不同工艺的需求。

⑤ 降低废气排放：在环保应用中，流化床技术可以用于减少废气中的污染物排放，例如颗粒物、二氧化硫和氮氧化物等。

⑥ 适用性广泛：流化床技术可以处理各种颗粒物料，包括固体颗粒、液滴和粉末等。

总的来说，流化床技术具有良好的混合性、热传递性和可控性，因此在多种工业和环境应用中都具有重要的价值。

(2) 流化床技术原理

在流化床燃烧中，燃料被破碎到一定粒度，燃烧所需的空气从布置在炉膛底部的布风板下送入，燃料既不固定在炉排上燃烧，也不是在炉膛空间内随气流悬浮燃烧，而是在流化床内进行一种剧烈的、杂乱无章、类似于流体沸腾运动状态的燃烧。当风速较低时，燃料层固定不动，表现出层燃的特点。当风速增加到一定值（所谓最小流化速度或初始流化速度）时，布风板上的燃料颗粒将被气流“托起”，从而使整个燃料层具有类似流体沸腾的特性。此时，除了非常细而轻的颗粒床会均匀膨胀外，一般还会出现气体的鼓泡这样明显的不稳定性，形成鼓泡流化床燃烧（又称沸腾燃烧）。

当风速继续增加，超过多数颗粒的终端速度时，大量未燃尽的燃料颗粒和灰颗粒将被气流带出流化床层和炉膛。为将这些燃料颗粒燃尽，可将它们从燃烧产物的气流中分离出来，送回并混入流化床继续燃烧，进而建立起大量灰颗粒的稳定循环，这就形成了循环流化床燃烧。如果空气流速继续增加，将有越来越多的燃料颗粒被气流带出，而气流与燃料颗粒之间的相对速度则越来越小，以致难以保持稳定的燃烧。当气流速度超过所有颗粒的终端速度时，就成了气力输送。但若燃料颗粒足够细，则可将空气用专门的管道和燃烧装置送入炉膛使其燃烧，这就是燃料颗粒的悬浮燃烧。

(3）流化床技术的工艺流程

固体废物焚烧的流化床技术通常包括以下工艺流程。

① 废物投入：固体废物首先被投入焚烧炉的底部，通常通过给料装置或输送带实现。

② 燃烧气流引入：预热的气流（通常是空气或氧气）被引入炉膛底部，形成一个流化床。气流速度需要适当，以保证废物颗粒在气流中悬浮并保持流动状态。

③ 废物与气流混合：固体废物在气流中连续地投放，废物颗粒在气流中悬浮并保持流化状态。颗粒与气流之间的混合促进了废物的燃烧和分解过程。

④ 燃烧与气化：在高温环境下，废物颗粒与燃烧剂（氧气）充分混合，发生燃烧和气化反应。废物被分解为灰渣、废气和热能。

⑤ 热能回收：废气中的热能可以通过热交换设备进行回收利用。废气中的热能可以用于产生蒸汽、发电或供暖等，提高能源利用效率。

⑥ 污染物控制：在流化床焚烧过程中，通过污染物控制设备，如除尘器、脱硫装置和脱氮装置，减少废气中的污染物排放。

⑦ 废渣处理：燃烧后的废渣在流化床内停留一段时间，有助于降低有毒有害物质的生成，并使废渣达到较高的灰化度。废渣通常需要经过后处理，如冷却、固化和资源化处理。

整个流化床焚烧技术的工艺流程需要根据具体的废物特性和设备设计来进行调整和优化，以实现高效、低污染的固体废物处理。

(4）利用流化床焚烧技术处理固体废物的应用范围

流化床焚烧技术在固体废物处理领域具有广泛的应用范围，包括但不限于以下方面：

① 生活垃圾处理：流化床焚烧技术被广泛用于生活垃圾的处理，包括城市垃圾、餐厨垃圾等。通过高温燃烧，废物被分解为灰渣和废气，达到减少体积和治理有害物质的目的。

② 工业废物处理：流化床焚烧技术可用于处理各种类型的工业废物，包括废油、废胶、废塑料等。废物在高温下被完全燃烧，并转化为废气和灰渣。

③ 医疗废物处理：医疗废物中可能存在感染性物质和有害物质，流化床焚烧技术可有效处理这些废物。高温燃烧和气化过程可以将医疗废物分解为无害的物质，并减少细菌和病毒的传播。

④ 危险废物处理：危险废物包括有毒物质、有害物质和易燃物质，流化床焚烧技术可以安全地处理这些废物，将其转化为无害的物质。

⑤ 污泥处理：流化床焚烧技术在污水处理厂中被广泛应用于污泥处理。通过高温燃烧，污泥被分解为灰渣和废气，并降低了废泥的体积。

⑥ 农业废物处理：农业废物如秸秆、饲料残渣等可通过流化床焚烧技术进行能源化利用。废物在高温下被燃烧，产生热能和灰渣，可用于供热或发电。

因此，流化床焚烧技术适用于各种固体废物的处理，不仅可以减少废物量，还可以转化为能源或无害化的物质，实现固体废物能源化、资源化和环保的目标。

(5）流化床技术的其他应用领域

流化床技术应用场景广泛，除在固体废物焚烧领域发挥重要作用外，还在诸多领域展现出独特优势，以下将简要介绍部分典型应用场景。

① 煤炭气化：流化床技术可以用于煤炭的气化过程，将煤炭转化为合成气（一种可燃气体)，用于发电、化工和合成燃料等领域。

② 催化反应：流化床技术在化工领域中被广泛应用于催化反应过程，提供了较大的接

触面积，提高反应速率和选择性。

③ 颗粒物料干燥：流化床技术可用于颗粒物料的干燥过程，通过将颗粒物料悬浮在气流中，加快水分蒸发，实现快速而均匀的干燥效果。

④ 药物制备：流化床技术可用于药物制备中的粒度控制和干燥步骤，如颗粒制剂的制备和湿颗粒的干燥。

⑤ 生物质转化：流化床技术可用于生物质的转化过程，如生物质颗粒的燃烧、气化和液化，以实现能源的高效利用。

⑥ 金属冶炼：流化床技术可用于金属冶炼中的矿石还原和精炼过程，提供了较好的热传递性和物料混合性，提高了冶炼效率。

这些应用实例展示了流化床技术在能源、化工、环保、冶金等领域中的多样性和广泛性应用。

3.1.2.2 回转窑技术

（1）回转窑技术的基本概念及特点

固体废物焚烧的回转窑技术是一种将物料放入旋转筒中，在旋转和热气流的作用下进行热处理或化学反应的技术。回转窑通常由一个长而倾斜的旋转筒组成，物料在筒内通过重力和旋转的作用逐渐向下移动。在移动过程中，物料与高温气体或燃烧剂充分接触，进行热处理或化学反应。回转窑可用于多种物料的处理，包括颗粒状物料、粉末状物料和块状物料等。物料在回转窑中在高温环境下，可能发生干燥、煅烧、焙烧、还原、氧化等反应。为了实现所需的处理效果，需要对回转窑中的温度进行控制。通常通过控制燃烧气氛、调整热气流和调节旋转筒的转速来控制温度。回转窑技术被广泛应用于冶金、化工、环保和建材等行业，用于处理各种物料，如矿石、粉末、废物等。基于此，回转窑技术具有以下基本特点：

① 均匀加热：回转窑内物料受到旋转和热气流的作用，实现了对物料的均匀加热。由于物料在旋转筒内不断变换位置，整个物料体系得到均匀处理，减少了局部过热或过冷的问题。

② 大容量处理：回转窑的结构通常设计为具有较大的容量，可以处理大量的物料，这使得回转窑技术适用于批量处理和连续处理。

③ 处理多种物料形态：回转窑技术适用于处理多种物料形态，包括颗粒状、粉末状和块状物料。无论是湿料还是干料，回转窑都可以实现有效的处理。

④ 多工艺应用：回转窑技术适用于多种工艺应用，如干燥、煅烧、焙烧、还原、氧化等。因此，它具有广泛的应用领域，涵盖了冶金、化工、环保、建材等行业。

⑤ 高效节能：由于均匀加热和良好的热传递特性，回转窑技术具有高热效率，可以实现能源的有效利用。此外，回转窑通常具有循环利用废热的功能，进一步提高了能源利用效率。

⑥ 灵活可控：通过控制旋转速度、倾斜角度、进料速率、热气流等参数，可以灵活地调节回转窑中的处理过程和条件，以满足不同物料和工艺要求。

⑦ 环境友好：回转窑技术通常具有较低的废气排放和固体废物产生，特别是在与污染物治理设备的配套使用下，这有助于减少对环境的负面影响。

综上所述，回转窑技术具有均匀加热、大容量处理、适用于多种物料形态、多工艺应用、高效节能、灵活可控和环境友好等特点。这使得它成为许多行业中重要的热处理工艺技术之一。

（2）回转窑技术原理

回转窑是一种用于高温焚烧废弃物的设备，是一种旋转式窑炉，基本结构是一个圆筒形层状炉体，具有逐段旋转的动力机构。固体废物经过预处理，通过回转窑内部高温燃烧达到净化目的。回转窑在焚烧过程中同时还能够对有机物、重金属等进行降解或固化处理。

回转窑通常由一根长而倾斜的旋转筒组成，筒的一端是物料的进料口，另一端是物料的排出口。筒的倾斜角度和旋转速度可以根据处理需求来调整。固体废物被投入回转窑的一端，一般通过给料装置或输送带来实现。固体废物被投入回转窑后，回转窑开始旋转，在重力作用下，废物逐渐向下移动。在移动的过程中，固体废物不断变换位置，实现了均匀加热和处理。在回转窑内，固体废物暴露在高温的环境中，并与燃烧剂（通常是空气或氧气）充分接触。固体废物中的有机物和可燃物质在高温下被分解和燃烧，释放有价值的热能。在回转窑过程中，产生的废气中含有大量的热能，可以通过热交换装置回收利用。这些热能可以用于提供热水、加热空气或产生蒸汽，以满足其他工艺需求。另外，固体废物在回转窑中的热处理过程中分解和气化，产生的产品包括废气和灰渣。废气中的污染物可以通过污染物控制设备进行处理，而灰渣通常需要经过后处理和处置。

总的来说，固体废物焚烧处理中的回转窑技术通过旋转和热气流的作用，使固体废物在整个回转窑内均匀受热，从而实现固体废物的分解和气化。这种技术具有均匀加热、高效、可控和热能回收等优点，在固体废物处理中得到广泛应用。

（3）回转窑技术的工艺流程

固体废物焚烧处理中的回转窑技术通常包括以下工艺流程：

① 固体废物投入：固体废物被投放到回转窑的进料端，并通过给料装置或输送带进行控制。

② 旋转和下降：回转窑开始旋转，固体废物在旋转筒内随着重力作用向下移动。在这个过程中，废物通过旋转快速换位，实现了均匀加热和处理。

③ 预热区：固体废物首先进入回转窑的预热区，其中固体废物与旋转筒内的高温气流接触。这有助于提高固体废物的温度，以为下一步的燃烧和气化做准备。

④ 燃烧和气化：在回转窑的燃烧和气化区，固体废物通过与燃烧剂（通常是空气或氧气）的接触，进行燃烧和气化反应。这样固体废物中的有机物质和可燃部分被分解和气化，释放出热能。

⑤ 热能回收：在回转窑焚烧过程中产生的废气含有大量的热能，可以通过热交换装置进行回收利用。热能可以用于产生蒸汽、供热，或者提供其他工艺需求。

⑥ 排出废渣：废渣会随着固体废物在回转窑中的旋转和下降过程被收集和排出。这些废渣通常是灰渣或固体残渣，需要进行后处理和处置。

⑦ 废气处理：通过废气处理设备，如除尘器、脱硫装置和脱氮装置，对产生的废气进行处理。这可以减少废气中的污染物排放，使其符合环保要求。

整个回转窑焚烧的工艺流程需要根据具体的固体废物特性和设备设计来进行调整和优化，以实现高效、低污染的固体废物处理。

（4）利用回转窑焚烧技术处理固体废物的应用范围

利用回转窑焚烧技术处理固体废物具有广泛的应用范围，对多种类型的固体废物都具有可行性。以下是回转窑焚烧技术在固体废物处理中的一些应用范围：

① 生活垃圾处理：回转窑焚烧技术可以用于处理生活垃圾，将其完全燃烧并转化为灰渣和废气。这有助于减少垃圾的体积，并减少对垃圾填埋场的需求。

② 工业废物处理：回转窑焚烧技术可用于处理各种类型的工业废物，如废油、废液、废塑料等。废物在高温下被完全燃烧，转化为废气和灰渣，减少了废物的体积和有害物质的排放。

③ 医疗废物处理：医疗废物通常包含有害物质、感染性物质，回转窑焚烧技术能够高温燃烧这些废物，将其彻底分解为无害物质，并大大减少了病原体的传播。

④ 有机固废处理：有机固废包括农业废弃物、食品废料等，回转窑焚烧技术可以将这些废物高效燃烧，实现资源化利用以及减少排放。

⑤ 污泥处理：回转窑焚烧技术可以用于处理污水处理厂中的污泥。污泥在高温下被燃烧，转化为灰渣和废气，减少了污泥的体积和对环境的污染。

⑥ 塑料废弃物处理：回转窑焚烧技术可以用于对废弃的塑料进行高温燃烧、气化，将其转化为能源和化学原料。

⑦ 煤矸石综合利用：回转窑焚烧技术可以用于对煤矸石进行综合利用，实现煤矸石中有价值物质的回收，并减少废弃物的堆放。

这些应用范围展示了回转窑焚烧技术在固体废物处理中多样性和广泛性应用，通过高温燃烧和气化，将废物转化为能源或无害化的物质，实现资源化和环保的目标。

（5）回转窑技术的其他应用领域

回转窑技术具有广泛的应用领域，以下是一些回转窑技术的应用实例：

① 水泥生产：回转窑技术被广泛用于水泥生产中的熟料烧成过程。在回转窑中，对原料进行煅烧，将其转化为水泥熟料。

② 矿石烧结：回转窑技术被应用于矿石烧结过程中，将矿石和添加剂放入回转窑中进行高温处理，将其煅烧成块状烧结矿。

③ 冶金行业：回转窑技术在冶金行业中广泛应用，如铝土矿的煅烧、铅锌冶炼中的冶炼废渣处理等。

④ 废物处理：回转窑技术可用于处理多种固体废物，如工业废物、生活垃圾、医疗废物等。通过高温燃烧和气化，将废物转化为无害的物质，并减少废物的体积。

⑤ 有机物处理：回转窑技术可用于有机物的处理，如农业废弃物、食品废料等。在高温环境下，有机物质可以被燃烧和分解，实现资源化利用。

⑥ 钢铁行业：回转窑技术在钢铁行业中应用广泛，如高炉炉渣的处理、炼钢过程中的转炉炉渣处理等。通过回转窑的热处理，这些废渣可以得到处理和资源化利用。

⑦ 陶瓷工业：回转窑技术在陶瓷工业中被用于烧制陶瓷产品，如瓷砖、陶瓷管等。在回转窑中，对陶瓷原料进行烧结，使其成为坚固的陶瓷产品。

这些应用领域展示了回转窑技术在多个工业领域中的多样性和广泛性应用。通过调控回转窑的温度、旋转速度和气氛等参数，可以实现不同材料和工艺的要求。回转窑技术具有均匀加热、高效、可控和灵活等特点，是许多行业中重要的加工工艺技术。

3.1.2.3　热解气化技术

（1）热解气化技术的基本概念及特点

热解气化技术是一种将固体废物在高温、无氧或低氧环境下进行加热分解产生一氧化碳（CO）、氢气（H_2）、甲烷（CH_4）及其他烃类等可燃气体，焦油等液体和炭黑等物质的处理技术。该技术通过将废弃物转化为可燃气体和固体残渣，实现废物资源化和减量化处理。热解气化技术的核心概念是将废弃物在无氧或低氧环境下加热至高温，使其分解和转化为气体和固体产物。具体的技术特点包括：

① 高效能源回收：在热解和气化过程中，生成的可燃气体可以被用作能源，如热能，或用于发电。这有效地回收了废弃物中的能源，并减少了对传统能源的需求。

② 减小废物体积：热解和气化过程可以将固体废物分解和转化为气体和固体残渣。气体占用较小的体积，而固体残渣的体积也相对较小。这有助于减小废物的体积，减少对垃圾填埋场的需求。

③ 减少污染物排放：在热解和气化过程中的高温和无氧或低氧环境可以促进有机物质的完全燃烧。这就意味着热解气化技术可以减少废物焚烧过程中有害物质的排放，如二氧化碳、二氧化硫等。

④ 资源化利用：通过热解和气化过程，固体废物中的有机物质可以转化为可燃气体，如一氧化碳（CO）、氢气（H_2）及甲烷（CH_4）等。这种可燃气体可以用作能源或作为化工原料，实现资源的回收和再利用。

⑤ 处理多种固体废物：热解气化技术适用于多种固体废物的处理，如生活垃圾、工业废物、木质废料、农业废弃物等。这使得该技术具有广泛的应用领域。

热解气化技术以其高效能源回收、减小固体废物体积、减少污染物排放和资源化利用等特点，成为一种向可持续发展方向转变的固体废物处理技术。

（2）热解气化技术原理

热解气化技术是利用固体废物中有机物的热不稳定性，在无氧或缺氧条件下对其进行加热蒸馏，使有机物发生裂解，经冷凝后形成各种新的气体、液体和固体，从中提取燃料油、可燃气的过程。因此，固体废物热解过程中首先需满足高温条件。热解气化焚烧通常在高温环境中进行，温度通常在800～1200℃之间。这种高温环境有助于分解废物中的有机物质，使其转化为气体。其次是无氧或低氧条件。在热解气化过程中，通常会控制氧气供应，以维持无氧或低氧条件。这有助于防止废物完全燃烧，而是促使其分解成气体。再次是固体废物的分解。固体废物被加热到高温后，开始分解。有机废物中的碳化合物会分解为一种被称为合成气的混合气体，主要包括氢气（H_2）、一氧化碳（CO）和一些甲烷（CH_4）。同时，其他元素和物质也会在不同的反应条件下转化为气体或灰渣。最后是合成气的应用。合成气可以用于多种用途，包括发电、热能生产，或作为化工原料。这使得热解气化技术成为一种能源回收和资源利用的技术。此外，除了气体产物外，热解气化技术还会产生固体灰渣。这些灰渣通常需要进行后续处理或处置，以确保其安全和环保。总之，热解气化技术是一种高温、无氧或低氧条件下的废物处理技术，通过将废物分解成气体和灰渣来实现资源回收和有害物质处理的目标。这个过程有助于减小废物体积，同时也可以产生有用的能源或化学物质。

(3) 热解气化技术的工艺流程

热解气化技术的工艺流程包括以下几个主要步骤：

① 废物预处理：对废物进行必要的预处理，包括分拣、粉碎、干燥等。这有助于提高废物的可燃性和分解效率。

② 进料和加热：将预处理后的废物送入热解气化装置。废物可以通过给料系统进入反应器或燃烧炉，同时提供足够的热量使废物达到所需的高温环境。

③ 热解和气化：在高温环境下，废物开始分解和气化。有机废物中的碳化合物（如聚合物、纸张等）通过热解分解为可燃气体，主要包括合成气（含 CO、H_2、CH_4 等）和其他有害气体（如苯、重金属等）。

④ 气体处理和回收：产生的气体进入气体处理系统进行净化和回收。通过各种设备（如泄压装置、冷却器、滤袋等），有害物质和灰尘被捕集、分离和处理，从而得到清洁的合成气。

⑤ 余热回收：在气体处理过程中，产生大量的余热。这些余热可通过余热回收系统，例如锅炉或热交换器，用于供热、发电或其他工业过程，以进一步提高能源利用效率。

⑥ 灰渣处理：在热解气化过程中还会产生固体灰渣，其中包括矿渣、重金属等。这些灰渣需要经过处理和分类，以确保安全处置或回收利用。

(4) 利用热解气化技术处理固体废物的应用范围

热解气化技术是一种多功能的固体废物处理技术，与流化床技术及回转窑技术类似。热解气化技术可以应用于多种固体废物类型和领域。以下是热解气化技术处理固体废物的一些应用范围：

① 城市固体废物处理：热解气化技术可以处理城市垃圾、生活废弃物和可回收物质等城市固体废物。通过高温分解和气化，废物转化为可用于能源回收的合成气和灰渣。

② 农业废弃物处理：农业废弃物如秸秆、麦草、果皮等可以通过热解气化技术转化为合成气和灰渣。这些废弃物通常可以作为能源，用于供热、发电或作为化工原料。

③ 工业固体废物处理：工业废弃物如废塑料、废橡胶、废纸张等也可通过热解气化技术处理。废物被分解为合成气和灰渣，用于能源回收或其他用途。

④ 医疗废物处理：医疗废物如医用塑料、药品残留物等可以通过热解气化技术得到处理。这种技术可以将医疗废物转化为无害的气体和无害的灰渣，从而减少对环境的污染。

⑤ 有机废弃物处理：热解气化技术可以处理有机废弃物，如食品废料、动物粪便、废油脂等。通过高温分解，这些废弃物可以转化为有用的气体和灰渣，用于能源回收或其他用途。

⑥ 污泥处理：污水处理厂中产生的污泥可以通过热解气化技术进行处理。污泥经过高温分解和气化，转化为气体和灰渣，有助于减小废物体积，并可用于能源回收。

总之，热解气化技术广泛应用于处理各种固体废物，包括城市垃圾、农业废弃物、工业废弃物、医疗废物等。通过转化为有用的气体和灰渣，这种技术有助于减少废物量、产生清洁能源和资源利用。

(5) 热解气化技术的其他应用领域

热解气化技术可以应用于许多领域，包括但不限于以下几个方面：

① 能源生产：热解气化技术可以将生物质转化为可再生的气体燃料，如合成气（一种可用于发电或供其他能源应用的混合气体），用于取代化石燃料，减少对有限能源资源的

依赖。

② 化学工业：热解气化技术可以将生物质转化为各种有机物，如生物柴油、生物炭等，用作化学工业生产中的合成原料或催化剂，减少对化石原料的需求，减少化学工业对环境的负面影响。

③ 农业应用：热解气化技术可以将农业废弃物转化为有机肥料或土壤改良剂，提供植物所需的养分以及保持土壤的肥力，促进可持续农业的发展。

④ 温室气体减排：热解气化技术可以将生物质转化为可再生能源，如合成气或生物燃料，通过替代化石燃料减少温室气体的排放，减缓气候变化。

总之，热解气化技术在能源生产、废物处理、化学工业、农业应用和环境保护等领域具有广泛的应用前景，为可持续发展和资源循环利用做出贡献。

3.1.3　固体废物的焚烧设备

固体废物的焚烧是在焚烧炉中进行的，国际上包括多种固体废物焚烧炉，它们被广泛用于废物处理、能源回收和污染控制。其分类方法也多种多样。

按照废物类型不同可分为：固体废物焚烧炉，用于处理一般城市固体废物，如垃圾、废纸、废塑料等；生物质焚烧炉，专门用于处理有机废物，如木材、农业废弃物和食物残渣；危险废物焚烧炉，用于处理有毒废物、有害废物和特殊废物，如化学废物和医疗废物。

按照工作原理不同可分为：直接火焚烧炉，废物直接暴露在火焰中进行燃烧；间接火焚烧炉，废物在燃烧室中间接加热，通常通过热交换器或其他方式；等离子体焚烧炉，使用等离子体技术将废物分解为原子和离子，然后燃烧；微波焚烧炉，利用微波能量来加热和分解废物。

按照燃烧床类型不同可分为：固定床焚烧炉，将废物放置在固定的炉床上进行燃烧；流化床焚烧炉，通过气流使废物在热床中流动，以促进燃烧；回转窑焚烧炉，废物在旋转的圆筒中持续旋转，以实现燃烧。

按照能源回收类型不同可分为：纯焚烧炉，主要目的是将废物彻底燃烧，排放热量和废气；能源回收焚烧炉，除了废物处理外，还利用热能产生蒸汽或发电。

按照环保措施不同可分为：高效污染控制焚烧炉，采用高级废气净化系统，以降低排放物的污染；传统焚烧炉，有较少的污染控制设备，可能产生较多的污染物。

按照固体废物焚烧时承载体不同可分为：a. 炉排承载型焚烧炉。炉排是一种类似于网格的结构，位于焚烧炉的底部。固体废物被放置在炉排上，然后在炉内燃烧，通常用于处理各种类型固体废物的层燃焚烧，包括一些低热值、高灰分的城市垃圾、废纸、废塑料、木材等。b. 炉床承载型焚烧炉。炉床是炉膛内的平台或床垫，用于承载和燃烧固体废物。炉床可以是固定的或者是可倾斜的，特点是将垃圾投入连续、缓慢转动的筒体内焚烧直到燃尽。c. 流动床承载型焚烧炉。流化床是一个被气流悬浮的颗粒床，通常由细颗粒材料（如沙、沸石、氧化铝等）构成。固体废物被投放到流化床中，并随着气流的冲刷和搅拌进行燃烧。

目前，使用比较广泛的焚烧炉类型主要包括炉排型焚烧炉、炉床式焚烧炉、流化床焚烧炉、回转窑焚烧炉、等离子体焚烧炉、微波焚烧炉。具体焚烧炉的对比见表 3-1。

表 3-1 常见固体废物焚烧炉的优缺点对比

类型	优点	缺点
炉排型焚烧炉	炉内燃烧控制好，燃烧充分，具有相对较低的建设和运营成本	燃烧过程无法快速调节，不适合处理高变化性的废物，可能产生较多氮氧化物和二噁英等有害物质，需要较长的燃烧时间和较高的燃烧温度
炉床式焚烧炉	燃烧过程相对稳定，技术成熟、应用广泛，适用于多种固体废物；具有较低的运营成本和相对简单的操作	燃烧过程较长，对废物成分和含水量的适应性较差；产生氮氧化物和二噁英等有害物质的风险较高
流化床焚烧炉	废物悬浮在气流中，具有较好的混合和燃烧效率；适用于高湿度和高灰分的废物处理；比固定床炉床能耗更低	技术要求较高，设备和运营成本较高；需要精确控制气流速度和颗粒床混合
回转窑焚烧炉	适用于处理大量废物，包括危险废物和特殊废物；可实现高温、长时间的燃烧过程；可回收废热进行能源回收	初始投资和运营成本高，能耗较高；对废物的处理要求较高，需进行预处理
等离子体焚烧炉	使用等离子体技术可以高效分解废物并进行燃烧；可处理有机废物和无机废物，产生的废气和副产物较少	设备和能源成本高；对废物处理要求较高，需要辅助燃料维持等离子体状态的稳定
微波焚烧炉	利用微波能量对废物进行加热和分解；启停和调节温度快速，适用于多种废物类型；废气排放量较低	初始投资和运营成本较高；废物适应性有限，可能需要对不同废物类型进行调整；设备技术要求较高

多种焚烧炉类型都有各自的优缺点，应根据废物的性质、处理需求、环保要求和经济考虑做出选择。在任何情况下，都应严格遵守环境法规，采用适当的污染控制措施，以减少对环境的影响。

3.1.3.1 炉排型焚烧炉

(1) 概述

炉排型焚烧炉（grate incinerator）是使用炉排格栅来支撑和燃烧固体废物，废物被投放到炉排上，通过燃烧过程中的高温与氧气供应相结合，废物被部分氧化和燃烧，最终转化为灰渣、废气和废热。废气会经过污染控制系统进行净化，在符合排放标准的情况下排放，废热则可以回收利用。炉排根据活动性，可分为固定炉排以及活动炉排两大类。固定炉排型焚烧炉使用一个稳定的炉排来支撑和燃烧废物。炉排通常由金属或陶瓷材料制成，具有固定形状和位置。废物被投放到炉排上，通过加热和氧气供应进行燃烧。固定炉排焚烧炉中的废物通常不移动，燃烧过程中不会有明显的运动。固定炉排焚烧炉适用于处理多种类型的固体废物，如垃圾、废纸、废塑料和木材等。它较为常见并广泛应用于垃圾处理厂以及其他废物焚烧设施。而活动炉排焚烧炉是使用一个活动的炉排来支撑和燃烧废物。炉排可以倾斜、震动或旋转，以实现废物的移动和混合。固体废物被投放到活动炉排上，通过炉排的运动使废物移动和翻转，促进燃烧过程。活动炉排焚烧炉结构复杂、处理量大、连续性强，广泛应用于处理农业废弃物、生物质和其他颗粒状废物。它通常用于农业废物焚烧厂、生物质锅炉等环境。综上可知，固定炉排焚烧炉和活动炉排焚烧炉在炉排结构和废物动态管理方面存在区别。固定炉排焚烧炉的废物通常不移动，而活动炉排焚烧炉的炉排可以倾斜、震动或旋转，使废物进行移动和混合。这些特点使得固定炉排焚烧炉更适用于处理一般固体废物，而活动炉排焚烧炉更适用于处理颗粒状废物和农业废弃物。结合废物的性质和处理需求，选择适当的焚烧炉类型对实现高效、环保的废物处理至关重要。

炉排型焚烧炉是一种成熟的技术，广泛应用于全球各地的垃圾处理厂和废物处理设施。早期的焚烧炉主要采用炉排来支撑和燃烧废物，最早在欧洲国家和日本被广泛采用。伴随着环保法规的加强，炉排型焚烧炉在设备和技术上进行了不断改进，以提高燃烧效率和废气排放控制。炉排型焚烧炉在中国的发展可以追溯到20世纪70年代末和80年代初。当时，随着城市化进程的加快，我国开始建设垃圾焚烧厂来处理日益增长的城市垃圾。炉排型焚烧炉作为主流技术在我国的垃圾焚烧厂中得到广泛应用。随着环保法规要求的提高，全国范围内的垃圾焚烧厂逐步采用了更先进的污染控制技术和设备，如脱硫、脱硝和除尘等，以满足废气排放标准。我国推动炉排型焚烧炉技术的发展，积极探索低碳、高效、环保的焚烧技术和设备。在技术升级和改进方面，我国加大了对污染控制技术、热能回收和废物处理效果的研究和开发，以提高燃烧效率，减少污染物排放。

(2) 结构特点

① 炉体　炉排型焚烧炉的外部结构包括炉体壳体、进料口、出料口和烟气排放口等。炉体壳体一般采用耐高温的金属材料制成，具有承受高温和热辐射的能力。进料口用于将待处理的废弃物装入炉体内。出料口用于排放焚烧后的灰渣和炉渣。烟气排放口则用于将燃烧后的烟气排放到大气中。焚烧炉的内部结构则主要包括燃烧室、燃烧器、炉膛、炉排等。燃烧室是焚烧炉内用于燃烧废弃物的区域，燃烧室内通常设有燃烧器，用于向废弃物提供燃料和氧气。炉膛是焚烧炉内的主要空间，用于容纳燃烧物料和炉排。炉排一般由金属材料制成，用于支撑和固定燃烧物料，同时也起到分离燃烧物料和灰渣的作用。

② 炉膛　炉排型焚烧炉的炉膛结构主要由以下几个组成部分：

a. 炉壁：炉壁是焚烧炉炉膛的外围壳体，一般由一定厚度的耐高温金属材料或耐火材料构成。炉壁需要具备耐高温、抗热辐射和防火的特性，以保证炉体安全运行。

b. 炉顶：炉顶位于炉膛的顶部，通常设有燃烧器和烟气排放口。燃烧器通过炉顶进入炉膛，提供燃料和氧气以支持燃烧过程。烟气排放口则用于将燃烧后的烟气排出炉膛。

c. 火箭头：火箭头是焚烧炉燃烧室内的上部部分，通常由金属制成。火箭头形状独特，能够使燃烧废物在燃烧过程中获得适当的氧气供给，并引导产生的烟气向烟道排放。

d. 炉底：炉底位于炉膛的底部，通常由耐火砖砌成，并铺有耐高温的防火材料。炉底用于放置燃烧废物和灰渣，在燃烧过程中起到支撑和保护作用，并方便灰渣的收集和处理。

e. 炉排：炉排是焚烧炉炉膛内的重要组成部分，通常由金属材料制成。炉排通过固定和支撑燃烧废物，使其能够均匀、连续地燃烧。同时，炉排还能分离燃烧物料和灰渣，防止灰渣堵塞炉膛。下文将对炉排进行更为详细的介绍。

以上部分共同构成了炉排型焚烧炉的炉膛结构，确保了废物的高效燃烧和烟气的排放控制。

③ 炉排　炉排型焚烧炉有一个固定的或活动的炉排，固体废物被投放在炉排上进行燃烧。炉排通常由金属或陶瓷材料制成，具有坚固的结构，主要结构包括炉排框架、炉排片、侧面封闭等（图3-1）。

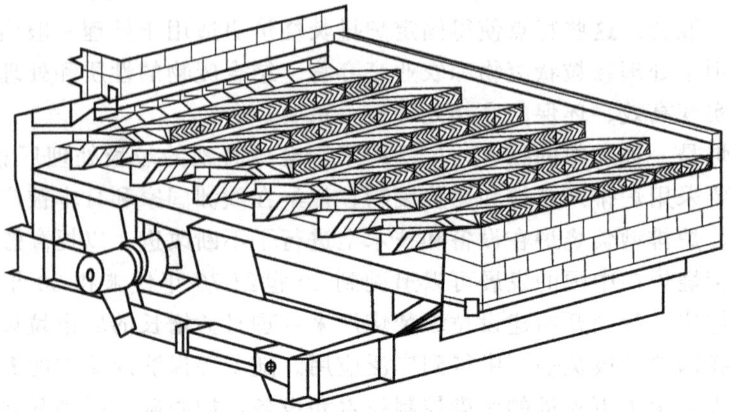

图 3-1　炉排结构特征

a. 炉排框架是炉排的主要组成部分，包括可动框架及固定框架，通常由钢材制成，用于支撑和固定炉排片。炉排框架具有承受炉排重量和保持稳定运行的作用。

b. 炉排片：炉排片是炉排的主要工作部件，用于承载燃料或废物，并在焚烧过程中提供通风和排放灰渣的通道。炉排片通常由铸铁、合金钢等耐高温材料制成，具有耐磨损、耐腐蚀和耐高温的特点。

c. 侧面封闭：为了防止燃烧废物或燃料从炉排的侧面溢出，炉排型焚烧炉的炉排通常会进行侧面封闭处理。侧面封闭可以采用炉墙、耐火砖等材料，以确保燃烧过程的密闭性和安全性。同时，侧面封闭还可以减少热损失和废气泄漏，提高燃烧效率。

除上述主体结构外，有些特殊的炉排结构会使用油压缸、车轮、轨道和轴承等组件，以实现炉排的运动和调节。

a. 油压缸：油压缸是一种液压装置，通常由液压缸和液压缸盖组成。在炉排中，油压缸的作用是通过液压力产生推动力，驱动炉排进行往复运动。其工作原理是通过液压油的压力变化来推动活塞运动，从而推动炉排条的移动。

b. 车轮：炉排中的车轮安装于炉排的底部，并与轨道配合使用。车轮一般由高强度材料制成，能够承受炉排的重量和转动力。通过车轮的转动，炉排可以在轨道上平稳地往复运动。

c. 轨道：轨道是车轮滚动的支撑结构，通常由钢材制成。轨道的设计和安装需要确保炉排能够顺畅地在其上面行驶。轨道的结构要平整、坚固，以防止车轮震动和偏离。

d. 轴承：轴承是支撑炉排运动的关键组件，主要用于承受车轮的传动力和重力负荷。在炉排中，常用的轴承类型包括滚动轴承和滑动轴承。设备的性能稳定与否和使用寿命的长短都与轴承的选用和运行情况有关。

通过油压缸、车轮、轨道和轴承等组件的合理设计和配合，炉排可以实现平稳的往复运动，保证废物或燃料的均匀燃烧和灰渣的排放。这些结构可以根据具体的炉排型号和燃烧需求进行相应的优化和调整。

④ 燃烧室　燃烧室是用来燃烧固体废物的空间，主要由进料口、气流调节孔、灰渣口和排气口组成。通过这些部分的协作，可以控制气流的流动方向和强度，并将燃烧产生的热能传递给加热炉膛。

a. 进料口：进料口是将固体废物投入燃烧室的通道，通常位于燃烧室的一侧或顶部。通过进料口，废物被投放到燃烧室内进行燃烧。

b. 气流调节孔：气流调节孔位于燃烧室上部或周围，用于调节燃烧室内的气流，保持适宜的氧气供应。通过气流调节孔的控制，可以调整燃烧室内的氧气含量，提供适当的燃烧条件。

c. 灰渣口：灰渣口位于燃烧室底部，用于排出焚烧过程中生成的灰渣和炉渣。灰渣和炉渣会沉积在燃烧室底部，通过灰渣口可以定期清理和排除，以保持燃烧室的正常运行。

d. 排气口：排气口位于燃烧室一侧或顶部，用于排放焚烧后产生的烟气。烟气经过排气口进入烟囱或排气系统，经过处理后排放到大气中。

燃烧室的结构和组成部分可根据不同的炉排型焚烧炉的实际需求进行调整与设计。它们的作用是确保固体废物能够有效地燃烧，并控制燃烧产物的排放，以实现高效、环保的焚烧过程。

⑤ 控制系统　炉排型焚烧炉的控制系统主要包括监测和控制炉内的温度、氧气浓度、燃料投放速度等关键参数，并通过控制设备来调节燃料和空气的供给量，以实现稳定的燃烧过程。以下是控制系统的主要组成部分和功能。

a. 传感器和监测设备：用于测量和监测炉内的温度、氧气浓度以及其他关键参数，例如烟气浓度、炉内压力等。常用的传感器包括温度传感器、氧气传感器、烟气分析仪等。

b. 控制器：基于传感器提供的数据，控制器采集并分析炉内的相关参数，根据预设的设定值进行判断和控制。控制器可以是可编程逻辑控制器（PLC）或分布式控制系统（DCS）等。

c. 控制设备：控制设备包括燃烧器、风门、给料机和进料口调节器等。通过控制设备，控制系统可以调节燃料和空气的供给量，以控制炉内的燃烧过程和温度。

d. 反馈回路：控制系统会根据传感器的测量值和设定值，对控制设备进行控制，并根据实际情况不断调整燃料和空气的供给量。通过反馈回路，控制系统可以实时监测和调整燃烧过程，使燃烧室保持稳定状态。

e. 人机界面：人机界面提供了与控制系统交互的界面，操作员可以通过监视器、触摸屏等设备来显示和调整控制系统的参数和运行状态。

炉排型焚烧炉的控制系统通过监测和控制关键参数，确保炉内燃烧的稳定性和高效性。通过动态调节燃料和空气的供给量，控制系统能够实现废物的完全燃烧，并控制有害物质的生成和排放，以满足环保和安全的要求。

⑥ 过滤系统　炉排型焚烧炉的过滤系统通常包括旋风分离器和布袋过滤器两个部分，这两个部分在烟气处理中起到不同的作用。旋风分离器是一种基于离心力原理的过滤设备。在旋风分离器中，烟气通过设备内部的旋风器，在离心力的作用下，颗粒物和固体粉尘被分离和排除，而干净的烟气则通过旋风分离器的出口排放。旋风分离器主要用于去除较大颗粒物和灰尘，提高烟气的透明度。而布袋过滤器是一种常用的过滤设备，适用于去除烟气中的细小颗粒物和尘埃。布袋过滤器使用布袋（通常为聚酯纤维等）构成的袋子，将烟气中的颗粒物截留在布袋上，而干净的烟气则通过布袋过滤器排出。布袋过滤器能够高效地去除烟气中的微粒和灰尘，确保排放的烟气符合环保要求。这两个部分的组合使用可以有效地净化焚烧炉的烟气。旋风分离器主要去除较大的固体颗粒物，而布袋过滤器则用于去除较细小的颗粒物和尘埃。其综合作用可以达到较高的过滤效果，确保焚烧炉的排放符合环保标准。需要

根据具体的炉排型焚烧炉和排放要求来选择合适的过滤系统和配置。

⑦ 废气处理　炉排型焚烧炉的废气处理结构用于处理焚烧产生的废气，以减少有害物质的排放。常见的废气处理结构包括以下几个部分：

a. 烟囱：烟囱是废气排放的通道，将焚烧过程中产生的烟气引导到大气中。烟囱要设计合理，以保证废气的有效排放，避免对周围环境和人群造成污染。

b. 除尘器：除尘器利用物理或化学方法去除废气中的颗粒物，以减少颗粒物的排放。常见的除尘器有旋风分离器、电除尘器和布袋过滤器等。除尘器能有效地净化焚烧废气中的固体颗粒物，提高排放的清洁度。

c. 脱酸装置：脱酸装置用于去除废气中的酸性气体，如氯化氢、氢氟酸等。脱酸装置常用的方法有湿法脱酸和干法脱酸等，可以将酸性气体转化为无害物质或者低浓度的酸性溶液，以减少对环境的损害。

d. 脱硫装置：脱硫装置主要用于去除废气中的二氧化硫。脱硫装置的常见方法有湿法脱硫（如石灰石-石膏法）和干法脱硫（如喷射吸收剂法），可以将二氧化硫转化为无害物质或者高浓度的硫酸溶液，以减少酸雨和大气污染。

这些废气处理结构的选择和组合应根据具体的炉排型焚烧炉、废气成分和排放要求而定。通过合理的废气处理结构，可以将焚烧过程中产生的废气净化，保证符合环保和排放标准，降低对环境和人体健康的影响。

⑧ 废渣处理　炉排型焚烧炉的废渣处理结构主要用于处理焚烧过程中产生的灰渣和炉渣，以减小其体积，进行稳定化和安全处置。常见的废渣处理结构包括以下几个部分：

a. 炉底灰渣收集系统：炉底位于焚烧炉底部，用于收集燃烧产生的灰渣和炉渣。炉底灰渣收集系统通常包括灰斗和输灰设备，通过输灰装置将灰渣从炉底输送到集灰装置或其他处置设备。

b. 灰渣处理设备：灰渣处理设备主要用于对收集到的灰渣进行处理和处置。常见的灰渣处理设备包括磁选设备、振动筛、粉磨机、煤渣泵等。这些设备可以对灰渣进行分选、粉碎、搅拌等处理，以便后续的资源化利用或安全处置。

c. 炉后处理系统：炉后处理系统用于进一步处理焚烧炉中残留的废渣，以提高废渣的稳定性以及进行安全处理。常见的炉后处理方法包括煅烧、焚烧再生和化学固化等。这些处理方法可以将废渣转化成无害物质或稳定的产品，以减少对环境的危害。

d. 废渣储存和运输设施：废渣在处理后需要进行安全储存和运输。这包括储存仓库、容器、车辆等设施，确保废渣安全存放和运输过程中不会造成污染和散落。

这些废渣处理结构的选择和组合应根据具体的炉排型焚烧炉、废渣特性和处理要求而定。通过合理的废渣处理结构，可以实现废渣的有效处理和处置，减少对环境的影响，同时提高资源的利用率。

（3）工作原理

固体废物通过进料口进入倾斜向下的炉排（炉排分为干燥区、燃烧区、燃尽区）。炉排之间的交错运动将固体废物向下方推动，使固体废物依次通过炉排上的各个区域（垃圾由一个区进入另一个区时，起到一个大翻身的作用），直至燃尽排出炉膛。燃烧空气从炉排下部进入并与固体废物混合；高温烟气通过锅炉的受热面产生热蒸汽，同时烟气也得到冷却，最后烟气经烟气处理装置处理后排出。其工作原理（图 3-2）可以概括为以下几个步骤：

① 垃圾进料：垃圾通过进料口进入炉排内。进料口通常设有定量给料系统，以确保适

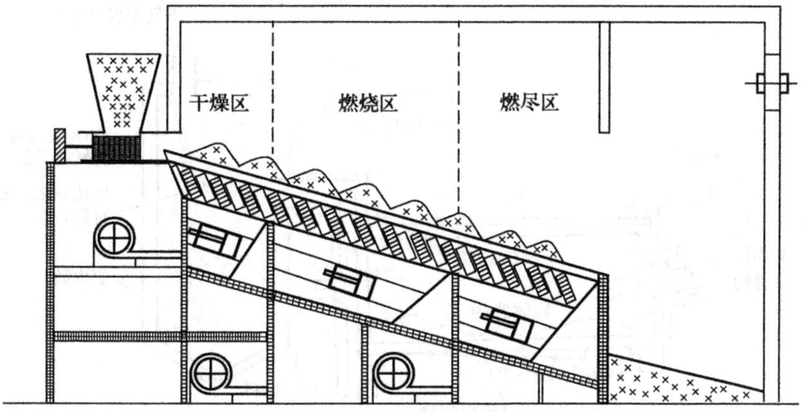

图 3-2　炉排型焚烧炉的工作原理

量的垃圾被投入炉排。

② 干燥和预热：垃圾在炉排上通过干燥区，其中的水分被蒸发并带走。垃圾经过炉排的传热作用，逐步升温至燃点。

③ 燃烧：垃圾进入燃烧区后，在与预热空气的接触下，开始燃烧。燃烧过程中释放出的热量维持着垃圾的燃烧。

④ 燃尽：垃圾在燃烧区内逐渐燃烧至燃尽。燃尽区内的高温炉膛能够保证垃圾完全燃烧。

⑤ 排灰和废气处理：燃烧后的灰渣会被推出炉排，并通过灰斗进行收集和处理。废气经过废气处理装置，如除尘器、脱硫装置等进行处理，最终达到排放标准。

⑥ 余热回收：在炉排型焚烧炉的工作过程中，通过余热回收系统可以将燃烧产生的热能转化为热水、蒸汽或其他形式的能源，以提高能源利用效率。

3.1.3.2　炉床式焚烧炉

(1) 概述

炉床式焚烧炉（furnace bed incinerator）中固体废物被放置在炉床上进行燃烧，用炉床盛废料，废料燃烧在其表面进行。根据炉床的特点和结构，炉床式焚烧炉可分为固定炉床和活动炉床两大类。固定炉床是一种常见的炉床式焚烧炉结构。它通常由耐火材料构成，固定在焚烧炉中，不可移动。废料被放置在固定炉床上，通过控制进料速度、供氧量以及燃料供给量，废料在炉床表面进行燃烧（图 3-3）。固定炉床通常适用于处理高固体含量、较大颗粒以及不易变形的废料。活动炉床是炉床式焚烧炉的另一种结构形式。与固定炉床不同，活动炉床可以通过链条、轴承或气动装置等方式进行移动。废料被放置在活动炉床上，随着炉床的运动，废料逐步进入不同的燃烧区域，从而实现废料的均匀燃烧。活动炉床通常适用于处理颗粒较小、易变形和有更多灰渣产生的废料。

欧洲国家在废物处理方面比较成熟，炉床式焚烧炉被广泛应用于垃圾处理。例如，丹麦是一个垃圾焚烧技术非常先进的国家，大部分的废物都通过炉床式焚烧炉进行处理。美国也是炉床式焚烧炉的重要应用市场，许多城市和地区都采用了这种废物处理技术。例如，纽约市就拥有多座炉床式焚烧炉，用于处理城市垃圾和污泥等废物。在我国，随着城市化进程的

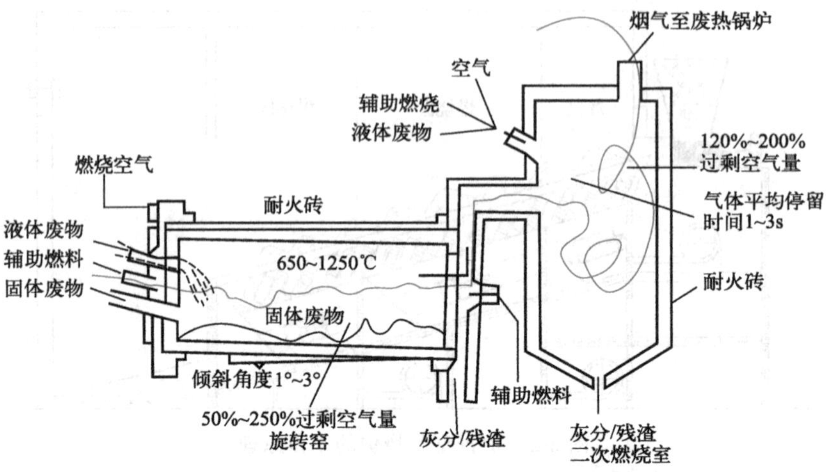

图 3-3 普通固定炉床焚烧炉结构示意图

加快，城市垃圾数量不断增加，垃圾填埋已经无法满足需求，炉床式焚烧炉被广泛应用于城市垃圾焚烧发电项目中。例如，北京市、上海市等都采用了炉床式焚烧炉进行垃圾处理。炉床式焚烧炉也被应用于工业废物的处理，例如有机废弃物、废油等。这些废物经过高温燃烧后可以转化为灰渣和烟气，达到无害化处理的目的。需要注意的是，炉床式焚烧炉虽然是一种常见的废物处理设备，但在实际应用中需要解决一些技术难题，如排放物控制、能源利用效率等问题。因此，在国内的应用情况中，还存在一些改进和提升的空间。

（2）结构特点

① 储存及进料系统　炉床式焚烧炉的储存及进料系统是焚烧过程的关键组成部分，它们负责将废物储存、供应到炉床，并确保炉床的稳定运行。其包括垃圾储坑、抓斗、破碎机、进料斗及故障排除/监视设备等，具体如下：

a. 垃圾储坑：垃圾储坑是用于储存固体废物的地下或地面结构，用于临时存放固体废物。储坑通常具有防水、防火等特性，以确保垃圾的质量和安全。

b. 抓斗（grabs）：抓斗是一种用于从固体废物储坑中抓取和提升废物的设备。它通常由钢制构件和机械装置组成，用于将固体废物运输到破碎机或进料斗。

c. 破碎机：破碎机用于对固体废物进行初步的破碎和粉碎，使其更易于进入焚烧炉进行燃烧。破碎机可以根据固体废物的种类和规模来选择，例如，液压破碎机、颚式破碎机等。

d. 进料斗（hopper）：进料斗是用于接收和储存经过破碎处理的废物，并将其供应到焚烧炉的部件。进料斗通常位于焚烧炉的顶部，通过控制进料速度和进料量来保持炉床的稳定运行。

e. 故障排除/监视设备：为了确保储存及进料系统的正常运行，通常会配备故障排除/监视设备，用于监测和诊断系统的运行情况。这些设备包括传感器、监测仪器和报警系统等。

② 焚烧系统　炉床式焚烧炉的焚烧系统是焚烧过程的核心部分，它包括以下关键组成部分：

a. 炉膛（furnace）：炉膛是焚烧炉的主要燃烧区域，废物在这里被置于高温环境中进行燃烧。炉膛通常由耐高温材料制成，以抵抗高温、化学腐蚀和机械应力。焚烧过程中，废物在炉膛内经历氧化反应，产生热量、烟气和灰渣。

b. 炉排（grate）：炉排是焚烧炉炉床的一部分，通常由金属栅条或梁组成。炉排的主要功能是支撑废物，并确保废物均匀分布在焚烧区域。它还可以通过调整炉排以控制废物的燃烧速率。炉排的设计影响着焚烧的稳定性和效率。

c. 燃烧区域（combustion zone）：燃烧区域位于炉膛内部，是废物在高温条件下燃烧的区域。在这里，废物中的有机物质被氧化，释放出热能和烟气。焚烧区域的温度通常非常高，以确保完全燃烧。

d. 引风系统（primary air system）：引风系统用于向炉膛供应适量的氧气，促进废物的燃烧。通过控制引风系统，可以调整焚烧过程中的氧气浓度，影响燃烧效率。

e. 二次风系统（secondary air system）：二次风系统位于炉膛内部，用于在烟气中补充氧气，以确保完全燃烧和降低排放物的含量。这有助于控制废物燃烧的完整性。

f. 能源回收设施：一些炉床式焚烧炉配备了能源回收设施，可以利用废物燃烧产生的热能，例如发电或供热，提高能源利用效率。

总的来说，炉床式焚烧炉的焚烧系统是废物处理过程的关键部分，它通过高温燃烧将废物转化为灰渣和烟气，确保废物得到有效处理。不同类型的焚烧炉可能在焚烧系统的设计和配置方面有所不同，以适应不同类型和规模的废物处理需求。

③ 废热回收系统　炉床式焚烧炉的废热回收系统中含有布置在燃烧室四周的炉管，用于接收炉床内部燃烧产生的高温烟气。烟气中的热量通过炉管壁传递给其中的介质（通常是水），使其蒸发产生蒸汽。位于炉管（蒸发器）后方的是过热器，用于进一步加热由蒸发器产生的蒸汽。烟气中的余热通过过热器的换热面传递给蒸汽，提高其温度和能量。位于过热器后方的是节热器，用于从炉床燃烧产生的烟气中回收余热。烟气在节热器中与工质（如水）进行换热，使其升温，同时降低自身的温度。同时，为防止炉管（蒸发器）表面积聚灰尘，保证换热效率，炉床式焚烧炉配有炉管吹灰设备，通过吹灰装置的喷嘴向炉管表面吹送压缩空气或蒸汽，将灰尘吹掉。最后，蒸汽导管将过热器和节热器中产生的蒸汽传送至锅炉、发电机等。炉床式焚烧炉还配有一个安全阀，用于保护废热回收系统的安全。通过以上装置的组合以及烟气与工质之间的换热，炉床式焚烧炉的废热能够被有效回收利用，提高能源利用效率。

除上述核心系统外，炉床式焚烧炉根据产能形式还配有其他系统来满足不同的需求。如发电系统可用废热回收的蒸汽驱动蒸汽轮机，发电产生电能，实现能源的再利用。给水处理系统对蒸汽循环中的给水进行预处理，包括去除悬浮物、硬度物质、溶解氧等，防止给水中的杂质对锅炉设备造成损害。烟气处理系统对焚烧炉燃烧产生的烟气进行净化处理，包括除尘、脱硫、脱硝等工艺，以降低对环境的污染。废水处理系统对焚烧炉产生的废水进行处理，包括污水收集、中和、沉淀、过滤等工艺，以达到排放标准要求。灰渣收集及处理系统对焚烧炉产生的灰渣进行收集、输送、储存、处理等，包括干法或湿法处理，以降低对环境的影响。这些配套系统能够有效地提高炉床式焚烧炉的整体性能和环境保护水平，实现资源的最大化利用和废弃物的无害化处理。

(3) 工作原理

首先是可燃物料如固体废物、生物质等被输送到炉床上，这些物料在炉床上形成一定的层次。随后使用辅助燃料或者点火器点燃燃料的初始部分，点火后，火焰会蔓延到其他燃料上，开始燃烧。初始的燃烧会产生热能，预热炉床内的物料。通过适当的通风系统，向炉床中供给足够的氧气，以支持燃料的完全燃烧。氧气是燃烧过程中必不可少的组成部分，确保燃料在高温条件下充分燃烧。可燃固体废物在炉床上进行燃烧，产生火焰和高温。这个过程会将有机物质转化为灰烬、热能、气体和其他副产品。炉床中的燃烧过程是一个复杂的热化学反应过程。燃烧产生的高温气体通过热交换设备，如锅炉或热交换器，将热能转化为蒸汽或热水。这种热能可以用于发电、供暖或其他用途。燃烧后，固体废物被转化为灰渣。灰渣可以通过适当的处理方法进行处理，如回收有用材料或安全处置残余废物。

3.1.3.3 流化床焚烧炉

（1）概述

流化床焚烧炉是固体废物在焚烧炉内呈现一种独特焚烧方式的工艺。通常在流化床焚烧炉内铺设一定厚度的石英砂或炉渣，再用鼓风机从炉底部送风进入层床，进而利用气流使料砂悬浮、流化。流化床焚烧炉按照其结构特点可分为循环流化床焚烧炉、气流分布式流化床焚烧炉及流化沸腾床焚烧炉。其中，循环流化床焚烧炉是在床层内通过固体循环流动来增强床层的混合和燃烧效果。石英砂或其他惰性材料被循环输送到炉顶，然后从炉壁上部返回床层底部，形成一个循环。这种炉型的特点是具有更高的床层混合度和更好的废物燃烧效果，可以处理含灰量较高的燃料。气流分布式流化床焚烧炉是一种通过调整气流分布来控制焚烧过程的流化床式焚烧炉。废物和石英砂或其他颗粒材料在床层内混合燃烧，而底部布置的多个风口可以分布和调节进料气流，实现对床层内温度和气流分布的控制。这种炉型能够有效提高废物燃烧的均匀性和燃烧效率。流化沸腾床焚烧炉是一种将废物和颗粒材料在沸腾状态下进行燃烧的流化床式焚烧炉，在床层内通过引入大量的气流，使废物和颗粒材料形成沸腾状态，废物会在床层内高速上升并在顶部燃烧，然后从炉壁上部返回底部。这种炉型床层混合性好，能够高效燃烧不同种类的废物，但对燃料的尺寸和干燥程度有较高的要求。

流化床焚烧炉技术早在 20 世纪 80 年代就开始在中国引入和应用。最初阶段主要集中于试验研究和小型实验设备。随着人们环保意识的提高和对清洁能源的需求增加，逐步发展为中小型流化床焚烧炉。后来，应用范围扩大到了生活垃圾、煤炭、医疗废物等的规模化处理。近年来，建设了多座大型流化床焚烧厂，用于处理城市生活垃圾、医疗废物、工业固体废物等。未来，随着技术的不断进步和人们对环境保护、资源利用的需求增加，流化床焚烧炉技术将继续得到推广和应用，可能会出现更高效、更环保、更节能的流化床技术，以满足不同领域废物处理的需求，推动废物资源化利用以及减少对环境的影响。

（2）结构特点

以典型循环流化床焚烧炉为例对流化床焚烧炉的结构组成及其特点进行介绍（如图 3-4）。

① 燃烧系统　循环流化床焚烧炉的燃烧系统包括床层结构和燃烧区域。床层结构的床层通常由颗粒状的石英砂或其他惰性材料组成，如石英砂或炉渣。这些颗粒材料在燃烧过程中起到支撑和混合废物的作用。废物被投放到床层上进行燃烧，床层提供了稳定的燃烧环境和燃料混合状态。在床层结构中，床层中的一个区域被指定为燃烧区域，废物在此处与氧气相互作用并燃烧。燃烧区域底部通常包括风口和喷枪，底部的风口是供给燃烧所需空气的入口。通过调整风口的开口大小和位置，可以控制空气的供应速率和分布。风口通常由多个孔洞组成，可以根据需要开启或关闭相应的孔洞，以实现燃烧过程中底部空气供应的控制。喷枪用于喷射燃料进入燃烧区域，同时也可以通过喷嘴调节喷射速率和角度。燃料通过喷枪均匀地喷洒到床层上，保证了燃料的均匀分布和混合。喷枪在底部燃料供给系统中占据关键地

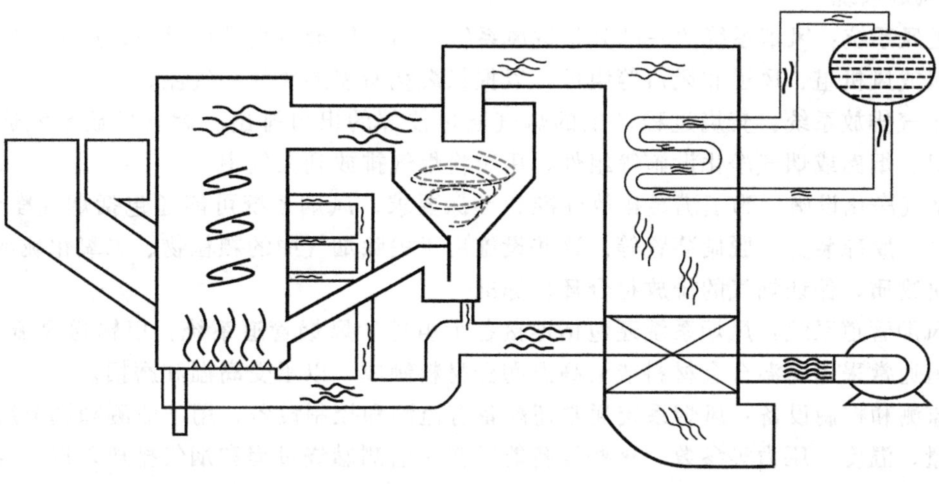

图 3-4 典型循环流化床焚烧炉基本结构特征示意图

位，确保燃料的适时供应和充分燃烧。通过调节底部的风口和喷枪，可以控制燃料和空气的供给速率、分布和混合程度，实现均匀的燃烧。

② 物料循环系统 物料循环系统包括循环输送装置，通常使用锥形簧器或循环斗式输送器。这些装置负责将炉底的颗粒材料（例如石英砂或炉渣）输送到炉顶，然后再从炉壁上部返回底部床层，形成物料的循环流动。物料循环系统中具有物料储存设备，包括石英砂仓或物料筒仓，用于储存和供给床层所需的颗粒材料。物料循环系统中有一套管路系统，用于将床层顶部的颗粒材料通过循环输送装置输送到底部床层。这些管路通常由高温合金材料制成，以承受高温和磨损。物料循环系统中，携带颗粒的循环气流通过分离装置实现颗粒与气体的高效分离。循环气体分离装置通常采用旋流器或离心分离器等设备，在分离器内通过离心力将颗粒材料分离出来，再将气体排至排气系统进行处理。

③ 燃煤制备系统 循环流化床焚烧炉中的燃煤制备系统具有以下结构特点：

a. 煤炭储存设备：燃煤制备系统中包括煤炭储存设备，通常使用煤炭仓或料堆等结构来储存煤炭。这些设备能够容纳大量煤炭，并确保供给系统的持续供料。

b. 磨煤机：燃煤制备系统中使用磨煤机对煤炭进行研磨，以获得适当的粒度和燃烧性能。磨煤机通常采用球式磨煤机或辊式磨煤机，通过对煤炭进行破碎、研磨和分级，将其制备成适合燃烧的形式。

c. 煤粉输送装置：煤炭粉末从磨煤机产生后，需要通过煤粉输送装置输送到燃烧区域。常见的煤粉输送装置有螺旋输送机、气力输送等形式，确保煤粉顺利到达燃烧区域。

d. 燃煤喷嘴：燃煤制备系统通过燃煤喷嘴将煤炭粉末喷撒进燃烧区域。燃煤喷嘴位置通常位于循环流化床炉底部，通过控制煤粉喷射速率、角度和分布，实现煤粉与废物的混合燃烧。

e. 配煤系统：针对不同种类和性质的煤炭，燃煤制备系统还包括配煤系统。该系统通常包括煤质分析、煤炭混合和加药等工艺步骤，以确保煤炭的适宜配比和燃烧效果。

通过燃煤制备系统的合理设计和运行，循环流化床焚烧炉能够实现煤炭的制备、输送和燃烧，与废物一起进行燃烧过程。燃煤制备系统的关键是确保煤炭的适当粒度、配比和喷撒方式，以实现煤炭的充分燃烧和燃烧效率的提高。

④ 风烟系统

a. 进风系统：风烟系统的一部分是进风系统，用于供给空气进行燃烧。进风系统通常包括引风机或风机组、风道和风口等组件，以提供燃烧所需的氧气和气流。

b. 烟气排放系统：焚烧过程产生的烟气通过顶部的出口排出。烟气排放系统通常包括排烟风机、烟囱或烟气净化设施等组件，用于将烟气排放到大气中。

c. 烟气净化设施：为了满足排放标准和环保要求，风烟系统可能还包括烟气净化设施，如除尘器、脱硫装置、脱硝装置等。这些设施用于去除烟气中的颗粒物、二氧化硫和氮氧化物等有害物质，保证烟气的排放符合环保标准。

d. 风烟管道系统：风烟系统还包括连接各个组件的风烟管道系统，以输送风流和烟气。风烟管道通常采用高温合金材料或耐高温陶瓷材料制成，以承受高温和磨损。

e. 监测和控制设备：风烟系统通常还配备有监测和控制设备，用于监测和调节风流和烟气的流量、温度、压力等参数。这些设备能够实时监测燃烧过程和烟气排放，以确保焚烧炉的安全运行和环境保护。

风烟系统在循环流化床焚烧炉中起到重要作用，它通过引风、排烟和烟气净化等系统组件的协同工作，确保燃烧过程的气流供给、烟气排放和环境保护的效果。风烟系统的合理设计和运行可以提高焚烧效率，减少尾气污染，并确保焚烧炉的安全稳定运行。

⑤ 除渣、除灰系统

a. 废渣处理设备：除渣系统包括废渣处理设备，用于处理床层产生的固体废渣。常见的废渣处理设备有底灰排放装置和废渣输送设备等。废渣通过底灰排放装置从床层底部排出，然后通过输送设备将废渣输送到相应的处理站点。

b. 废渣处理站点：废渣处理系统还包括废渣处理站点，用于进一步处理废渣。其处理方法可能包括筛选、干燥、冷却等，以减小废渣的体积以及处理废渣中有害物质。

c. 除灰系统：除灰系统负责去除烟气中的固体颗粒物，以减少烟气的尘埃含量。常见的除灰设备包括电除尘器（如静电除尘器）和布袋除尘器。这些设备通过电荷分离或过滤技术将烟气中的颗粒物吸附或收集，并进一步处理或处置。

d. 灰渣处理设施：除渣、除灰系统还包括灰渣处理设施，用于处理和处置收集的固体废灰和废渣。处理方法可能包括固化、填埋等，以减少对环境的影响。

通过合理设计和运行除渣、除灰系统，可以有效处理废渣和废灰，并且减少对环境的不良影响。此外，除渣、除灰系统的操作和维护对循环流化床焚烧炉的稳定运行和燃烧效率至关重要。同时，这有助于达到环保要求并确保焚烧炉的安全运行。

（3）工作原理

流化床焚烧技术是通过气体或液体使颗粒物料悬浮并呈现流态化状态的技术。在开始阶段，床层内填充一定数量、一定粒径范围的颗粒物料，如砂子或石英砂。此时床层处于静止状态。通过底部的进气口，引入气体（通常是由质量流量控制器控制的空气），气体进入床层，产生足够的气流速度。气流穿过床层，由于气体速度的增加，颗粒物料被卷起并悬浮在气流中。此时床层形成流态化状态，支持颗粒物料的流动。在气流的作用下，颗粒物料在床层中不断上升、下降、碰撞和混合，形成颗粒物料的循环流动，从而实现颗粒物料的混合和均匀分布。废物或反应物被输入床层，与悬浮在床层中的颗粒物料接触并发生传热和反应。床层内部的颗粒物料和废物之间的热量和质量传递较快，实现了高效的热交换和化学反应。燃烧或反应过程中产生的废气通过顶部的出口流出，并进入废气处理系统进行净化处理。总体而言，流化床是基于气体流体力学的原理，通过控制气体的速度和流量，使颗粒物料呈现流态化状态，实现颗粒物料混合和热量与物质传递的效果。这使流化床在废物处理、化学反应、干燥、颗粒物料分离等过程中具有广泛的应用。

3.1.3.4 回转窑焚烧炉

（1）概述

回转窑焚烧炉主要由一个长的圆柱形的回转筒体组成，通过回转筒体的回转运动，将废物暴露在高温环境中进行干燥、燃烧和转化。在回转窑焚烧炉中，固体废物被投入炉体内部。随着回转筒体的旋转，固体废物逐渐通过炉体的不同区域，在高温情况下进行热分解和燃烧，最终转化为灰渣、废气和热能。回转窑焚烧炉提供了高温环境，促使固体废物中的有机物质进行燃烧，降低了固体废物的体积和存留的有害性。同时，焚烧过程产生的热能可以回收利用，用于加热或发电。由于其高温处理效果和能源回收的优势，回转窑焚烧炉被广泛应用于处理各种固体废物，包括生活垃圾、医疗废物、危险废物、工业废物以及冶金和化工行业的废渣等。它在废物处理领域中起着重要的作用，并有效地减少了废物对环境的影响。

回转窑焚烧炉在中国除了被广泛应用于处理各种固体废物外，也是生产水泥的重要设备，用于煅烧石灰石和其他原料。回转窑焚烧炉在冶金行业中也有应用，用于处理冶金废料和废渣。回转窑焚烧炉在中国的应用发展历史可以追溯到 20 世纪 60 年代。当时主要用于处理一些化工废料和冶金废弃物，燃烧温度较低。近年来，我国在回转窑焚烧炉技术方面加大了研发和推广力度。焚烧炉的设计和性能逐渐优化，废气治理技术逐步提升，能源回收效率也有所提高。同时，我国还加大了对废物分类、减量化和资源化利用的力度，推动回转窑焚烧炉向更高效、更环保的方向发展。

（2）结构特点

回转窑焚烧炉的结构由窑体、引风系统、燃烧系统、固体废物进料系统、烟气处理系统、温度控制系统和出料系统等组成，各部分协同工作，实现固体废物的高效燃烧和处理（图 3-5）。

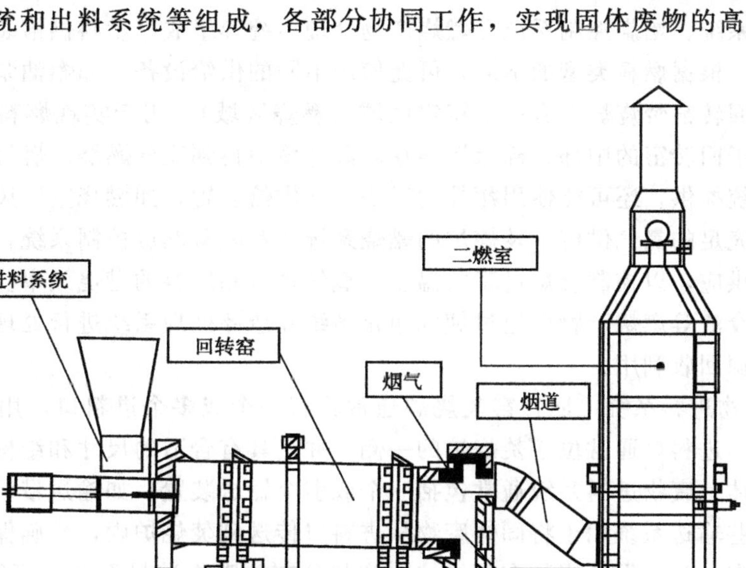

图 3-5 典型回转窑焚烧炉结构示意图

① 窑体　窑体通常由耐火材料构成，以承受高温和化学腐蚀。常用的耐火材料包括耐火砖、耐火浇注料等。这些材料具有良好的抗高温、耐磨损和耐腐蚀性能，可以保证窑体稳定运行。回转窑的窑体呈圆筒形状，通常是水平放置。圆筒形状有利于固体废物和燃料在窑内均匀分布，使焚烧过程更加稳定和有效。窑体需要适当的支撑结构来确保其稳定运转，通常使用钢结构或者混凝土支撑系统，以承受窑体的自重和回转运动时的力并保持平衡。窑体外部通常有一个保温外壳，用于减少热损失并保持燃烧温度。这种外壳通常由钢板或耐火材料构成，有效地隔离了高温内部和环境。为了使窑体能够回转，焚烧炉中通常配备传动系统。传动系统通过电机、减速器和链条等将动力传递给窑体，使其能够以一定的速度和方向回转。

② 引风系统　回转窑焚烧炉的引风系统起着供氧的作用，主要结构包括：

a. 风机：焚烧炉的引风系统通常由风机作为核心组件。风机负责提供压力，将新鲜空气送入焚烧炉内。风机通常采用离心式或轴流式结构，具有较高的风量和风压，以满足焚烧所需的氧气供应。

b. 管道系统：引风系统还包括一系列管道，用于将风机产生的气流引导到焚烧炉中。这些管道包括进风口和内部分配管道，以确保空气能够均匀分布到焚烧炉的各个部分。

c. 风箱：风箱是引风系统中的一个重要组成部分，起到调节和控制风流的作用。它位于风机与管道之间，可以根据需要调整风量和风压，并通过风门控制进风口的开闭。

d. 过滤装置：为了确保进入焚烧炉内的气流质量，引风系统通常还配备了过滤装置。过滤装置可以有效去除进入风口的杂质和颗粒物，以减少对焚烧过程的干扰，并保护炉体和其他设备的正常运行。

总之，回转窑焚烧炉的引风系统由风机、管道系统、风箱和过滤装置等组成。这些结构的主要功能是提供足够的氧气供应，确保焚烧炉内的燃烧过程正常进行。引风系统的设计和调节可以影响焚烧的效率和燃烧产物的排放质量。

③ 燃烧系统　燃烧系统是回转窑焚烧炉的关键组成部分，由燃料供给装置、燃烧区域、燃烧空气供给系统、燃烧控制系统和燃烧产物处理系统等组成。燃料供给装置用于将燃料输送至焚烧炉内，根据燃料类型的不同，可能使用不同的供给设备，如燃油泵、燃气管道、煤粉喷嘴等。而回转窑焚烧炉中有一个特定区域（燃烧区域），用于实现燃料的燃烧过程。这个区域通常位于回转窑的中部，确保燃料在高温环境中得到充分燃烧。燃烧系统所需要的空气则由引风系统提供，还可能使用额外的燃烧空气供给装置，如燃烧空气风扇或风门，以确保燃烧过程中充足的氧气供应。焚烧炉的燃烧系统通常配备燃烧控制系统，用于监测和调节燃料和空气的供应，以控制燃烧过程的温度、氧气含量和燃料的燃烧效率。此外，燃烧过程产生的烟气和废渣等燃烧产物则通过烟气净化系统和渣滓处理系统进行处理，以满足环保要求以及实现资源回收利用。

④ 固体废物进料系统　回转窑焚烧炉通常具有一个或多个进料口，用于将固体废物投放到焚烧炉内。进料口通常位于焚烧炉的一侧，并且具有合适的尺寸和结构，以确保废物能够顺利进入炉体。废物进料系统通常包括一个或多个输送装置，如输送带、送料装置、螺旋输送机等。这些输送系统用于将固体废物从进料口传送到焚烧炉内，并确保废物在热解过程中能够均匀分布。为了保证废物在焚烧炉内均匀分布，废物进料系统还可能包括分配装置。这些分配装置可以将固体废物分散到焚烧炉的不同位置，以便在焚烧过程中获得更好的燃烧效果。这些结构的主要功能是将固体废物顺利送入焚烧炉内，并保证废物在炉内均匀分布，

从而实现高效、安全和稳定的焚烧处理过程。

⑤ 烟气处理系统　烟气处理系统是对回转窑焚烧炉产生的烟气进行处理和净化的关键组成部分。烟气处理系统通常包括除尘设备，用于去除烟气中的固体颗粒物。常见的除尘设备包括电除尘器、旋风除尘器和布袋除尘器等。如果焚烧炉产生的烟气中存在二氧化硫等有害气体，则需要配备脱硫装置用于去除。常见的脱硫装置包括湿法脱硫装置和干法脱硫装置等。某些情况下，回转窑焚烧炉产生的烟气中也可能含有酸性气体，需要安装相应的脱酸装置进行去除。常见的脱酸装置包括湿法脱酸装置和干法脱酸装置等。一些回转窑焚烧炉烟气中可能存在的氮氧化物也需要进行处理。脱氮装置通常采用选择性催化还原（SCR）或选择性非催化还原（SNCR）等技术。烟气处理系统中可能还包括其他的净化设备，如活性炭吸附装置、臭氧催化装置等，以进一步净化和处理烟气。最终处理后的烟气通过烟囱排放到大气中。烟囱设计要符合环境标准，确保烟气的排放遵守排放规定。总之，回转窑焚烧炉的烟气处理系统由除尘设备、脱硫装置、脱酸装置、脱氮装置、烟气净化设备和烟囱等组成。通过这些结构的应用，能够有效去除焚烧炉烟气中的颗粒物、有害气体和污染物，达到环保排放要求。

⑥ 温度控制系统　回转窑焚烧炉的温度控制系统是用于监测和调节焚烧炉内温度的关键组成部分，主要结构包括：

a. 温度探测器：温度控制系统通常配备温度探测器，用于实时监测回转窑焚烧炉内的温度。常见的温度探测器包括热电偶、热电阻和红外线温度计等。这些探测器被安装在炉体的关键位置，可以准确地测量温度。

b. 控制装置：温度控制系统还包括一个控制装置，用于接收来自温度探测器的信号，并根据设定的温度范围进行控制。控制装置可能是一个电子控制系统，可以根据需要调整燃料供应和空气流量，以控制炉内温度。

c. 燃料供应调节装置：温度控制系统可能包括燃料供应调节装置，用于根据控制装置的指令调整燃料的供应量。这可以通过控制燃烧器的开关或调整燃油、天然气或其他燃料的供应速度来实现。

d. 空气供应调节装置：温度控制系统还可能包括空气供应调节装置，用于根据需要调节燃烧过程中的空气供应。这可以通过调整引风系统中的风门或风扇的转速来实现，以达到控制炉内温度的目的。

e. 控制参数设定装置：温度控制系统还可能配备一个控制参数设定装置，用于设定炉内的目标温度范围和其他控制参数。这可以根据具体要求进行设置，以使控制参数设定装置根据设定的参数完成温度控制。

⑦ 出料系统　回转窑焚烧炉结构组成中出料系统的主要结构包括：

a. 出料口：这种焚烧炉通常设有一个或多个出料口，用于将炉内的固体渣滓从该焚烧炉中取出。出料口通常位于这种焚烧炉的一侧或底部，具有合适的尺寸和结构，以便将渣滓顺利排出。

b. 出料器：出料器是安装在出料口上的设备，用于将固体渣滓从回转窑焚烧炉中连续或间断地排出。出料器通常采用旋转式或滑动式设计，以确保渣滓的顺利排出和控制排出速度。

c. 输送系统：出料系统通常包括一个或多个输送装置，如输送带、输送机或螺旋输送机等。这些输送系统用于将固体渣滓从出料器取出并传送到相应的处理设备或处置设施中。

d. 渣滓处理设备：从焚烧炉中取出的固体渣滓通常需要进一步处理或处置。渣滓处理设备可以包括振动筛、破碎机、磁选机或回转窑等，根据渣滓的性质和处理要求选择相应的设备。

e. 控制系统：出料系统通常配备控制系统，用于调节和控制渣滓的排出速度和均匀度，以及输送系统和处理设备的操作参数。控制系统可以根据需要进行调整，以确保渣滓的正常排出和进一步处理。

(3) 工作原理

回转窑焚烧炉主体一般是一个可旋转的水平圆柱形壳体，由钢板制成，并衬有耐火材料。这个壳体被称为回转窑。回转窑焚烧炉通过旋转运动使废物物料与助燃空气充分混合接触，依次完成干燥、热解气化、烧结熔融和固化成型的全流程处理。同时，窑体的旋转使得废物在炉内在径向和轴向上均匀分布，提高了燃烧和处理的效果。

根据炉气（烟道气体）和固体物料的流动方向以及燃料供应和炉内热源（燃烧器）的位置，回转窑焚烧炉可以分为逆流形式和顺流形式。在逆流形式中，废物物料的进料口位于回转窑的尾部（即与烟道气体流动方向相反的一侧），烟道气体从窑头进入，顺着物料的流动方向经过燃烧区域，最后从回转窑的尾部排出。这种形式能够提高燃烧效率，减少有害物质的排放。在顺流形式中，废物物料的进料口位于回转窑的头部（即与烟道气体流动方向相同的一侧），烟道气体从窑头进入，沿着物料的流动方向经过燃烧区域，最后从回转窑的尾部排出。这种形式适用于一些特殊的处理需求，如需提高固体物料的热效应。

根据应用场景的不同，回转窑炉壳可以采用不同的材料和结构，以满足耐高温和耐腐蚀的要求。并且，为了适应不同废物类型和处理需求，回转窑焚烧炉还可能配备其他系统，如废气处理系统、渣滓处理系统和温度控制系统等。

3.1.3.5 等离子体焚烧炉

(1) 概述

等离子体焚烧炉（plasma incinerator）是一种通过高温等离子体（3000～10000℃）对垃圾进行高温氧化分解，将废物转化为无害的气体和固体废渣的固体废物处理设备（如图3-6）。等离子体焚烧炉具有高温、高能量和高效率的特点，主要用于处理工业废料、工业危险垃圾、医疗废弃物、动物实验废弃物等含有传染性病毒、污染源的固体废物。传统焚烧技术处理由于炉内温度不高（一般均低于900℃，而实际情况只运行在700℃以下），极易产生二噁英（600～800℃），传染性病毒也不能被彻底处理（一些传染性病毒在1100℃仍能生存），燃烧后的灰分仍然会对环境造成威胁，影响土壤、水质及人类、动物的健康。而通过等离子体焚烧炉可以获得高于任何传统方法的高温，燃烧的垃圾残余灰减容为≤3%，有效减少传染性病毒危害的同时减少残渣的处理压力。值得注意的是，等离子体焚烧炉需要耗费大量能量来维持等离子体的运行，因此能源消耗相对较高。

等离子体焚烧炉技术在中国的应用起步较早。20世纪90年代，中国就引进了等离子体焚烧炉技术，并进行了试点项目。随着环境污染和废物处理需求的增加，该技术得到了进一步的发展和推广。目前，中国在等离子体焚烧炉技术的研发和应用方面取得了一定进展，主要的发展地区包括广东省、江苏省、浙江省、北京市等。在这些地区，一些环保科技企业和垃圾处理公司开始使用等离子体焚烧炉技术进行垃圾处理。例如，北京环仁环卫科技有限公

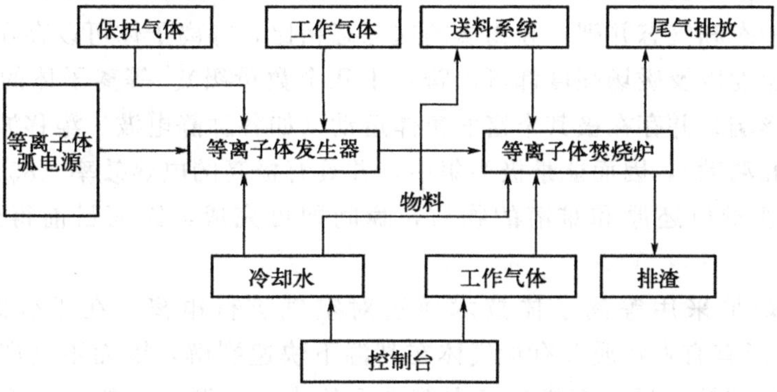

图 3-6　等离子体焚烧炉工艺流程图

司开发了等离子体垃圾焚烧技术，成功应用于北京市的垃圾处理项目。这项技术通过对垃圾进行高温氧化分解，实现了垃圾的无害化处理，并将产生的热量用于供暖。

(2) 结构特点

等离子体焚烧炉的结构组成虽然根据具体的设计和型号有所差异，但通常包括以下几个主要组成部分。

① 炉体：炉体是等离子体焚烧炉的主要结构，通常由耐高温、耐腐蚀的材料制成，如耐火砖、耐火钢板等。炉体内部包括焚烧炉腔和炉膛等空间，用于容纳垃圾和产生的等离子体。

② 等离子体弧电源：等离子体弧电源是为等离子体发生器提供能量的设备。它通过提供高电压和高频率的电力信号，将电能转化为等离子体发生所需的高温和高能量。

③ 等离子体发生器：等离子体发生器是等离子体焚烧炉的核心部件之一。它通过提供电能，激发气体产生电弧，进而产生等离子体。它通常由电极和喷嘴组成。

等离子体焚烧炉通过喷嘴和电极组件实现等离子体的产生。喷嘴用于将空气或氧气注入炉腔，形成所需的气流，促进垃圾的燃烧和氧化反应。电极则通过加电场或加磁场的方式对喷嘴处的气体进行电离，形成等离子体。

等离子体的核心结构通常是通过喷嘴和电极的组合来实现的。喷嘴通过将气体注入炉腔形成气流，而电极则通过施加电场或磁场来电离喷嘴处的气体。电离的气体产生高温等离子体，并与垃圾发生燃烧和氧化反应。通过合理控制气体的流速、电场、磁场等参数，可以实现等离子体的稳定生成和有效利用。

④ 控制系统：等离子体焚烧炉通常配备先进的控制系统，用于实时监测和控制炉内的温度、压力、气流等参数。控制系统可以调节电极电压、氧气供应等参数，以维持等离子体的稳定运行，并确保垃圾的高温氧化分解过程有效进行。

⑤ 净化装置：为了减少废气的污染物排放，等离子体焚烧炉通常配备净化装置，如废气处理系统、除尘器等。这些装置通过过滤、洗涤、吸收等方法，将废气中的颗粒物和有害气体去除，以减少对环境的污染。

(3) 工作原理

在等离子体特种垃圾焚烧炉中，通过对空气进行电离，产生高温等离子体，从而使有毒物质和有毒气体在高温下快速裂解。有机垃圾在等离子体的作用下迅速脱水、热解、裂解，产生可燃性气体。而无机物（如金属、玻璃）则在高温下熔融。等离子体是物质存在的一种状态，与固态、液态和气态并列，和物质的这三态相比，等离子体可以存在的参数范围异常宽广（其密度、温度以及磁场强度都可以跨越十几个数量级）。等离子体的形态和性质受外加电磁场的强烈影响，并存在极其丰富的集体运动（如各种静电波、漂移波、电磁波以及非线性的相干结构和湍动），因而能量极为集中，并具有极高的电热效率（85%以上），产生的高温可以还原一切难以还原和难溶的物质，瞬间即可完成，因而目前得到广泛的重视和应用。

等离子体焚烧炉采用等离子体技术通过对空气进行电离，在千分之一秒内即可达3000～10000℃，所有有毒物质及有毒气体在高温下快速裂解，因而不会产生二噁英。当垃圾被投入等离子体焚炉中后，有机垃圾在等离子体中迅速脱水、热解、裂解，产生以 H_2、CO 和部分有机气体等为主要成分的混合可燃性气体，再经过二次燃烧达到减容化、无害化。无机物（如金属、玻璃）等在等离子体高温作用下熔融，达到了减容目的。总而言之，等离子体焚烧炉的工作原理基于等离子体的高温、高能量特性，能够快速、高效地处理垃圾，实现无害化和减容化处理。等离子体焚烧炉在垃圾处理和资源回收方面具有潜力。有专家预测，21 世纪将是等离子体技术蓬勃发展、广泛应用的时代，该技术将在能源、材料、信息、空间、环境、通信、生物工程等领域发挥不可替代的重要作用。

目前，在市场上除上述常见的焚烧炉外，还存在多种其他类型的固体废物焚烧炉。如，利用微波辐射加热垃圾，在高温下进行燃烧和分解的微波焚烧炉；垃圾通过上部投入焚烧炉，废气经过净化后从底部排出，实现逆向流动的倒置焚烧炉；使用活性炭吸附有机废气，通过燃烧和再生方法进行处理的活性炭吸附焚烧炉；利用太阳能集热器将太阳能转化为热能，对垃圾进行高温燃烧的光热焚烧炉等。这些焚烧炉类型各有特点，适用于不同的固体废物处理需求和环境条件。不同的国家和地区可能更倾向于使用特定类型的焚烧炉，具体选择时会根据技术、经济和环境等综合因素进行决策。

3.2 焚烧过程及焚烧产物

3.2.1 固体废物的焚烧过程

固体废物焚烧的本质是有机质燃烧的过程。燃烧过程中有质量传递、热量传递、动量传递、氧化还原反应、结构转化等一系列变化。固体废物的燃烧过程是一种高温氧化和热解的化学反应过程。通过供应足够的氧气以及提供适当的温度，固体废物中的有机物与氧气发生化学反应，燃烧产生热能和废气。固体废物燃烧过程会减小废物体积，并转化为二氧化碳、水蒸气和固体残留物。需要注意的是，燃烧过程需要适当地控制，以确保高热能产量和最小化的污染物排放。因此，焚烧的过程是一个复杂的过程，涉及多个传热和传质的子过程。整个过程可以被分为三个阶段：第一个阶段为物料的干燥加热阶段；第二个阶段为焚烧阶段，也是固体废物焚烧的核心阶段；第三个阶段为燃尽阶段，以及固体废物残渣生成阶段。

(1) 干燥加热阶段

固体废物通常含有大量水分，而我国尤其村镇地区固体废物多以农业固废、城镇萎菜、餐厨厨余为主，其含水率更是偏高，即使是混合垃圾，一般含水率都高于30%。过高的水分将对燃烧过程不利，因此，燃烧过程中对固体废物进行干燥很重要。焚烧的干燥加热阶段是从固体废物被运送进入炉内开始的。对机械送料的运动炉排而言，从固体废物进入焚烧炉开始到固体废物开始析出挥发分着火这一阶段，都认为是焚烧的干燥加热阶段。在干燥加热阶段，固体废物中的水分是通过蒸发的形式析出的。干燥加热阶段的温度通常在200～400℃之间，取决于废物的性质和焚烧炉的要求。在这个阶段，固体废物中的水分会被蒸发掉，并以水蒸气的形式排出。同时，固体废物中的有机物还会开始分解产生挥发分，为后续的着火燃烧提供能量。干燥加热阶段的时间一般较短，通常只需几分钟到十几分钟。一旦固体废物达到干燥状态并开始析出挥发分并着火，焚烧过程将进入下一个阶段。

固废弃物焚烧的干燥加热阶段的技术要求主要包括如下内容：

① 温度控制：干燥加热阶段的温度需要在一定的范围内进行控制，以确保固体废物中的水分能够充分蒸发出来。过低的温度会导致水分不能充分蒸发，而过高的温度则可能引发其他问题，如过度燃烧或生成有害气体。而不同类型的固体废物具有不同的化学成分和含水量，因此其干燥的温度要求也会有所不同。一般而言，有机废物和含有较高含水量的废物需要较高的温度来进行干燥。这是因为有机废物含有大量的水分和有机物，需要更高的温度才能将其蒸发并破坏降解。而较干燥的废物比如纸张、塑料等则可以在较低的温度下进行干燥。此外，不同类型的废物可能还涉及其他特殊的温度控制要求。例如，含有有毒成分或有害成分的废物可能需要在特定的温度下进行处理，以确保这些成分得到适当的分解和处理。

② 废物供给均匀性：在干燥加热阶段，废物需要被均匀地供给到焚烧炉中，以确保每个废物颗粒都能被充分地加热，从而达到干燥的效果。机械送料器需要具备良好的控制和调节功能，确保废物的供给均匀和稳定。

③ 时间控制：干燥加热阶段的时间需要进行适当的控制，以确保废物能被充分地干燥。时间过长会造成能源和资源的浪费，而时间过短则可能导致干燥不充分。因此，需要根据不同废物的性质和焚烧炉的要求，合理控制干燥加热阶段的时间。

④ 系统安全性：干燥加热阶段涉及高温和燃烧气体，因此需要确保系统的安全性。必须采取相应的安全措施，如设立温度监测/报警装置，防止过热和火灾等危险情况的发生。

（2）焚烧阶段

固体废物完成干燥过程后，如果炉内的温度够高、氧化剂充足，物料将进入真正的焚烧阶段。在固体废物焚烧的阶段，有三个主要的同时发生的化学反应，它们是强氧化反应、热解反应和裂解反应。

① 强氧化反应　在焚烧炉中，通过向炉内供应足够的氧气或空气，使固体废物中存在的有机物质发生氧化反应，将其转化为二氧化碳和水蒸气，同时产生热能。该氧化反应是一个强氧化过程，需要高温条件和足够的氧气供应。强氧化反应的化学公式可以简化为：

$$\text{有机物}+O_2 \xrightarrow{\text{高温}} CO_2+H_2O+\text{热量}$$

在焚烧炉中，通过控制氧气供应和温度，可以调整反应的速率和程度。如果氧气供应充足、温度适宜，有机物质可以完全燃烧，产生足够的热能。但如果氧气供应不足或温度不适宜，可能会发生不完全燃烧，产生CO等不完全氧化产物和烟尘等污染物。

在固体废物焚烧阶段的强氧化反应中，除了产生热能外，还包括快速氧化过程中的发光现象。发光是可燃物质在高温下被氧气氧化释放能量的结果。当废物中的可燃物质受到足够的氧化时，其分子结构发生断裂，并释放出能量。这些能量以光的形式被发射出来，产生可见的发光效应。不同的化学物质在燃烧时可能会发出不同颜色的光，这也是焚烧炉中火焰颜色不同的原因。这种快速氧化过程的发光现象是固体废物焚烧过程中的一个特征，它标志着可燃物质被有效地氧化并释放热能。同时，也需要注意控制热量的分布和传递，以确保废物完全燃烧，以及最大限度地利用产生的热能。

② 热解反应　固体废物焚烧的热解反应阶段是焚烧过程中的一个重要阶段，它是指在高温条件下，固体废物中的有机物质分解为较小分子产物的反应过程。在焚烧炉中，废物被加热至高温（通常在600～1000℃），此时有机物质经历热解反应，逐渐分解为气体和残留的固体炭质物。这个过程涉及复杂的化学反应，包括裂解、脱水、碳化等。

当固体废物被加热到足够高的温度时，有机物质开始发生热解反应，这是热解反应的开始过程。这些有机物质包含可燃的碳元素和其他组分，如聚合物、木材、纸张等。在高温下，有机物质开始分解为各种气体，包括一氧化碳（CO）、二氧化碳（CO_2）、氮气（N_2）、甲烷（CH_4）、乙烯（C_2H_4）等。这些气体是有机物质的碳、氢和氧元素在高温下的分解产物。该过程被称为热解的气体生成过程。热解反应过程中，有机物质的分解会留下残留的固体炭质物。这些炭质物富含碳元素，通常是焚烧废物的灰状残留物。该过程被称为热解的固体炭质物形成过程。总的来说，热解反应是焚烧过程中的一个关键阶段，它将固体废物中的有机物质转化为气体和固体炭质物。在热解反应阶段，温度的控制、废物的持续供应以及气体产物的收集和处理都是非常重要的，以确保有效的有机分解，以及最大限度地利用废物资源。

③ 裂解反应　固体废物焚烧的裂解反应是指在高温条件下，部分有机物质分子链的断裂和重组，产生较小分子的反应过程，也是焚烧产物分子重排的过程。在焚烧炉中，当固体废物的温度升高至1000℃以上时，一些较复杂的有机物质中的分子链会发生破裂，分解成较小分子。这个过程通常在氧气供应不足或不存在的条件下进行，因为氧气能够促进完全燃烧，而裂解反应则是在较低氧气浓度下发生。裂解反应的具体反应机理较为复杂，但通常涉及碳、氢和氧元素之间的化学键的断裂和重新组合。在裂解反应过程中，较大分子的有机物通常会分解成较小的分子，如低分子量的烃类（如甲烷、乙烯等）、芳香烃、酚类等。

裂解反应的产物取决于废物的组成和焚烧条件。不同类型的废物和温度下可能产生不同的分解产物。通常，裂解反应产生的分子比热解反应中的气体分子更小，具有更低的碳含量。

(3) 燃尽阶段

在燃尽阶段，已经经历了干燥、加热、热解和裂解阶段的固体废物中的残留可燃物质被完全氧化，反应生成的惰性物质、固态灰渣、CO_2 等不断增加，导致剩余的可燃成分与氧化剂充分反应的困难程度也在增加。所以这个阶段的关键是提供充足的氧气，以确保所有可燃物质都得到充分氧化，避免产生不完全氧化产物和有害气体。一般情况下，常采用翻动、拨火等方法来减少可燃物料表面的灰层，或控制焚烧炉内氧气的供应量，以及燃烧过程的温度和混合程度，以确保可燃物质被完全燃烧。在燃尽阶段，焚烧设备通常采用适当的燃烧控制系统和燃烧器设计，以提供理想的氧气供应和燃烧条件。同时，也需要注意对燃烧效果的监测和调节，以确保固体废物中的可燃物质被充分燃烧并达到燃尽的效果。

在固体废物的全部焚烧过程中，固体废物可能发生三种燃烧结果：一种是固体废物经过一级燃烧室或二级燃烧室被完全热解焚毁；第二种是焚烧过程中有很少一部分固体废物逃逸而未被焚毁；第三种则是产生一些不完全燃烧的产物，这些产物通常都是一些有害的废弃物。

3.2.2 焚烧过程相关产物

固体废物焚烧产物根据产生时间可以分为中间产物及终产物两种类型。其中中间产物主要为烟气与焦渣。烟气中含有一些有害气体和颗粒物质，如二氧化硫（SO_2）、氮氧化物（N_xO、NO_x）、一氧化碳（CO）、氯化物（XCl）和重金属［汞（Hg）、铅（Pb）、镉（Cd）、铬（Cr）、镍（Ni）、锌（Zn）、铜（Cu）等］等。焦渣是固体废物焚烧后留下的残渣。焦渣中包括未完全燃烧的物质、灰烬、金属残渣等。焚烧后的终产物为烟气处理产物、固体废物焚烧残渣，包括未完全燃烧的物质、灰烬、金属残渣等。为了控制烟气中的污染物排放，降低对环境的影响，焚烧厂通常会配备烟气处理设备，用于净化烟气。这些设备可以减少二氧化硫、氮氧化物和颗粒物等有害物质的排放。烟气处理产物可以是气态的化合物，也可以是凝结在设备中的颗粒物。

在固体废物焚烧过程中产生的中间产物中，一些是有害的，而一些则可能是无害的或较少有害的。有害的产物包括有害气体如二氧化硫（SO_2）、氮氧化物（NO_x）、一氧化碳（CO）和氯化物（XCl）等，它们对环境和人体健康具有负面影响；还包括一些多环芳烃（PAHs），它们具有致癌性和毒性作用。而焚烧过程中产生的二噁英和呋喃类化合物是极具毒性和致癌性的物质，对环境和人体健康有严重危害。无害或较少有害的产物则主要是灰烬，灰烬是燃烧过程中形成的固体残渣，通常以无机盐和惰性物质为主，如果符合相关的废物排放标准，可以被认为是无害的。为了避免产生有害的中间产物，在焚烧过程中需注意：a. 严格控制燃烧条件和燃烧温度，以最大限度地促进完全燃烧，减少未完全燃烧产物的生成；b. 通过合理的燃烧设备和调控措施，确保充足的氧气供应，有助于减少有害气体的生成；c. 配备先进的烟气处理装置，如烟气脱硫、脱硝、除尘和除酸等设备，以降低有害气体和颗粒物排放；d. 在焚烧过程中对废物进行前处理，以去除或减少可燃性有机物质和有害物质的含量；e. 定期维护和保养焚烧设备，确保其正常运行和有效的污染物控制能力。

在固体废物焚烧过程中产生的终产物中烟尘、脱硫产物、脱氮产物是对环境具有威胁的有害产物。焚烧过程中产生的烟尘可能包含细颗粒物和有害化学物质，如重金属和有机污染物，对环境和人体健康有潜在风险。脱硫设备处理过程中产生的脱硫产物（如硫酸盐、石膏等）在高浓度或处置不当的情况下可能对土壤和水体造成污染。此外，焚烧过程中的脱氮产物（如氮酸盐、氨水等）在高浓度或处置不当的情况下可能对水体和生态系统产生负面影响。另外，焚烧过程中产生的固体废渣（如灰渣、废弃物等），经过适当的处理和处置，符合相关的废物排放标准后可以认为是无害或较少有害的。而经过有效处理的烟气（通过适当的烟气处理设备处理和净化后达到相关排放标准的烟气），排放到大气中的有害物质有效减少。为了避免焚烧过程中产生的终产物对环境造成危害，在终产物排放过程中，要注意：确保焚烧产生的终产物排放符合相关的环境法规和排放标准；确保烟气处理设备正常运行以及有效减少有害物质排放；确保焚烧过程中产生的脱硫产物（如硫酸盐）和脱氮产物（如氮酸盐等）经过适当的处理和处置；确保进行定期的排放监测和检测、确保选择先进技术和设备；确保在焚烧之前对废物进行分类和预处理，减少可燃性有机物质和有害物质的含量，以减少有害物质的产生。总之，通过符合规定的排放标准、适当的处理和处置措施、定期监测和维护烟气处理设备等措施，可以有效避免焚烧过程中产生的终产物对环境造成危害。同时，加强信息披露和公众参与，提高环境保护的透明度和可持续性。

3.3 固体废物焚烧的指标和相关法规标准

3.3.1 固体废物污染防治法律法规

《中华人民共和国固体废物污染环境防治法》（以下简称《固体法》）是我国关于固体废物污染环境防治的基本法律，规定了固体废物污染环境的防治原则、责任主体、管理制度、防治措施等。该法于 1995 年首次通过，后经过多次修订，最新版本于 2020 年 4 月 29 日修订通过。我国固体废物污染防治法规体系中包括了多项法律法规：

①《中华人民共和国环境保护法》（以下简称《环保法》）是我国环境保护的基本法律，对环境保护工作进行了全面规定，其中包括固体废物污染环境的防治。下设环境保护国际公约及环境保护单行法。

②《控制危险废物越境转移及其处置巴塞尔公约》《关于持久性有机污染物的斯德哥尔摩公约》等旨在控制和减少固体废物对环境和人体健康的影响，促进废物的可持续管理和社会经济发展，我国作为这些公约的签署国和执行国，积极参与国际合作，推动国内固体废物管理政策的制定和实施，加强废物分类、回收、处理和处置的能力建设，致力于实现环境保护和可持续发展的目标。

③《固体法》则是针对特定固体废物污染环境保护问题制定的独立法律，规定了固体废物污染的法律原则、责任主体、污染物排放标准、排放许可制度等。

④《中华人民共和国循环经济促进法》明确了循环经济的基本原则和发展目标，要求实施清洁生产，减少固体废物的产生，提高资源利用效率。

⑤《中华人民共和国清洁生产促进法》是为促进清洁生产，提高资源利用效率，减少和避免污染物的产生，保护和改善环境，保障人体健康，促进经济与社会可持续发展而制定的法律。

在设立相关法律基础上，同时向下设立相关环境保护行政法规，如《城市生活垃圾管理办法》规定了城市生活垃圾的分类、收集、运输和处理等方面的管理要求和标准。在行政法规下，同时设立《固体废物进口管理办法》等环境保护部门规章以及《北京市生活垃圾管理条例》等环境保护地方政府规章。

中国固体废物防治法规管理政策可以看作是在法规体系的指导下，具体落实和实施法规的政策和措施。这种融合使得法规体系更具操作性和可行性，从而更好地推动固体废物的防治工作。

3.3.2 固体废物焚烧污染相关法律法规、政策及技术标准

《环保法》《固体法》是固体废物减量化、资源化的以及能源化的基本法律法规。《环保法》规定环境保护坚持保护优先、预防为主、综合治理、公众参与、损害担责的原则，减少废弃物的产生，采取措施对生活废弃物分类处置、回收利用。《固体法》明确了固体废物焚

烧设施的建设、运行和监管要求，包括焚烧过程的污染物排放标准和监测要求等。同时，《中华人民共和国可再生能源法》中指出生活垃圾属于可再生能源；《中华人民共和国国民经济和社会发展第十一个五年规划纲要》支持发展秸秆、垃圾焚烧发电及填埋气发电；《国务院关于印发节能减排综合性工作方案的通知》中同样鼓励了县级以上城市（含县城）进行垃圾焚烧发电和供热。此外，还包括一些"十二五""十三五"以及"十四五"工作方案对固体废物能源化以及焚烧处理的支持。由此可知，政策上国家大力支持对固体废物进行焚烧能源化处理，促进固体废物资源化利用。同时，也出台了一系列相关标准，对焚烧技术要求以及污染排放等进行了规定和限制，最大限度地提高焚烧效率、减少污染排放。

在固体废物焚烧相关标准中，我国现行的《生活垃圾焚烧污染控制标准》（GB 18485—2014）对焚烧炉的技术性能指标与烟气净化系统及排放控制进行了相关要求。其中，焚烧炉技术性能要求炉膛内燃烧温度≥850℃，炉膛内烟气停留时间≥2s，焚烧炉渣热灼减率≤5%。烟气净化系统及排放控制中，对烟气净化系统、排气筒、烟囱的高度以及烟气中污染物限值都进行了明确规定。此外，我国还制定了《生活垃圾焚烧处理工程技术规范》（CJJ 90—2009）、《生活垃圾焚烧厂运行监管标准》（CJJ/T 212—2015）、《生活垃圾焚烧技术导则》（RISN—TG009—2010）、《生活垃圾流化床焚烧工程技术导则》（RISN—TG016—2014）、《危险废物焚烧污染控制标准》（GB 18484—2020）等一系列标准、规范，对固体废物焚烧能源化工程建设及运行作出了详细的规定。

3.4　城市生活垃圾焚烧特性

城市生活垃圾作为固体废物的重要组成部分之一，其中包含了各种有机和无机物质，如食品残渣、纸张、塑料等，这些成分因季节、地域以及城市经济水平的不同存在较大差异，因此其复杂组分会使得焚烧过程更具挑战性。同时，城市生活垃圾中含有大量易挥发的有机物质，这会导致在焚烧过程中产生更多的燃烧气体和气味。因此，鉴于城市生活垃圾的复杂性、不均一性、时令性及地域性，本书以城市生活垃圾为例简要阐述固体废物焚烧特性。

3.4.1　城市生活垃圾焚烧的复杂性

① 垃圾组成的多样性：城市生活垃圾包括食品残渣、包装材料、废纸、废塑料、有机废物、金属、玻璃等多种成分，这些成分可能影响焚烧过程的稳定性和废气排放的成分。

② 水分含量变化：城市生活垃圾中的水分含量会随着季节和天气情况有所变化，水分的多寡直接影响着垃圾燃烧的温度和热值。

③ 废气处理的难度：城市生活垃圾中可能含有各种有机物质和有害物质，焚烧产生的废气也复杂多样，需要对多种废气成分进行处理和净化。

④ 灰渣的处理：城市生活垃圾焚烧后会生成灰渣，灰渣的性质也受到焚烧原料的影响，可能包含重金属、无机盐等有害物质，需要进行妥善的处理和处置。

⑤ 能源回收：城市生活垃圾焚烧产生的热量可以回收利用，但如何有效回收、利用和管理这一能源也是一个复杂的技术和管理问题。

因此，城市生活垃圾焚烧具有较高的复杂性，只有充分考虑到垃圾组成的多样性、水分含量变化、废气处理的难度、灰渣的处理和能源回收等方面，才能保证焚烧过程高效稳定地进行，并减少对环境的负面影响。

3.4.2 城市生活垃圾焚烧的不均一性

城市生活垃圾焚烧的不均一性指的是生活垃圾在焚烧过程中，垃圾本身的组成、性质、含水量、燃烧条件等因素的变化导致的焚烧过程产生的污染物排放、燃烧产物和焚烧效率等方面的不一致性。具体表现在以下几个方面：

① 污染物排放的不均一性：生活垃圾焚烧过程中，会产生大量的气体污染物，如二氧化硫、氮氧化物、一氧化碳、重金属等。由于垃圾成分的不均一性，焚烧过程中污染物的排放浓度和种类会有所不同，进而影响环境质量。

② 燃烧产物的不均一性：生活垃圾焚烧会产生大量的燃烧产物，包括气体、液体和固体。这些燃烧产物的成分和数量会受到垃圾成分、燃烧条件等因素的影响，从而导致不均一性。其中，有毒有害物质的存在对人体健康和生态环境构成威胁。

③ 焚烧效率的不均一性：由于垃圾成分和燃烧条件的变化，生活垃圾焚烧过程中的能量转化效率和资源利用率会发生变化，从而导致焚烧效率不稳定。这不仅影响垃圾焚烧厂的正常运行，还降低了资源的利用率，增加了环境负担。

④ 燃烧过程的不稳定性：生活垃圾焚烧过程中，由于垃圾成分的不均一性，燃烧过程容易产生不稳定现象，如火焰扰动、燃烧气体爆炸等。这些不稳定现象不仅影响焚烧厂的正常运行，还可能导致设备损坏、人员伤亡等事故。

为解决城市生活垃圾焚烧的不均一性，可以采取以下措施：

① 优化垃圾收集和分类体系：通过提高垃圾分类的准确性和规范性，降低垃圾焚烧过程中的不均一性。

② 改进焚烧工艺和设备：采用先进的焚烧技术和设备，提高焚烧过程的稳定性，降低污染物排放。

③ 增设污染物处理设施：对焚烧过程中产生的污染物进行有效处理，降低其对环境的影响。

④ 强化监测与监管：加强对生活垃圾焚烧过程中的污染物排放、燃烧产物和焚烧效率等方面的监测，确保焚烧过程的环保和安全。

⑤ 推广清洁生产和技术：推广应用清洁生产技术，提高资源利用率，减少垃圾产生和环境污染。

3.4.3 城市生活垃圾焚烧的时令性

城市生活垃圾的时令性指的是城市生活垃圾在不同季节或时间段的产生量、成分和性质可能会有所不同。这是由于人们的日常生活习惯、季节性活动和社会经济的影响。在城市中，垃圾的产生量受到很多因素的影响，包括节假日和庆典、季节、特殊事件和活动等。

在节假日和庆典期间，人们通常会举办家庭聚餐、宴会或聚会，这会导致食品残渣如食物剩余、果皮、蔬菜残渣等的增加。因为节日聚会、派对等，饮品容器如玻璃瓶、铝罐、塑料瓶等的使用量增加，相应的废弃物也就会增多。包装废弃物也会大量增加，包括塑料袋、纸盒、泡沫塑料等，这些都是节假日期间较常见的废弃物。同时，由于礼物包装、贺卡、纪念品等，节假日期间纸张和纸板的废弃物也会明显增加。在节假日期间，人们常常使用各种装饰物品如彩带、气球、烟花爆竹等，这些装饰用品在节日结束后会成为垃圾。

因此，在节假日期间，城市生活垃圾的成分会较平时更多地包含食品残渣、饮料容器、包装废弃物、纸张和纸板、装饰用品等。了解城市生活垃圾焚烧的时令性对合理安排焚烧设施的运行模式、优化资源配置、减少环境污染和提高资源利用效率都具有重要意义。垃圾焚烧厂在不同时间段可能需要调整设备运转方式、增加工作人员，以适应时令性变化。

3.4.4 城市生活垃圾焚烧的地域性

城市生活垃圾焚烧的地域性主要体现在以下几个方面：

① 地域差异：不同地区的城市生活垃圾在成分、产量、处理能力等方面存在差异。一般来说，经济发展水平较高的地区，生活垃圾产量较大，处理设施较为完善；而经济发展水平较低的地区，生活垃圾处理能力可能相对薄弱。

② 政策法规差异：我国各地政府对生活垃圾焚烧的处理态度、政策支持和补贴力度不尽相同。一些地区鼓励生活垃圾焚烧处理，认为其能有效减少垃圾填埋占地和环境污染；而另一些地区则出于环保和安全考虑，对生活垃圾焚烧处理持谨慎态度。

③ 技术水平差异：各地区生活垃圾焚烧技术水平存在差距。一些地区已经采用了较为先进的生活垃圾焚烧设备和技术，实现了较高水平的资源化利用和污染物控制；而其他地区的生活垃圾焚烧设施可能仍较为落后，焚烧过程中产生的污染物排放和资源浪费问题较为严重。

④ 社会认知差异：不同地区对生活垃圾焚烧的处理观念和认知程度存在差异。在一些地区，民众对生活垃圾焚烧存在担忧和反对情绪，担忧其对环境和健康有危害；而在另一些地区，民众对生活垃圾焚烧的认知相对理性，支持政府采取合理的焚烧处理措施。

⑤ 地域特色：不同地区的城市生活垃圾焚烧处理方式可能受到地域特色的影响，如气候、土地资源、产业结构等。例如，在土地资源紧张、冬季气温较低的地区，生活垃圾焚烧处理可能更为迫切和重要。

总之，城市生活垃圾焚烧的地域性表现在各个方面，各地区应根据实际情况，制定合适的政策和措施，推动生活垃圾焚烧处理设施的建设和技术升级，实现环保、资源化和可持续发展。同时，加强对民众的环保教育，提高大家对生活垃圾焚烧处理的认知和支持程度，共同为改善生态环境和提高生活质量贡献力量。

3.5 其他典型固体废物的焚烧特性

除了城市生活垃圾之外，还有许多其他类型的典型固体废物也具有特定的焚烧特性，如医疗废物、化工废物、工业固体废物等。这些固体废物在焚烧过程中会有一些独特的特性。

① 医疗废物：医疗机构产生的具有传染性、毒性、易燃性等特性的废弃物。其中包括医用口罩、手套、注射器、护士服等。这些废物通常含有有害的医疗废物，如含病原体的生物医疗废物、有毒的化学医疗废物等。焚烧医疗废物时，需要特别注意控制有害物质的释放，避免对环境和人体造成危害。医疗废物在焚烧处理时需严格按照国家相关法规和标准进

行无害化焚烧处理，确保废物中的病原体和有害物质得到有效去除。焚烧过程中要控制有害气体排放，防止对环境和人体造成二次污染。因此，医疗废物焚烧采用专门设计的医疗废物焚烧炉进行处理，炉膛温度较高，能有效杀死病原体和有害物质。同时，采用先进的尾气处理设备，确保排放达标。

② 化工废物：化工生产过程中产生的具有有毒、有害、易燃、易爆等特性的废弃物。化工废物种类繁多，包括有毒化学品、污泥、废液、废渣等。这些废物通常具有较高的燃烧热值，可以作为能源进行回收利用。但同时，在焚烧过程中也需要注意对有害物质进行控制，避免生成有毒废气。因此在焚烧过程中要充分考虑化学品的毒性、易燃性、爆炸性等特点，采取相应的安全措施。焚烧设备须具备较高的抗腐蚀、抗磨损性能。化工废物焚烧通常采用高温焚烧技术，使有毒化学品分解，有害物质得到去除。焚烧设备须具备良好的抗腐蚀、抗磨损性能，确保设备安全运行。

③ 工业固体废物：主要是工业生产过程中产生的固态废弃物。工业固体废物具有毒性、腐蚀性、易燃性、放射性等特性。主要包括重金属废物、有机废物、无机废物等。焚烧过程中要严格控制污染物的排放，确保焚烧过程达到环保要求。根据废物特性，选择合适的焚烧设备和技术。

④ 农业废弃物：农业废弃物包括秸秆、果壳、废弃农药容器等，这些废弃物通常含有较高的纤维素和半纤维素。农业废物焚烧会产生较多的烟尘，焚烧废气对空气质量产生负面影响，同时也可能对土壤和植被带来损害。因此，农业废物焚烧产生的热能常常被用于农业和工业领域，也可作为生物质能源使用，而城市固体废物焚烧则可以转化为电能，供给城市电网。农业废弃物的焚烧处理需要专门的农业废弃物焚烧炉或使用生物气化、生物质燃料等技术。

以上是一些典型固体废物的焚烧特性，这些特性需要在实际的焚烧处理过程中得到充分考虑，以确保废物的有效处理，同时最大限度地减少对环境的负面影响。

3.6 典型固体废物焚烧技术及应用

3.6.1 根据固体废物类型选择焚烧技术

在选择固体废物焚烧技术时，需要根据废弃物的类型、特性以及处理要求来综合考虑。首先，了解固体废物的种类和特性。对需要处理的废弃物进行分类，了解其成分、热值、含水量、毒性等特性。这有助于确定适合的焚烧技术。其次，确定焚烧目标。根据废弃物的特性和环境要求，明确焚烧处理的目标，如减量化、无害化、资源化等。再次，选择焚烧技术。根据焚烧目标和废弃物特性，选择合适的焚烧技术。如，机械炉排炉技术，适用于处理生活垃圾、污泥等有机废弃物，优点是成熟度高、运行稳定，能实现废弃物的高效燃烧和减量化；循环流化床技术，适用于处理工业废弃物、生活垃圾等，优点是燃烧效率高、污染控制能力强，能适应不同种类废弃物的焚烧处理；热解焚烧技术，适用于处理危险废物、有机废物等，优点是能实现废弃物的高效转化，减少有害物质的产生。随后根据所选焚烧技术，配置相应的辅助设备，如余热利用系统、烟气净化设备、电气控制系统等，以确保焚烧过程的稳定运行和达标排放。在选择焚烧技术时，还应考虑到未来可能的技术升级和改造需求，以便适应废弃物处理政策的变化和环保要求的提高。最后，在确定焚烧技术后，对整个焚烧系统进行综合评估，包括投资成本、运行成本、维护成本、环保效果等，以确保项目的经济性和可行性。通过以上步骤，可以根据固体废物类型选择合适的焚烧技术。在实际操作中，还需注意各地政策、法规和标准的要求，以确保焚烧处理过程的合规性。

3.6.2 典型固体废物焚烧技术应用

① 机械炉排炉技术：机械炉排炉技术是当前主流的垃圾焚烧处理技术之一。将垃圾投入炉内，通过炉排的搅拌和翻动使垃圾充分燃烧。这种技术具有燃烧效率高、污染控制能力强等优点。在我国，机械炉排炉技术得到了广泛应用，如上海江桥生活垃圾焚烧发电厂、深圳沙井生活垃圾焚烧发电厂等。

② 循环流化床技术：循环流化床技术是另一种主流的垃圾焚烧处理技术。该技术通过将垃圾投入流化床锅炉，使垃圾在床内悬浮燃烧。循环流化床技术具有燃烧效率高、污染控制能力强、能源利用率高等优点。典型的应用案例有北京高安屯生活垃圾焚烧发电厂、广州李坑生活垃圾焚烧发电厂等。

③ 催化悬浮燃烧技术：催化悬浮燃烧技术是一种先进的固体废物焚烧技术，通过在燃烧过程中加入催化剂，使燃烧过程更加充分，减少污染物的排放。同时，悬浮燃烧技术可以提高燃烧效率，减少能源消耗。典型的应用案例有杭州七格生活垃圾焚烧发电厂等。

④ 工业固体废物焚烧技术：工业固体废物焚烧技术是对工业废弃物进行焚烧处理，以减少废物堆积和环境污染。典型的应用案例有基于 CAO（空气氧气控制）技术的工业固体废物焚烧系统等。

⑤ 垃圾热解焚烧技术：垃圾热解焚烧技术是将垃圾在无氧或低氧环境下热解，将产生的气体焚烧。这种技术可以有效降低污染物的排放，减少雾、霾现象。典型的应用案例有济南生活垃圾热解焚烧项目等。

综上所述，典型固体废物焚烧技术在我国得到了广泛实施，不仅有效提高了垃圾处理能力，还降低了环境污染，为我国环保事业做出了积极贡献。

本章小结

1. 固体废物焚烧是一种有效的处理方法，在高温下将废弃物氧化燃烧，减小废弃物体积，回收能源，并安全处理废弃物。焚烧过程包括蒸发燃烧、分解燃烧和表面燃烧等不同的燃烧方式。

2. 固体废物焚烧需满足的条件包括：燃烧特性、适当的焚烧设备、温度条件、氧气供应、烟气净化系统、运营和维护、监测和监管。其中，对废物燃烧特性的了解对于评估焚烧过程的能源回收潜力和效果至关重要。适当的焚烧设备的选择和操作也是保证焚烧效果的重要因素。温度条件和氧气供应是确保废物充分燃烧的关键。烟气净化系统可以有效控制和处理焚烧过程中产生的污染物，保护环境和人类健康。运营和维护是确保焚烧装置安全、高效运行的重要环节。监测和监管则通过建立透明度、强制合规和持续改进，确保焚烧过程的无害化，以及减少对环境的负面影响。

3. 流化床技术在固体废物焚烧中利用高温将废物颗粒与气流混合，提高燃烧效率，减少污染物排放。流化床具有混合均匀、高热传递性、高负荷运行、可控性强等特点，适用于各种废弃物的焚烧处理。此外，流化床技术还应用于煤炭气化、催化反应、物料干燥、药物制备、生物质转化和金属冶炼等多个领域。

4. 回转窑技术通过旋转和热气流使固体废物在高温下均匀受热分解和气化。该技术适用于处理生活垃圾、工业废物、医疗废物等，可高效燃烧并转化为灰渣和废气。回转窑技术具有均匀加热、大容量处理、适用于多种物料形态、多工艺应用、高效节能、灵活可控和环境友好等特点。

5. 热解气化技术在无氧或低氧环境下加热废弃物，将其转化为气体、液体和固体产物，实现资源化、减量化。该技术高效回收能源，减小废物体积和污染物排放，广泛应用于处理城市垃圾、农业废弃物等，适用于能源生产、化学工业、农业应用等。

6. 固体废物焚烧炉类型多样，包括固体废物焚烧炉、生物质焚烧炉、危险废物焚烧炉等，工作原理有直接燃烧、间接燃烧、等离子体加热、微波加热等类型，燃烧床类型有固定床、流化床、回转窑等，能源回收类型有纯焚烧和能源回收焚烧，环保措施有高效污染控制和传统焚烧。最常用的焚烧炉有炉排型、炉床式、流化床、回转窑等。

7. 焚烧过程可以分为三个阶段：干燥加热阶段、焚烧阶段和燃尽阶段。干燥加热阶段主要是去除废物中的水分，为后续的着火燃烧提供能量。焚烧阶段是焚烧的核心阶段，包括强氧化反应、热解反应和裂解反应。强氧化反应是在高温下，有机物与氧气发生氧化反应，产生二氧化碳和水蒸气。热解反应是在高温下，有机物质分解为较小分子产物。裂解反应是在高温条件下，部分有机物质分子链断裂和重组，产生较小分子的反应过程。燃尽阶段是确保所有可燃物质都得到充分氧化，避免产生不完全氧化产物和有害气体。焚烧过程中可能产生中间产物和终产物。中间产物主要包括烟气与焦渣，而终产物为烟气处理产物、固体废物焚烧残渣。为了避免产生有害的中间产物和终产物，需要严格控制燃烧条件和燃烧温度，确保充足的氧气供应，配备先进的烟气处理装置，对废物进行前处理，定期维护和保养焚烧设备，确保烟气处理设备正常运行，以及有效减少有害物质排放，选择先进技术和设备，在焚烧之前对废物进行分类和预处理。

复习思考题

1. 固体废物焚烧过程中如何确保焚烧效率和环保效果?

2. 固体废物焚烧的烟气净化系统主要包括哪些部分？这些部分的作用是什么?

3. 流化床技术在处理固体废物时有哪些主要特点？这些特点如何帮助提高焚烧效率和环保效果?

4. 热解气化技术在处理固体废物时有哪些主要优点？这些优点如何体现在其应用领域中?

5. 在固体废物焚烧过程中，如何通过温度控制、废物供给均匀性、时间控制以及系统安全性等方面的措施来确保干燥加热阶段的效率和安全性?

6. 固体废物焚烧过程中，强氧化反应、热解反应和裂解反应分别有哪些特点和重要性？如何通过控制氧气供应、温度等条件来优化这些反应的效果?

7. 固体废物焚烧过程中，有哪些因素会影响焚烧效率和污染控制？请简要说明这些因素及其可能的影响。

参考文献

[1] 贾亚琪，李赫，王震洪. 我国城市固体废物现状及处理技术研究进展[J]. Advances in Environmental Protection，2019,9：717.

[2] 夏杨. 试论固体废物的焚烧处理技术[J]. 中国资源综合利用，2019,37(8)：76-77.

[3] 郑旭帆，杜艺，苗恩东，等. 城市固体废物焚烧飞灰碳酸化研究进展[J]. Clean Coal Technology，2022，28(1)：187-197.

[4] 王君. 固体废物焚烧炉的燃烧理论[J]. 辽宁城乡环境科技，2006，26(1)：48-49.

[5] 范洪刚，袁浩然，林镇荣，等. 可燃固体废物热解气化技术及工程化模拟研究进展[J]. 新能源进展，2017，5(3)：204-211.

[6] 岑可法，倪明江，严建华，等. 可燃固体废物能源化利用技术[M]. 北京：化学工业出版社，2016.

[7] 张弛，柴晓利，赵由才. 固体废物焚烧技术[M]. 2 版. 北京：化学工业出版社，2017.

[8] 姜凡，潘忠刚，江淑琴，等. 城市固体废物的燃烧特性实验研究[J]. 热能动力工程，2001，16(1)：16-18.

[9] 王妍，张成梁，苏昭辉，等. 城市生活垃圾焚烧炉渣的特性分析[J]. 环境工程，2019，37(7)：172-177.

第4章

固体废物焚烧副产物风险评估及处置方式

学习目标

1. 了解焚烧过程中危害性气体的成分和产生机制，掌握不同类型废弃物在焚烧过程中可能产生的有害气体种类。

2. 学会如何通过焚烧过程控制、烟气净化处理、温室气体捕集减排等方式来控制焚烧过程中危害性气体的排放。

3. 了解二噁英的危害性及其在焚烧过程中的生成机制，掌握减少二噁英排放的控制措施和回收方法。

4. 掌握焚烧飞灰的组分和来源，学会如何对焚烧飞灰进行风险评估和有效的处理处置。

5. 学习焚烧过程中重金属污染的形成机制，了解如何进行重金属污染的风险评估，以及焚烧重金属污染的处理处置方法。

4.1 焚烧危害性气体排放特性及处置措施

4.1.1 焚烧危害性气体成分

焚烧危害性气体指焚烧过程中产生的具有毒性、有害性或危险性的气体。在焚烧过程中，固体废物、液体废物或废气经过高温燃烧后，会产生各种危害性气体，对环境和人体健康造成潜在的威胁。如大量二氧化碳（CO_2）排放可能导致温室效应和气候变化；一氧化碳（CO）对人体或动物呼吸系统和心脏有害；氮氧化物（NO_x）对人体或动物呼吸系统有害的同时，能形成酸雨，加速大气污染；硫氧化合物（SO_x）同样对呼吸道有害，并可促进酸雨形成。

焚烧危害性气体具体可分为以下几类：

① 有机化合物：如石油化工产品、溶剂、涂料、化肥等，在焚烧过程中，这些有机化

合物会产生有毒、有害的气体，如二氧化碳、一氧化碳、氮氧化物、硫氧化物等。

② 卤化物：如氟利昂、氯仿、二噁英等。这些卤化物具有强烈的毒性，对人体中枢神经系统和肝脏、肾脏等器官有损害作用。

③ 重金属化合物：如汞、镉、铅、砷等。这些重金属化合物对人体有毒性，可导致神经系统损害、肝脏损害、肾脏损害等。

④ 酸性气体：如硫酸雾、硝酸雾等。这些酸性气体对人体呼吸道、眼睛等产生刺激作用，长时间暴露可导致呼吸道疾病。

⑤ 碱性气体：如氨气等。氨气具有强烈的刺激性和腐蚀性，对人体的呼吸道、眼睛等产生刺激作用，严重时可导致窒息。

⑥ 缺氧气体：如一氧化碳、氮氧化物等。这些气体对人体神经系统、心血管系统等有损害作用，长时间暴露可能导致缺氧症状。

⑦ 致癌物质：如多环芳烃、苯并芘等。这些物质具有致癌作用，可导致肺癌、皮肤癌等。

⑧ 生物污染物：如病毒、细菌、霉菌等。这些生物污染物在焚烧过程中可能产生有害气体，对人体健康造成危害。

一般来说，焚烧过程中产生的气体与焚烧的固体废物之间存在着一定的对应关系，不同类型的固体废物在焚烧后会产生不同的气体。常见的城市生活垃圾、城乡混合废弃物或农业废弃物等焚烧时主要产生二氧化碳、一氧化碳、氮氧化物、硫氧化物等气体，同时还会产生有机物质的挥发气体。而一些特殊的医疗废弃物、金属废弃物或者塑料废弃物等在焚烧过程中可能产生具有毒性的有机物、金属气溶胶、卤化物、氯化物和氟化物等。因此，焚烧固体废物时要特别注意对气体的处理和净化，以减少对环境的污染以及保护人体健康。通常，焚烧设施会采用气体净化装置，例如烟气脱硫、烟气脱氮和烟气除尘等技术，来控制和减少产生的有害气体排放。

4.1.2　焚烧危害性气体产生机制

固体废物在焚烧过程中，废弃物中的有机物和其他化学成分在高温下发生化学反应，最终产生有害气体。对于成分复杂的固体废物而言，不同元素的代表组分在焚烧过程中生成有害气体的过程和反应机制各有不同。例如含碳较高的烃类固体废物的燃烧产生二氧化碳和一氧化碳。这两种气体是焚烧过程中最常见的产物。如果废物中含有硫化物，焚烧时会产生硫化物的氧化产物，如二氧化硫和三氧化硫等硫氧化物。废弃物中的有机成分会在高温下发生热分解反应，产生一系列挥发性有机化合物（VOCs）。甚至会出现重金属的挥发，如果废物中含有重金属，如镉、铅等，这些金属在焚烧过程中可能被挥发，形成金属蒸气。因此，焚烧废弃物时危害性气体的产生过程是一个相当复杂的化学过程。

具体来说，焚烧危害性气体的产生机制分为以下几个方面：

① 燃烧过程：在焚烧过程中，固体废物中的有机物和其他化学成分受高温加热分解释放气体。这些有机物经过燃烧会产生二氧化碳、水蒸气等气体，但也可能产生一些有毒有害的气体，如一氧化碳、氮氧化物、氯化物等。

② 化学反应：焚烧过程中，废弃物中的化学物质在高温下会发生氧化、还原、裂解等一系列化学反应。例如，氮氧化物通常是由空气中氮气和氧气在高温条件下发生反应而产

生的。

③ 排放控制不足：如果焚烧设施的排放控制不足，例如燃烧温度不够、燃烧不完全、气体净化设备失效等，都会导致更多的有害气体排放。

④ 物质的特性：不同种类的固体废物中含有不同的化学成分，这些化学成分在高温下的分解特性也不尽相同，因而会产生不同种类的有害气体。

因此，焚烧过程中产生的危害性气体与焚烧设施中的温度控制、氧气供给、排放控制和气体净化等密切相关。

(1) 焚烧危害性气体产生与温度控制的关系

① 低温下的挥发性有机化合物（VOCs）：在较低的温度下，含有挥发性有机化合物的废弃物可能会产生大量的VOCs。因此，在这种情况下可能产生更多的有机气体。

② 高温下的氮氧化物（NO_x）：在高温条件下，氮气和氧气会发生氧化反应，产生氮氧化物，如一氧化氮和二氧化氮。因此，高温下更容易产生NO_x。

③ 燃烧完全性：高温可以促进废物的彻底燃烧，减少燃烧过程中一氧化碳等不完全燃烧产物的生成，有利于减少有害气体排放。

合适的高温可以促进更彻底的燃烧，减少有害气体的产生，而较低温度可能导致未完全燃烧和更多的有机化合物挥发，增加有害气体的产生。

(2) 焚烧危害性气体产生与氧气供给的关系

① 完全燃烧：充足的氧气供给有助于废物中的有机物及其他化学成分进行完全燃烧，这可以降低未完全燃烧产物的生成，如一氧化碳（CO），并最大限度地减少有害气体的产生。

② 不完全燃烧：缺乏氧气供给会导致废物的不完全燃烧，这会增加一氧化碳和其他不完全燃烧产物的生成，加剧有害气体的产生。

③ 氮氧化物（NO_x）的生成：充足的氧气供给有助于单质氮的氧化，生成氮氧化物（NO_x），这是焚烧过程中一种常见的有害气体。

(3) 焚烧危害性气体产生与排放控制的关系

焚烧的排放控制是指对焚烧过程中产生的废气和挥发性有机物等污染物进行控制和减少的技术和措施。焚烧的排放控制措施通常包括以下几点：

① 预处理措施：通过对废物进行分类和预处理，选择合适的焚烧工艺以减少有害气体的产生。同时，对有害物质含量高的废物进行分类和分离，以减少有害气体的生成。

② 高效的废气处理设备：如脱硫、脱硝、除尘等设备可减少二氧化硫、氮氧化物和颗粒物的排放。

③ 燃烧控制技术：通过优化燃烧工艺和温度控制，减少一氧化碳和有机物质的排放。

④ 监测和管理：确保排放物符合国家和地方的环境法规标准，进行排放监测和管理。

总的来说，焚烧的排放控制措施主要是通过优化废物处理工艺和利用高效的废气处理设备，以及严格的监测和管理措施，减少焚烧过程中产生的危害性气体，保护环境和人类健康。

(4) 焚烧危害性气体产生与气体净化的关系

焚烧的气体净化是指对焚烧过程中产生的废气进行处理，以去除其中的有害物质和污染物，从而减少对环境和人体健康的影响。焚烧的气体净化涉及一系列的技术和设备，在焚烧过程中对废气进行净化处理。这些处理方法包括物理、化学和生物处理方式。常用的净化技术包括脱硫、脱硝、除尘、气体洗涤、活性炭吸附、催化氧化和生物处理等方法。这些方法可以有效地去除废气中的有害成分，从而减少排放的污染物含量，确保废气排放符合国家和地方的环境标准。气体净化技术主要通过以下几种方式来减少焚烧过程中产生的危害性气体：

① 脱硫和脱硝：通过使用吸收剂或选择性催化还原（SCR）技术，可以有效地去除废气中的二氧化硫和氮氧化物。

② 除尘：采用静电除尘器或布袋除尘器等设备可有效去除废气中的颗粒物，减少对大气的污染。

③ 挥发性有机物处理：通过吸附技术或催化氧化等方法，可以有效地去除废气中的挥发性有机化合物。

④ 气体洗涤：利用化学吸收剂或水进行废气的洗涤处理，能够有效去除废气中的有害成分。

通过上述净化技术，焚烧过程中产生的危害性气体可以得到有效控制和减少，从而减轻对环境和人类健康的负面影响。

4.1.3　焚烧危害性气体处置措施

焚烧危害性气体处置措施是指针对焚烧过程产生的有害气体进行处理和管理的措施。这些措施旨在减少焚烧过程对环境和人体健康造成的不利影响，并且通常符合法规标准。在固体废物焚烧过程中可以通过焚烧过程控制、烟气净化处理、温室气体捕捉减排等方式进行处理。

（1）焚烧过程控制

首先，在焚烧过程中，通过优化燃烧条件，如控制氧气的供应、调节燃烧温度和燃料添加量，可以降低危害性气体的生成。确保燃烧充分、温度适宜，可以减少一氧化碳和不完全燃烧产生的有害气体排放。其次，采用先进的燃烧器技术、燃烧过程脱硝和脱硫技术等，提高燃烧效率，减少氮氧化物和二氧化硫的排放。再次，对废物进行预处理。对废物进行充分的分类和预处理，如干燥、固化等，可以降低有害气体的产生。最后，通过控制焚烧设施内部的气体流动，减少废气在燃烧室内停留的时间，有助于降低有害气体的生成。同时，在焚烧设施中应用高效的气体净化设备，如脱硫、脱硝、除尘等设备，去除有害气体，减少排放。

（2）烟气净化处理

① 脱硝：采用选择性催化还原（SCR）或选择性非催化还原（SNCR）技术，将烟气中的氮氧化物转化为无害的氮气和水。

② 脱硫：采用湿式或干式脱硫技术，如石灰石-石膏法、脱硫剂喷射法等，将烟气中的二氧化硫转化为硫酸盐。

③ 除尘：采用布袋除尘器、静电除尘器等设备，去除烟气中的颗粒物。

④ 去除重金属：采用活性炭吸附、金属捕集器等方法，去除烟气中的重金属。

⑤ 去除一氧化碳：采用活性炭吸附或氧化剂氧化等技术，将一氧化碳转化为二氧化碳。

（3）温室气体减排

焚烧过程中可以通过优化焚烧炉的设计和操作，控制燃烧参数，确保燃烧充分，尽量减少不完全燃烧产生的二氧化碳和甲烷。当然，有些企业选择安装高效的气体净化设备，如脱硫、脱氮、除尘等设备，减少焚烧过程中的有害气体排放，进而减少其对全球变暖的贡献。部分电厂还将焚烧过程中产生的温室气体利用碳捕集与封存（CCS）技术进行处理。这是一种使用化学物质或物理手段在焚烧废物产生二氧化碳后捕集和封存这些气体的技术。通过将二氧化碳气体分离并压缩储存，可以防止其直接释放到大气中。当然，在一些焚烧设施中，可以考虑使用替代燃料，如生物质燃料，从而减少燃烧过程中产生的温室气体。总之，通过以上措施，可以有效减少焚烧过程中产生的温室气体排放，从而降低焚烧对气候变化的影响。此外，在焚烧废物时，应该追求环境效益和资源综合利用，以实现环保和可持续发展的双重目标。

4.2 焚烧过程中二噁英生成特性及回收措施

4.2.1 二噁英的危害

二噁英（dioxins）也称为二叶噁英，是一类具有持久性有机污染特性的化学物质，它是一类具有两个苯环结构的化合物，通常包括 2,3,7,8-四氯二苯并[*a*]芘（TCDD）等 17 种同系物。这些化合物具有较强的毒性和致癌性，对环境和生物具有长期的影响。环境中的二噁英来源广泛，在工业及农业活动中均可产生。如焚烧医疗废物、焚烧有机氯化合物、生产某些化学品（如卤代草甘膦）等工业活动；焚烧田间剩余物、使用某些农药和化肥等农业活动；二噁英类化合物在一些自然过程中也能够形成，如林火等。由此可知，环境中二噁英的来源虽然广泛，但是二噁英形成的主要原因是固体废物的焚烧。

二噁英作为一类具有持久性有机污染特性的化学物质，一方面，在环境中具有极高的毒性。其毒性是砒霜的 1000 倍，氰化钠的 100 倍。二噁英对人体、动物和植物等生物的生长发育、神经系统、免疫系统等具有损害作用。同时表现出强烈的致癌性，可导致多种癌症，如乳腺癌、结肠癌、前列腺癌等。二噁英可通过食物链传递，使得处于食物链顶端的生物摄入更多的二噁英，从而增加患癌风险。另一方面，二噁英具有极高的环境稳定性，难以降解。在土壤中，二噁英可存在数十年甚至上百年。在空气和水体中，二噁英也可长期存在，对环境产生持续污染。二噁英更可以通过生物链在生物体内积累，造成生物体内毒素浓度升高。由于二噁英具有高脂溶性，其在脂肪组织中积累较多，导致脂肪含量较高的动物（如鱼类、肉类等）成为二噁英污染的主要来源。被污染的食物如果被人类食用，则可能对人体的生殖和发育产生干扰作用，可能导致胎儿畸形、生育能力下降等问题。因此，二噁英对人体和其他生物具有极高的危害性。在利用焚烧进行固体废物能源化的过程中，为了减少二噁英的污染，需要加强环境监测和污染源控制，推广绿色生产、生活方式，提高环保意识。

4.2.2 二噁英的生成机制

在焚烧过程中，特别是在不完全燃烧的情况下，二噁英的生成主要是通过多种复杂的反应途径。一般认为，二噁英是固体废物焚烧升温过程中产生的副产物，当燃烧温度升高到200～1000℃时，容易产生二噁英。然而，二噁英的生成温度范围还受到多种因素的影响，包括燃料类型、氧气供应、燃烧时间和催化剂等。在高温条件下，有机物的不完全燃烧会产生许多有机物中间体，这些中间体可能进一步反应生成二噁英。需要注意的是，尽管二噁英的生成温度范围较广，但大多数研究表明，在燃烧温度高于 500℃时，二噁英的生成量会显著增加。因此，为了减少二噁英的生成，需要控制燃烧温度，特别是在高温条件下，需要采取适当的措施来控制燃烧过程，以减少二噁英的生成。

固体废物焚烧过程中，影响二噁英生成的因素如下：

① 温度：温度是影响二噁英生成的最重要的因素之一。高温有助于完全燃烧有机物，从而减少有机物残留，但在某些温度范围内，对部分有机物进行热分解会产生二噁英。

在低温（200～400℃）燃烧条件下，有机物质燃烧不完全，容易产生多环芳烃（PAHs）和氯代苯酚等前驱物。这些前驱物在进一步氧化和氯化过程中，有可能生成二噁英。此外，低温燃烧条件下，氧气供应不足，燃烧反应速度较慢，也有利于二噁英的生成。

在中温（400～800℃）燃烧条件下，燃烧反应速度加快，氧气供应较为充足。在这种情况下，大部分有机物质能够完全燃烧，生成的二噁英量相对较低。然而，如果燃烧过程中氧气供应不足或燃烧温度不稳定，仍然有可能产生二噁英。

在高温（800℃以上）燃烧条件下，有机物质燃烧充分，生成的二噁英量较低。这是因为高温条件下，燃烧反应速度快，氧气供应充足，有利于有机物质的完全燃烧。同时，高温燃烧还可以破坏二噁英的前驱物，进一步降低二噁英的生成。

② 氧气供应：充足的氧气供应有助于完全燃烧，减少有机物的残留和生成二噁英的可能性。而缺氧状态下，有机物可能会发生不完全燃烧，从而增加二噁英生成的风险。

在氧气供应不足的条件下，有机物质燃烧不完全，容易产生多环芳烃（PAHs）和氯代苯酚等前驱物。这些前驱物在进一步氧化和氯化过程中，有可能生成二噁英。此外，氧气不足时，燃烧反应速度较慢，也有利于二噁英的生成。

在氧气供应适度的条件下，有机物质能够得到充分燃烧，生成的二噁英量相对较低。这是因为氧气充足时，燃烧反应速度加快，有利于有机物质的完全燃烧。同时，氧气对多环芳烃和氯代苯酚等前驱物的氧化和氯化过程也有抑制作用，从而降低二噁英的生成。

在氧气供应过量的条件下虽然有利于有机物质的完全燃烧，但在某些情况下，过量的氧气可能导致燃烧产物中二噁英的生成增加。这是因为在氧气过量的条件下，燃烧过程中产生的氯、硫等元素更容易形成氯化物和硫酸盐，进而参与二噁英的生成。

③ 燃料类型：不同类型的燃料会在燃烧过程中产生不同类型的废气和残留物。

在木材燃烧过程中，由于木材中含有氯、硫等元素，燃烧时容易生成二噁英。特别是在燃烧过程中，如果氧气供应不足，燃烧温度较低，更容易产生二噁英。石油产品燃烧产生的二噁英含量相对较低。这是因为石油产品中的氯含量较低，燃烧时不容易生成二噁英。但是，在特定条件下，如燃烧过程中氧气供应不足、燃烧温度较低，仍然可能产生二噁英。生物质燃料燃烧产生的二噁英含量与木材燃烧相近。生物质燃料中的有机物质和氯、硫等元素在燃烧过程中容易生成二噁英。

④ 燃烧时间：燃烧时间过短可能导致不完全燃烧，增加二噁英的生成风险。

长时间的燃烧会使得有机物质充分燃烧，减少未完全燃烧产物的生成，因此可以降低二噁英的生成。当有机物质被完全燃烧时，不会产生大量的有机残留物，从而减少了二噁英的生成机会。短时间的燃烧会导致有机物质无法完全燃烧，产生大量的未完全燃烧产物，如多环芳烃（PAHs）和氯代芳烃等，从而增加了二噁英的生成机会。因此，燃烧时间的延长可以减少二噁英的生成，而短时间的燃烧则会增加二噁英的生成。为减少二噁英排放，应合理安排燃烧时间，尽量延长燃烧时间，以促使有机物质得以充分燃烧，减少未完全燃烧产物的生成，从而降低二噁英的生成。同时，在燃烧过程中需要保障充足的氧气供应，并采取其他污染物控制技术来最大限度减少二噁英的生成。

⑤ 催化剂：一些金属离子或其他催化剂可能在燃烧过程中促进有机物的反应，导致二噁英的生成。

二噁英通常是由有机物在高温下经过催化氧化反应产生的。在这个过程中，催化剂起到了提高反应速率、降低反应活化能的作用。某些催化剂可以促使二噁英的生成，而另一些催化剂则可以抑制其生成。根据催化剂的类型，可以将它们分为两类：一类是促进二噁英生成的催化剂，如钴、镍、铜等金属催化剂；另一类是抑制二噁英生成的催化剂，如钒、钼、钨等金属催化剂。此外，一些非金属催化剂如分子筛、活性炭等也对二噁英生成具有抑制作用。催化剂与二噁英生成的对应关系还受到反应条件的影响，如温度、压力、氧气浓度等。在一定的反应条件下，催化剂可能促进二噁英的生成，而在其他条件下，催化剂可能对二噁英生成具有抑制作用。

综上所述，通过控制燃烧温度、保证充足的氧气供应、选择适当的燃料等途径，可以有效地降低二噁英的生成。此外，燃烧设备的合理设计和高效的排放气体净化系统也能减少二噁英的排放。

4.2.3 二噁英的排放控制及回收

针对二噁英的环境危害以及对人类健康的威胁，焚烧厂在进行固体废物焚烧过程中，将采用一系列措施减少二噁英的排放，最大限度地降低其对生态环境健康的危害。目前减少二噁英排放的主要措施包括：

① 优化焚烧条件：通过提高燃烧温度（>1000℃）和延长焚烧时间，使二噁英得以分解。同时，保持充足的氧气供应也有助于减少二噁英的生成。

② 烟气处理：采用先进的烟气处理技术，如活性炭吸附、尿素喷射、飞灰固化、袋式除尘等，以去除或降低烟气中的二噁英含量。

③ 垃圾分类：对生活垃圾进行分类处理，将有毒有害物质与可燃物分开，从而减少垃圾焚烧过程中二噁英的生成。

④ 催化剂应用：在焚烧过程中使用催化剂，如金属氧化物、硫酸盐等，可促进二噁英的分解和去除。

⑤ 燃烧过程控制：通过优化燃烧过程，如调节燃料和空气的混合比、燃烧器的布置等，可以降低二噁英的生成和排放。

⑥ 加强监管和监测：建立健全二噁英排放监测体系，对其排放浓度进行实时监测，确保排放符合国家和地方环保法规要求。

⑦ 技术研究与创新：持续开展二噁英减排技术研究，推广应用新技术和成果，提高焚烧厂的二噁英减排能力。

⑧ 宣传与培训：加强对焚烧厂员工和相关行业的培训和宣传，提高他们对二噁英排放控制的认识和技能。

通过上述措施的综合应用，可以有效地减少二噁英排放，保护环境和人类健康。在我国，政府和相关部门也在不断加强对焚烧厂的二噁英排放的监管，推广先进的减排技术，以期提高焚烧厂的二噁英减排效果。然而，焚烧厂也可以对固体废物焚烧过程中产生的二噁英进行回收。二噁英的回收主要依赖于对其排放源的控制和先进的分离技术。以下是一些常见的二噁英回收方法：

① 烟气处理：在焚烧厂的烟气处理过程中，采用活性炭吸附、尿素喷射、飞灰固化、布袋除尘等技术，可以有效地去除或降低烟气中的二噁英含量。在处理过程中，二噁英会被吸附在活性炭上，可以通过定期更换活性炭或采用其他方法将吸附的二噁英分离出来。

② 飞灰处理：焚烧产生的飞灰中含有较高浓度的二噁英，需要进行专门处理。常见的处理方法包括固化、稳定化和熔融等。这些方法可以将飞灰中的二噁英固定下来，从而实现回收。

③ 垃圾预处理：通过对垃圾进行预处理，如分选、破碎、干燥等，可以降低垃圾焚烧过程中二噁英的生成。预处理过程中，部分含有二噁英的物质可以被分离出来，从而实现回收。

④ 催化剂回收：在焚烧过程中使用催化剂，如金属氧化物、硫酸盐等，可以促进二噁英的分解和去除。催化剂在反应过程中吸附二噁英，可以通过定期清洗或更换催化剂来实现回收。

⑤ 生物降解：利用微生物对二噁英进行生物降解，将其转化为无害或低毒的物质。这种方法需要在特定的环境下进行，如实验室或专用设施。

⑥ 溶剂萃取：利用有机溶剂对含二噁英的废水进行萃取，可以将二噁英从废水中分离出来。然后对萃取剂进行处理，如蒸馏、活性炭吸附等，以回收二噁英。

总之，二噁英的回收方法主要依赖于对其排放源的控制和先进的分离技术。在实际应用中，需要根据具体情况选择合适的回收方法。值得注意的是，二噁英回收过程中的安全和环保措施至关重要，以确保人员安全和环境不受污染。

4.3　焚烧过程中飞灰生成特性、风险评估及处理处置措施

4.3.1　焚烧飞灰组分及来源

飞灰是指固体废物在焚烧过程中，高温氧化分解而产生的固体颗粒物，其粒径通常在 0.5～100μm 之间。飞灰主要由无机成分、有机成分、重金属和有害物质组成。

不同成分来源也存在明显差异。无机成分中，硅酸盐类主要来源于焚烧废弃物中的矿物质和土壤，废弃物中的石灰石、沙子、陶瓷等含有大量的硅酸盐，经过焚烧后，硅酸盐会在高温条件下发生熔融和氧化反应，生成飞灰中的硅酸盐成分；碳酸盐类是废弃物中的碳酸盐化合物，如石灰石（$CaCO_3$），会分解为氧化物，如氧化钙（CaO），这些氧化物随后与其他废弃物中的成分反应，形成飞灰中的碳酸盐成分；金属氧化物是指焚烧废弃物中的金属和金属化合物，它们会在高温下氧化生成飞灰，常见的金属氧化物包括铁氧化物（如 Fe_2O_3）、铝氧化物（如 Al_2O_3）和钙氧化物（如 CaO）等。

有机成分中，碳氢化合物是指焚烧废弃物中的有机物，如纸张、木材、纺织品等，在高

温条件下发生燃烧反应，产生二氧化碳（CO_2）和水蒸气（H_2O），同时生成的一部分未完全燃烧的化合物，这些化合物以微小的颗粒形式存在于飞灰中；挥发性有机化合物（VOCs）是指焚烧废弃物中的塑料、涂料、溶剂等含有具有挥发性的有机化合物，这些化合物在高温条件下挥发并在焚烧过程中氧化，部分挥发性有机化合物会以气态形式排放到大气中，但一部分会凝结成微小颗粒，成为飞灰的组分之一；多环芳烃（PAHs）常见于焚烧废弃物中的橡胶、塑料和石油产品等中，这些化合物在焚烧过程中会发生裂解和氧化反应，生成多环芳烃类的飞灰成分。

重金属和有害物质中，铅、汞、镉等重金属来源于电子废弃物、电池、涂料等含重金属元素的废弃物的焚烧，在焚烧过程中，这些重金属会被释放并以微小颗粒的形式存在于飞灰中；氯化物和氰化物也是焚烧废弃物中的常见有害物质，氯化物主要来自含氯化合物的废弃物，如塑料和氯化物化学品。

二噁英和多氯联苯（PCBs）是有机化合物家族中的有毒物质，它们在过去被广泛使用，如电子设备、涂料等。含有这些物质的废弃物，经过高温条件下的燃烧反应，二噁英和多氯联苯会被释放并以微小颗粒的形式存在于飞灰中。

这些组分和物质的存在对环境和人类健康可能带来潜在的风险和危害。因此，对焚烧飞灰的组分和来源进行详细了解，有助于评估其处理和处置措施的有效性，并采取适当的措施来减少对环境和人类的不良影响。

4.3.2 焚烧飞灰风险评估

焚烧飞灰产生的化学组分和物质可能对环境和人类健康造成潜在风险。因此，进行焚烧飞灰的风险评估是非常重要的，它可以帮助评估焚烧飞灰处理和处置措施的效果，并采取适当的措施来减少潜在的危害。风险评估通常包括毒性评估、环境影响评估、人体健康风险评估、风险管理和控制、监测和追踪等部分。

① 毒性评估是指对焚烧飞灰中的有害物质进行毒性评估，包括重金属、有机化合物和其他有害成分。这需要了解这些物质的毒性特性、暴露途径和剂量响应关系。通过比较物质的暴露水平和毒性标准，可以评估其对环境和人类健康的潜在影响。

② 环境影响评估主要评估焚烧飞灰对环境的影响，包括土壤、水体和空气。焚烧飞灰中的化学物质可能通过气溶胶、直接接触或渗漏等途径进入环境中。通过监测和建立环境模型，可以评估这些物质对生态系统的潜在影响，例如毒性效应、生物累积和生物放大等。

③ 人体健康风险评估是指评估焚烧飞灰对人体健康的潜在风险。这包括对工作人员和周围居民的评估。通过考虑暴露途径（如吸入、接触和摄入）以及毒性数据，可以评估焚烧飞灰对人体健康的潜在影响，如呼吸道刺激、肺部疾病、神经毒性和致癌性。

④ 风险管理和控制是指基于风险评估结果，制定和实施适当的风险管理和控制策略。这可能包括改进焚烧工艺以减少有害物质生成的量，采用排放控制设施来捕捉和处理有害气体和颗粒物，以及执行适当的废弃物分类和处置措施。

⑤ 监测和追踪是指建立监测计划来跟踪焚烧飞灰的化学组分和排放水平，以及环境和人体健康的变化。监测数据可以用于验证风险评估结果的准确性，并提供实时数据以指导风险管理和控制措施的调整。

4.3.3　焚烧飞灰处理处置措施

焚烧飞灰是焚烧过程中生成的固体废物，需要进行适当的处理和处置，以减少对环境和人类健康的潜在危害。下面是一些常见的焚烧飞灰处理处置措施：

① 固化/稳定化处理　固化/稳定化是一种常见的焚烧飞灰处理方法。它将飞灰与适当的固化剂混合，使其形成坚固的固体块或砖。这种处理方法可以稳定有害物质，减少其溶解和释放，从而降低对环境的潜在影响。固化/稳定化处理后的飞灰可以用于建筑材料、道路基础等方面。

② 绿色建筑材料利用　一些焚烧飞灰可以被用于绿色建筑材料。通过将飞灰与适当的添加剂混合，可以制备出具有一定强度和稳定性的建筑材料，如砖块、瓦片和混凝土。这种利用方法不仅能减少飞灰的处置问题，还能有效地回收利用资源。

③ 土地填埋　焚烧飞灰中的一部分可以被填埋在合适的垃圾填埋场中。这需要确保填埋场具备良好的工程设计和环境监测系统，以防止有害物质渗漏到土壤和水体中。填埋处理是一种相对传统的方法，但需要注意处理过程中的环境保护要求。

④ 深度固化　对于某些特殊类型的焚烧飞灰，如含重金属或有机物的飞灰，可以采用深度固化技术。这涉及将飞灰与固化剂混合，并进行一定的处理和反应，以固化和稳定有害物质。深度固化可以在更高程度上减少有害物质的溶解和释放，以确保处置的安全性。

⑤ 无害化处理技术　除了上述方法外，还有其他一些无害化处理技术可供选择，如热解、气化和化学处理等。这些技术可以进一步分解有害物质或将其转化为无害或低毒的物质。然而，这些技术通常需要更复杂的处理过程和设备，并可能有较高的成本。

在选择焚烧飞灰的处理处置措施时，需要综合考虑飞灰的化学组成、毒性特性、产量、经济可行性以及当地的法规要求。此外，监测和追踪焚烧飞灰处置后的效果也是重要的，以确保所采取的措施能够有效地减少潜在的环境和人类健康风险。

4.4　焚烧过程中重金属污染物生成特性、风险评估及处理处置措施

4.4.1　焚烧重金属污染来源及形成

重金属在固体废物中以不同的形式存在，主要有结合态、吸附态和包埋态三种形式，这也决定了焚烧过程中重金属的释放和形成机制。其中，结合态是重金属以化合物的形式与固体废物组分结合。例如，重金属可能以金属氧化物（如铜氧化物）、金属硫化物（如铅硫化物）、金属盐（如镉盐）等形式存在。吸附态是重金属以离子的形式吸附在固体废物的表面。这些重金属离子可以通过化学键或物理吸附与废弃物的颗粒或纤维质材料结合。包埋态是重金属以微观形态存在于固体废物的内部结构中。这种形式的重金属不容易释放，需要在焚烧过程中进行破坏和转化才能释放到烟气中。

焚烧过程中重金属的释放机制是复杂的，涉及温度、氧化还原条件、废弃物特性等多个

因素。焚烧过程中，挥发性重金属化合物可以直接从固体废物中释放到大气中。这些化合物在高温下蒸发或升华，然后被带出烟气。在焚烧过程之前，废弃物可能需要进行预处理，例如破碎、筛分等。这些预处理过程可能导致一部分重金属的释放，例如细颗粒物中的吸附态重金属。焚烧过程中，在高温条件下，重金属化合物可能发生氧化、还原和气相挥发等反应，从而释放到烟气中。在高温氧化氛围中，重金属化合物可以被氧化为金属氧化物，而在还原条件下，金属氧化物可能被还原为金属状态。焚烧烟气经过净化系统处理，其中的重金属可能通过吸附剂的再生、脱附等过程而释放。因此，净化过程中的操作条件和吸附剂的特性会影响重金属的释放量和形式。

焚烧过程中，重金属的形成和转化往往涉及多种化学反应，例如，氧化反应、还原反应和气相挥发。在高温条件下，固体废物中的重金属可能与氧气发生氧化反应，形成金属氧化物。例如，铁可以被氧化为铁氧化物，铜可以被氧化为铜氧化物。在焚烧过程中的还原条件下，一些金属氧化物可能发生还原反应，还原为金属状态。例如，铅氧化物可以在还原条件下还原为金属铅。固体废物中的某些重金属化合物在高温条件下可能发生气相挥发，从而释放到烟气中。这种挥发可以是物理过程，也可以是化学反应导致的。当然焚烧过程中可能存在其他复杂的化学反应，例如金属之间的相互作用，与废弃物中其他成分的相互作用等。这些反应可能导致新的重金属化合物的形成或已存在的重金属化合物的转化。

需要注意的是，焚烧过程中重金属的形成和释放是一个复杂的系统，受到废弃物的组成、焚烧条件、焚烧设备和控制技术等多个因素的影响。因此，具体研究中需要考虑这些因素，并进行实验和数据分析来更加详细地了解焚烧过程中重金属污染的来源和形成机制。

4.4.2 焚烧重金属污染风险评估

焚烧过程中产生的重金属污染对环境和人类健康造成潜在风险。为了评估这种风险并采取适当的控制措施，需要进行焚烧重金属污染的风险评估。

风险评估的第一步是确定焚烧过程中重金属的排放浓度和释放通量。这可以通过监测焚烧烟气中的重金属浓度和质量流量来实现。监测可以在焚烧设备的出口处进行，也可以在烟囱排放口进行。这些数据提供了评估重金属污染程度和范围的基础。接下来，需要确定重金属污染的暴露途径和受体群体。焚烧过程中释放的重金属可以通过空气传播、水体沉降、土壤沉积等途径进入环境，进而影响人类和生态系统。评估应考虑周围居民、工作人员以及可能受到污染影响的生态系统和食物链。评估重金属污染的风险需要确定人类和生态系统对重金属的暴露水平和接触途径。对于人类，可以考虑空气中的重金属含量、土壤和底泥中的重金属含量、食物中的重金属含量等。对于生态系统，可以考虑土壤和水体中的重金属含量、生物体内的重金属含量等。这些数据可以通过采样和分析来获取。为了评估重金属污染的潜在健康和生态风险，需要进行风险特征和剂量响应关系的研究。这包括确定不同重金属的毒性特征、暴露剂量与健康效应之间的关系等。相关的研究可以参考国际机构和科学文献中的毒性数据和健康风险评估指南。最后，根据前面的数据和研究结果，进行风险评估和风险管理。风险评估的目标是评估重金属污染对人类和环境的潜在风险水平，确定是否存在风险超过安全标准的情况。如果存在风险，需要制定相应的风险管理措施，例如改进焚烧设备和控制技术、加强废弃物预处理、优化烟气净化系统、加强监测和监管等。需要注意的是，焚烧重金属污染的风险评估是一个复杂的过程，需要综合考虑废弃物特性、焚烧条件、排放控制技术和环境因素等多个因素。评估结果应该是动态的，并且需要定期进行更新和重新评估，以确保风险的有效控制和管理。

焚烧重金属污染的风险评估是通过确定排放浓度和释放通量、确定暴露途径和受体群体、评估暴露水平和接触途径、研究风险特征和剂量响应关系，最终进行风险评估和风险管理的过程。这个过程可以帮助评估焚烧过程中重金属污染的潜在风险，并采取适当的控制措施来保护环境和人类健康。

4.4.3 焚烧重金属污染处理处置

焚烧过程中产生的重金属污染需要得到适当的处理和处置，以减少对环境和人类健康的潜在风险。在进行焚烧处理之前，需要对废弃物进行分类和预处理。废弃物分类的目的是将不同类型的废弃物分离，以便针对不同的废弃物采取适当的处理方法。预处理的目的是通过物理或化学方法对废弃物进行处理，例如粉碎、破碎、筛分等，以提高焚烧效率以及降低污染物排放。选择适当的焚烧设备和控制技术对重金属污染进行处理是至关重要的。现代焚烧设备通常配备了高效的烟气净化系统，可以减少重金属排放到大气中的量。常见的烟气净化技术包括湿式洗涤、干式过滤、电除尘等，这些技术可以有效地去除烟气中的重金属颗粒和气态污染物。为了确保焚烧过程中的重金属污染得到控制，需要进行监测和控制。监测可以包括对焚烧设备运行参数、烟气排放质量和废弃物特性的监测。通过监测数据的实时分析，可以及时发现异常情况并采取相应的控制措施。控制措施可以包括调整焚烧参数、优化烟气净化系统、增加废弃物预处理等。焚烧过程中产生的烟气净化废渣也需要得到适当的处理和处置。烟气净化废渣通常包含重金属和其他有害物质，在处理过程中需要遵守相关的废物处理法规和标准。常见的处理方法包括固化、稳定化、固废填埋等。处理后的废渣应符合相应的排放标准，以确保对环境和人类健康的影响最小化。进行焚烧重金属污染处理处置后，需要进行环境监测和评估，以评估处理效果以及确保环境质量。环境监测可以包括对周围土壤、水体、空气质量等的监测，以检测是否存在重金属污染物的残留和扩散。基于监测结果，可以对处理效果进行评估，并根据需要采取进一步的措施进行修正和改进。需要指出的是，在焚烧重金属污染处理处置过程中，应该优先考虑减少废弃物的产生和最大限度地进行资源化利用。通过废弃物分类、废弃物再利用和循环经济模式的引入，可以减少焚烧过程中产生的重金属污染，并提高处理处置的可持续性。

本章小结

1. 焚烧危害性气体的成分多种多样，包括有机化合物、卤化物、重金属化合物、酸性气体、碱性气体、缺氧气体和致癌物质等。焚烧过程中，气体的产生机制涉及燃烧过程、化学反应、排放控制不足和物质特性等多个方面。焚烧危害性气体的控制需要通过焚烧过程控制、烟气净化处理和温室气体捕捉减排等措施来实现。

2. 二噁英是一种具有持久性有机污染特性的化学物质，对环境和生物具有长期的影响。二噁英的生成机制与燃烧温度、氧气供应、燃料类型、燃烧时间和催化剂等因素密切相关。为减少二噁英的排放，可以采用优化焚烧条件、烟气处理、垃圾分类、催化剂应用、燃烧过程控制和加强监管等措施。此外，还可以对焚烧过程中产生的二噁英进行回收。

3. 焚烧飞灰主要由无机成分、有机成分、重金属和有害物质组成，对环境和人类健康可能带来潜在的风险和危害。对焚烧飞灰的风险评估包括毒性评估、环境影响评估和人体健康风险评估等。焚烧飞灰的处理和处置措施包括固化/稳定化处理、绿色建筑材料利用、土地填埋、深度固化和无害化处理技术等。

4. 焚烧过程中重金属的释放和形成机制复杂，与废弃物的组成、焚烧条件、焚烧设备和控制技术等因素有关。对重金属污染的风险评估包括确定排放浓度和释放通量、确定暴露途径和受体群体、评估暴露水平和接触途径、研究风险特征和剂量响应关系等。重金属污染的处理和处置包括分类和预处理、选择适当的焚烧设备和控制技术、监测和控制、环境监测和评估等。

复习思考题

1. 焚烧过程中产生的危害性气体主要包括哪些类型？请举例说明每种类型的代表物质及其对环境和人体健康的潜在影响。

2. 焚烧过程中，如何通过控制燃烧温度、氧气供给和排放控制来减少有害气体的产生？请分别说明这些因素对有害气体产生的影响。

3. 焚烧设施通常采用哪些气体净化技术来减少有害气体的排放？这些技术分别有哪些作用和适用条件？

4. 二噁英在焚烧过程中是如何生成的？请详细描述二噁英的生成机制，并说明影响其生成的主要因素。

5. 焚烧飞灰的组成和来源有哪些？这些组成和来源对环境和人类健康可能带来哪些潜在的风险和危害？请举例说明。

参考文献

[1] 刘辉. 关于生活垃圾焚烧发电厂污染物排放标准分析[J]. 环境与可持续发展，2015，40(4)：73-74.

[2] 乔俊飞，郭子豪，汤健. 面向城市固废焚烧过程的二噁英排放浓度检测方法综述[J]. 自动化学报，2020，46(6)：1063-1089.

[3] 曹玉春，严建华，李晓东，等. 垃圾焚烧炉中二噁英生成机理的研究进展[J]. 热力发电，2005，34(9)：15-20.

[4] 任松彦，马晓茜，谢泽琼. 城市生活垃圾焚烧重金属的迁移特性[J]. 环境化学，2012，31(11)：1821-1822.

[5] 郭梦茹，张冰如，席佳锐，等. 垃圾分类前后焚烧飞灰的理化性质及重金属污染特性[J]. 环境工程技术学报，2022，12(3)：843-850.

[6] 竹涛，种旭阳，王若男，等. 生活垃圾焚烧飞灰处理技术研究进展[J]. Clean Coal Technology，2022，28(7)：189-121.

[7] 梁梅，黎小保，刘海威，等. 生活垃圾焚烧飞灰基本特性及稳定化研究[J]. 环境卫生工程，2014，22(3)：1-3.

[8] 谢长军，侯永江，马丽娟，等. 垃圾焚烧飞灰无害化及资源化处理研究进展[J]. Applied Chemical Industry，2023，52(6)：1896-1901.

[9] 李华，司马菁珂，罗启仕，等. 危险废物焚烧飞灰中重金属的稳定化处理[J]. 环境工程学报，2012，6(10)：3740-3746.

第5章

固体废物填埋处理技术

学习目标

1. 理解填埋气的产生机理，包括有机物质的分解、微生物活动及其影响因素。

2. 掌握填埋气的产生过程，能够描述其四个阶段（厌氧阶段、过渡阶段、酸化阶段、稳定阶段）的特点及微生物的作用。

3. 了解填埋气发酵的过程及其生化反应，识别参与发酵的主要微生物及其功能。

4. 分析填埋气的组成及其对环境和人类健康的影响，理解填埋气的可再生能源特性。

5. 掌握影响填埋气产生量的因素，包括填埋物质的性质、填埋场环境条件、填埋方式及填埋时间。

6. 探索提高填埋气产生量的方法及技术，理解填埋气的能源化利用方式及其经济可行性。

5.1 填埋气的产生机理

填埋气的产生机理是一个复杂而多层次的过程，涉及有机物质的分解、微生物活动、发酵过程、渗滤液的影响以及填埋条件等多个方面。首先，有机物质在填埋场中受到厌氧微生物的分解作用，这是填埋气产生的基础。在缺氧条件下，厌氧微生物通过分解有机物质产生气体和有机酸等物质，其中包括产生二氧化碳（CO_2）和甲烷（CH_4）等气体。这些微生物活动具有一定的阶段性，不同阶段的微生物参与和代谢产物会导致气体组成的变化。而填埋气的产生还受到填埋场内渗滤液的影响，渗滤液中的水分和溶解的有机物质会影响填埋气的生成过程，进而影响填埋气的特性和产量。同时，填埋条件也对填埋气的产生有很大的影响，包括填埋场的温度、湿度、有机废弃物的种类和深度等因素都会影响微生物的活性和有机物质的降解速率，从而影响填埋气的产生情况。综合来看，填埋气的产生机理是一个综合的系统工程，需要综合考虑多个因素。这里，我们将从填埋气的产生过程、填埋气发酵的生化反应过程对其机理进行阐述。这有助于更好地理解填埋场中的有机废弃物降解情况和气体产生特点，为环境管理和资源化利用提供科学依据。

5.1.1 填埋气的产生过程

填埋气主要产生于填埋垃圾废物中有机物组分的生化分解，包括好氧状态下产生的气体，也包括厌氧状态下产生的气体。垃圾的填埋一般是采用一层垃圾一层覆土的方式交替进行，因此，垃圾的状态都经历了由好氧到厌氧的过程。在填埋的初期，由于垃圾的空隙中含有较为充足的氧气，好氧微生物快速繁殖，对垃圾进行有氧分解，分解后的产物为 CO_2、H_2O 等简单的无机物。

垃圾填埋气的产生过程可以分为四个阶段，包括厌氧阶段有机物质被厌氧微生物分解产生大量 CH_4 和 CO_2；接着是过渡阶段，随着有机物质降解的减少，CH_4 和 CO_2 的产生量也会逐渐减少；然后是酸化阶段，此时产生的气体中含有大量 CO_2；最后是稳定阶段，这一阶段填埋气中主要成分为 CO_2。

（1）厌氧阶段

垃圾填埋气的厌氧阶段是填埋过程中的最初阶段，也是产生 CH_4 和 CO_2 等气体的关键阶段，厌氧微生物的活动是垃圾填埋气产生的重要原因。在这一阶段，微生物（主要包括厌氧菌、放线菌等微生物）在厌氧条件下利用有机废弃物进行分解代谢，分解有机物质，并产生大量的 CH_4 和 CO_2 等气体。这些气体不仅是填埋气的主要组成部分，也是对环境产生影响的重要因素。

有机废弃物进入填埋场后，微生物开始活跃起来，它们利用有机废弃物中的可分解有机物进行代谢活动，通过生物化学反应分解有机物质，释放出能量并产生代谢产物。在这个过程中，厌氧微生物通过厌氧呼吸将有机物质中的碳、氢等元素与外部的无机物结合，形成 CH_4 和 CO_2 等气体。具体地，有机物质首先经过水解作用被分解为简单的有机物，然后在酸化、乙酸化的过程中被转化为醋酸、氢气（H_2）、二氧化碳（CO_2）等，最终利用产甲烷菌（*methanogens*）产生 CH_4。

（2）过渡阶段

过渡阶段是厌氧阶段后的一个重要阶段，是填埋气产生过程中的一个过渡状态。在这个阶段中，填埋气中的化学成分开始发生变化，微生物群落也可能发生转变，有机废弃物的分解程度逐渐提高，微生物的活动也发生了一定的变化，导致填埋气中 CH_4 和 CO_2 的含量出现了相应的变化。同时，过渡阶段有些厌氧菌可能逐渐减少，而其他类型的微生物可能开始参与填埋气的生成过程。此时，填埋气的特性和组成可能会发生明显的变化。

随着垃圾中有机物质的分解程度逐渐提高，厌氧微生物的活动逐渐减弱，导致 CH_4 和 CO_2 的产生量也开始发生变化。由于填埋废物中的有机物质逐渐减少，微生物的代谢活动受到限制，进而影响了填埋气中 CH_4 和 CO_2 的生成。此时，填埋气中 CH_4 的含量相对于厌氧阶段会有所降低，而 CO_2 的含量相对增加。总的来说，过渡阶段是填埋气产生过程中的一个转折点，填埋气中 CH_4 和 CO_2 的含量发生变化，微生物的活动也出现了一定程度的调整。

（3）酸化阶段

酸化阶段的反应过程是一个复杂的生物化学过程。参与酸化阶段的微生物主要包括厌氧菌和放线菌等。在酸化阶段，厌氧菌利用有机废弃物中的碳源进行生长繁殖，产生大量的有机酸和其他酸性化合物，这些有机酸包括乙酸、丙酸等，它们会导致填埋废物中的 pH 值下降，使环境呈现酸性状态。同时，氨氮也会被微生物转化为挥发性氮化合物，如氨气和氮氧化物。

（4）稳定阶段

在填埋气生成的后期阶段，填埋气中的 CH_4 生成量逐渐减少至极低水平，而 CO_2 的释放量保持相对稳定。此时，填埋气中的 CO_2 成为主要成分，填埋气的产生进入相对稳定的状态。

填埋气中 CH_4 和 CO_2 这些气体的生成，主要源自有机物质的残留分解和微生物的代谢活动。CH_4 是主要的可燃气体，而 CO_2 则是一种常见的温室气体，填埋气中这两种气体的含量对于填埋气的利用和处理具有重要意义。填埋废物中的有机物质已经相对稳定，微生物活动逐渐减弱，填埋气中的有机酸等物质的产生量也相应降低。微生物的减少导致填埋气中挥发性有机化合物的含量减小，填埋气的特性相对稳定。

垃圾填埋气产生的四个阶段并不是孤立存在的，它们相互依托甚至相互交融，密不可分。通过深入了解各个阶段中微生物的作用和产生的反应，可以更好地把握垃圾填埋气的产生规律，有助于制定有效的填埋气处理和利用方案，从而减少环境污染，并实现资源的有效利用。

5.1.2　填埋气发酵

填埋气发酵是指在垃圾填埋场中，有机废弃物在厌氧条件下由微生物分解产生气体的过程。这些气体包括 CH_4、CO_2、挥发性有机化合物等，其生成与填埋废物的分解过程密切相关。填埋气发酵是填埋废物处理过程中的重要环节，对于填埋场的环境管理和填埋气的综合利用具有重要意义。

首先，填埋气发酵的过程受到填埋场内部环境的影响。在垃圾填埋场中，大量的有机废弃物被掩埋在土壤下，形成厌氧条件。在这种环境下，微生物通过厌氧呼吸作用分解有机废弃物，产生大量的填埋气。填埋气的主要成分包括 CH_4、CO_2、少量的 H_2、硫化氢（H_2S）等。其次，填埋气的发酵过程与微生物的活动密切相关。微生物是垃圾填埋场中填埋气生成的主要驱动力之一。在厌氧条件下，厌氧菌、放线菌等微生物利用有机物质进行分解代谢，产生 CH_4 和 CO_2 等气体。这些微生物的活动会随着填埋废物的降解而逐渐减弱，导致填埋气的产生量逐渐减少。此外，填埋气的发酵过程还受到填埋废物本身性质的影响。有机废弃物的种类、含水率、含氧量等因素都会影响填埋气的产生。不同类型的有机废弃物经过不同的分解代谢路径，会产生不同的气体组成和产生速率。

填埋气的发酵过程中涉及多种微生物，主要涉及的微生物种类包括厌氧菌、放线菌和古菌等，它们通过厌氧分解有机废弃物产生 CH_4、CO_2 等气体。其中，厌氧菌是一类能够在缺氧或无氧环境下进行代谢活动的微生物。这类微生物在填埋场内部环境中起着重要的作用，它们能够利用有机废弃物进行分解代谢，并产生 CH_4、CO_2 等气体，可以说厌氧菌的活动促进了填埋气的生成过程。放线菌是一类常见的土壤微生物，在填埋场的有机质分解过程中也扮演着重要角色。放线菌能够分解复杂的有机废弃物，将其转化为更简单的有机物和气体，促进填埋气的产生。古菌是一类具有特殊代谢途径的微生物，它们在填埋场中的厌氧环境下也能够参与有机废弃物的分解过程。古菌在填埋气的发酵过程中发挥着重要作用，帮助产生 CH_4 等气体。这些微生物种类在填埋废物的分解过程中相互作用，共同促进了有机物质的降解和填埋气的生成。它们的代谢活动是填埋气发酵过程中不可或缺的环节，对填埋场内部环境的稳定和填埋气的产生具有重要的影响。

填埋气发酵的分类方式有很多种，根据填埋气产生的主要气体组成和微生物活动特点可以分为一次发酵和二次发酵，一次发酵发生在填埋废物最初的阶段，此时厌氧菌类微生物主导有机物质的分解，产生大量的 CO_2 和少量的 CH_4 等气体，而二次发酵则是填埋气发酵的后期阶段，此时有机物质分解更为充分，主要由产甲烷菌等微生物参与，产生大量的 CH_4。根据填埋气发酵过程中有机物质的分解途径和产气特点可以分为酸发酵和甲烷发酵，酸发酵发生在填埋气的早期阶段，此时厌氧菌类微生物主要通过酸发酵将有机废弃物转化为有机酸、醇类物质以及 CO_2 等，随着酸发酵的进行，当有机物质逐渐转化为酸类物质后，另一类微生物，如产甲烷菌开始活跃，将有机酸、醇类物质进一步分解成 CH_4 和 CO_2 等气体，这是填埋气发酵的后期阶段。根据填埋气发酵随时间变化的特点可以将发酵分为动态发酵和静态发酵，动态发酵指填埋废物的填埋过程是一个动态的过程，填埋气的发酵也相应地呈现出动态发展的特点，随着填埋时间的推移，气体的产生量和成分会发生变化，而静态发酵则是指填埋场达到封场或者停填状态后，填埋气的产生逐渐减少，进入静态发酵阶段，此时填埋气的产生量和成分基本趋于稳定。

综上所述，填埋气发酵是一个复杂的过程，涉及不同阶段的微生物活动和气体产生。通过对填埋气的发酵进行分类，可以更好地理解填埋场中有机废弃物分解的情况，以及气体产生的特点。这有助于合理管理填埋场的填埋气，减少对环境的影响，并为填埋气资源的综合利用提供科学依据。随着环境保护意识的提高和资源化利用的重要性日益凸显，填埋气发酵的研究和管理将持续受到重视，以期最大限度地减少填埋气对环境的负面影响，并实现资源的可持续利用。

5.1.3 填埋气发酵的生化反应过程

填埋气发酵的生化反应过程是填埋场中有机废弃物降解的重要环节，涉及多种微生物参与的复杂生化反应过程。首先，有机物质在填埋场中经过厌氧微生物的分解作用，产生大量有机酸、氨氮等代谢产物。这一阶段被称为产酸阶段，主要产生乙烯、丙烯和醋酸等有机酸，同时释放出 CO_2 和硫酸氢盐等物质。随着填埋气的产生，填埋物中有机物质的分解逐渐达到高峰，微生物群落趋于稳定，进入甲烷发酵阶段。在甲烷发酵阶段，产甲烷菌开始大量生长繁殖，通过厌氧消化分解有机物质，产生 CH_4 和 CO_2。此时，填埋气中 CH_4 含量显著增加，成为填埋气的主要组成部分之一。整个过程涉及包括厌氧细菌、厌氧放线菌、产甲烷菌等多种微生物的协同作用。

填埋气发酵的生化反应过程还受到多种因素的影响，如温度、水分、pH 值等，这些因素会影响微生物的活性和有机物质的降解速率，从而影响填埋气的产生情况和气体组分。

① 温度是影响填埋气发酵反应的重要因素之一。适宜的温度有利于微生物的生长和活性，一般来说，填埋气发酵反应适宜的温度范围为 25～40℃。通过对填埋场进行覆盖或者设置隔热层等措施，可以减小温度的波动，保持适宜的发酵温度，从而促进填埋气的产生。

② 水分在填埋气发酵过程中也起着重要作用。适量的水分有利于微生物的生长和有机物质的降解，但过高或者过低的水分都会影响填埋气发酵反应的进行。通过覆盖材料、渗滤液的回收利用等方式，可以有效控制填埋场内部的水分含量，从而维持合适的水分条件。

③ 氧气的存在也会对填埋气发酵反应产生影响。填埋气属于厌氧发酵过程，需要较低的氧气浓度条件才能进行。因此，通过优化填埋场的通风设计或者加强填埋物的覆盖等方法，可以有效降低填埋气中氧气的含量，促进填埋气的产生。

④ 不同类型的有机物质对填埋气的产生也有影响。易降解的有机废弃物更容易产生填埋气，而难降解的有机物质则需要更长的时间才能发生发酵产气。因此，在填埋废弃物的分类和处理过程中，需要考虑有机物质的降解特性，以及对填埋气的影响。

⑤ 填埋场的操作管理也对填埋气发酵过程有着重要的影响。科学合理的填埋场排气系统设计和运行管理，能够有效控制填埋气的产生和释放，减少对环境的不良影响。合理的填埋场布局和覆盖材料的选择，能够有效降低填埋气的挥发和散失，减少对周边环境的影响。

综上所述，通过对填埋场温度、水分、氧气、有机物质种类和填埋场操作管理等因素的合理控制，可以有效地限制填埋气发酵的生化反应过程，减少对环境的不良影响，实现资源的合理利用。

5.2 填埋气的组成

填埋气，又称垃圾填埋场气体，是指在垃圾填埋过程中产生的气体，主要包括 CH_4、CO_2、N_2、H_2、O_2 以及一些挥发性有机物（VOCs）等，其组成受到填埋垃圾的性质、填埋方式、环境条件等多种因素的影响，填埋气成分复杂多样，对环境和人类健康具有重要影响。产生填埋气是一种常见的废气处理方式，这种方式能够有效地处理大量的生活垃圾和有机废弃物，通过将这些废弃物填埋在地下并进行覆盖，可以使其逐渐分解产生气体，主要成分为 CH_4 和 CO_2，这种废气发酵过程在填埋场内持续进行，可以长期产生填埋气，因此具有较高的持续性和稳定性；填埋气可作为一种可再生能源，通过收集和抽取填埋气，可以将其用于发电、供热或工业生产中，从而实现资源的再利用和能源的回收；另外，填埋气处理方式相对成本较低，与其他废气处理技术相比，填埋气的建设和运营成本相对较低，因为其所需的设备和技术相对简单，且操作维护成本相对较低。此外，填埋气还具有一定的空间利用灵活性，填埋场既可用于垃圾填埋，又可兼顾填埋气的收集利用。总的来说，产生填埋气作为一种废气处理方式，具有持续性强、可再生能源利用、成本较低和空间利用灵活等特点，对于解决城市垃圾处理和能源回收利用问题具有重要意义。表 5-1 为垃圾填埋场的主要填埋气体典型组成。

表 5-1　垃圾填埋场的主要填埋气体典型组成

组成	体积分数	描述
CH_4	50%～60%	CH_4 是一种温室气体，具有很强的温室效应，对大气层的臭氧层破坏和全球气候变暖产生重要影响，垃圾中的有机物在缺氧条件下受微生物降解作用产生 CH_4，这是填埋气中的 CH_4 的主要来源
CO_2	30%～40%	有机物的分解和燃烧会释放大量的二氧化碳。二氧化碳是一种重要的温室气体，是导致全球气候变暖的主要因素之一

续表

组成	体积分数	描述
N_2、H_2、O_2	少量	氮气是空气的主要组成部分之一，而氢气和氧气则是填埋过程中水分和其他化合物的分解产物。这些气体虽然在填埋气中的含量较低，但也对填埋气的整体性质和利用方式产生一定影响
挥发性有机物（VOCs）如苯、甲苯、乙苯等	少量	这些有机物是由垃圾中的有机物在填埋过程中挥发而出，具有一定的毒性和挥发性，对环境和人体健康构成潜在风险

填埋气的组成根据主要气体成分的含量可分为几类，主要包括：甲烷型、二氧化碳型和其他微量气体型。

（1）甲烷型

甲烷型是填埋气的主要成分之一，它在填埋气中的含量较高。CH_4 是甲烷型气体的主要组成部分，通常占填埋气体总量的 50%～60%，是一种无色、无味的气体，具有很强的温室效应。此外，填埋气中还可能含有少量的其他烃类气体，如乙烷、丙烷等。填埋气中高含量的 CH_4 使其成为可再生能源的重要来源，通过收集和抽取填埋气，可以将甲烷用于发电、供热或工业生产等领域。其主要来源是有机废弃物在填埋过程中分解而产生的，当有机废弃物被埋入填埋场后，在缺氧环境下，微生物开始分解有机物，产生甲烷，这个过程称为厌氧发酵。有机物质包括食品残渣、厨余垃圾、植物残渣等，它们含有丰富的碳源，可以作为甲烷生成的原料。

如果填埋场没有采取有效的收集和利用措施，甲烷会从填埋场中逸出，导致空气污染和气体扩散，对周围环境和人类健康造成负面影响。为了减少填埋气中甲烷的排放和对环境的负面影响，现代的填埋场通常采取措施来收集和利用填埋气。通过设置收集系统，将甲烷从填埋场中收集起来，并进行处理和利用，可以实现能源回收和减少温室气体排放的双重效益。

（2）二氧化碳型

CO_2 在填埋气中的含量通常在 20%以下，具体含量会受到填埋场垃圾种类、填埋方式以及填埋气体收集等因素的影响。相对于其他填埋气的成分，CO_2 的含量较低，但作为温室气体之一，它对大气层起着重要的保温作用，有助于维持地球的适宜气候。然而，过量的 CO_2 排放是导致全球气候变暖的重要原因之一。填埋场中产生 CO_2 的主要来源包括有机废弃物的分解和燃烧过程。有机废弃物中的有机物质在缺氧条件下会通过微生物的作用分解产生 CO_2。此外，填埋场内也可能存在着一些可燃物质，燃烧过程同样会释放二氧化碳。高浓度的二氧化碳还可能对人体健康产生影响，如导致头晕、嗜睡甚至窒息。

总的来说，二氧化碳型填埋气的含量较低，但其作为一种温室气体，仍然对环境具有重大的影响。在填埋场管理过程中，需要采取措施来监测和控制二氧化碳的排放，以减小其对气候和人类健康的影响。

另外，还有氢气型填埋气和氮气型填埋气。在填埋过程中也会生成少量的氢气和氮气等微量气体，通常由垃圾中有机物质分解产生，但并不是主要成分。氢气是一种易燃气体，需要防止其在填埋场内积聚产生安全隐患。氮气的主要影响在于填埋气的化学特性和填埋场内气体的稳定性。

5.3 填埋气的产生量及影响因素

从垃圾填埋的过程不难看出，填埋气的产生是一个极为复杂的生物化学反应的过程。尽管准确预测填埋气的产生量无论对填埋场建设与管理，还是对填埋气的回收利用均有十分重要的意义，由于填埋降解过程的复杂性，填埋气产生量的准确预测仍是一个巨大的挑战。填埋气的产生量受到多种因素的影响，包括填埋物质的种类、湿度、温度、压力和填埋方式等。首先，填埋场内的有机废弃物会在缺氧条件下通过微生物的作用进行分解，产生 CH_4 和 CO_2 等气体。这些气体的产生量与填埋物质的种类和含量密切相关，有机物质含量高的垃圾会产生更多的填埋气。同时，填埋场的环境条件也会对气体产生量产生影响，比如温度和湿度的变化都会影响微生物的活动速率，从而影响填埋气的产生速率。

为了准确测定填埋气的产气量，通常会进行现场监测和采样。常见的方法包括使用气体检测仪器对填埋场内部的气体进行实时监测，或者采集气体样品后进行实验室分析。通过监测填埋气中的 CH_4、CO_2 等成分的浓度变化，可以初步了解填埋气的产生量。除了直接监测填埋气本身，还可以通过监测填埋场周边的气体排放和土壤气体含量来间接推断填埋气的产气量。这些监测数据可以帮助评估填埋场的气体控制效果，并为环境保护决策提供依据。目前国内外关于填埋气产生量的预测采用理论分析与实测相结合的方法。填埋气的产生量决定了填埋气在垃圾堆体内的压力分布以及填埋气在垃圾堆体中的迁移速度，是填埋场工程建设和填埋气回收利用的重要基础数据。在进一步研究填埋气产生机理的基础上，建立更为可靠和科学地预测填埋气产生量的方法，是一个值得深入研究的方向。

5.3.1 影响填埋气产生量的因素

影响填埋气产生量的因素有很多，涉及填埋物质的性质、填埋场的环境条件、填埋方式以及填埋时间等多个方面。下面将详细介绍这些因素，确保内容丰富且不会重复。

(1) 填埋物质的性质

填埋物质的性质包括有机废弃物的种类和含量、湿度以及易降解性等因素，都对填埋气产生量有着重要的影响，这些因素将直接决定填埋气的产生量，并且对填埋场的环境影响具有重要意义。

首先，填埋物质的种类和含量是影响填埋气产生量的关键因素之一，不同种类的有机废弃物对填埋气产生的影响是不同的。例如，食品废物、植物残渣等易生物降解的有机物质会在填埋过程中通过微生物分解产生大量的填埋气，而非易降解的塑料、金属等材料则产生较少的填埋气。此外，填埋物质的含量也会影响填埋气的产生量，含量越高则产生的填埋气量也越多。其次，填埋物质的湿度也是影响填埋气产生量的重要因素，湿润的填埋物更容易被微生物降解，从而产生更多的填埋气。相反，如果填埋物质过于干燥，则微生物的降解活动将受到抑制，填埋气的产生量也会减少。最后，填埋物质的易降解性也对填埋气的产生量有着显著影响。易降解的有机物质更容易被微生物降解，产生更多的填埋气，而难降解的有机物质则产生较少的填埋气。因此，在填埋场中，填埋物质的易降解性将直接影响填埋气的产生量。

总之，填埋物质的性质对填埋气的产生量有着重要的影响。有机废弃物的种类和含量、湿度以及易降解性等因素将直接决定填埋气的产生量。

(2) 填埋场的环境条件

填埋场的环境条件如温度、湿度、压力、通风等因素对填埋气的产生量具有重要影响，这些环境条件会直接影响填埋物质的降解过程和微生物活动，从而影响填埋气的产生量。以下将分别介绍这些环境条件对填埋气产生量的影响。

温度是影响填埋气产生量的重要因素之一。较高的温度有利于微生物的生长和活动，促进有机废弃物的降解和发酵过程，从而加速填埋气的产生。一般来说，填埋场内部的温度随着填埋深度的增加而升高，这有利于填埋气的产生。然而，过高的温度也可能导致填埋物质中的水分蒸发过快，使得填埋物质干燥，从而抑制微生物的降解活动，降低了填埋气的产生量。其次，填埋场的湿度也对填埋气的产生量有着重要影响，适当的湿度有利于微生物的降解活动，促进有机废弃物的分解和填埋气的产生，过高或过低的湿度都会影响微生物的活动，从而影响填埋气的产生量。过高的湿度会限制氧气的渗透，造成缺氧环境，从而抑制微生物的降解活动，减少填埋气的产生。相反，过低的湿度则会导致填埋物质中的微生物活动受到抑制，同样降低了填埋气的产生量。另外，填埋场内部的压力也会影响填埋气的产生量。较大的压力会限制填埋气的释放，导致填埋气在填埋体内积聚，增加了填埋气的产生量。因此，有效地控制填埋场内部的压力，有助于减少填埋气的产生量和排放量。此外，填埋场的通风情况也对填埋气的产生量有着重要影响。良好的通风能够促进填埋气的排放，并减少填埋气在填埋体内的积聚，从而降低了填埋气的产生量。相反，通风不畅则会导致填埋气排放受阻，增加了填埋气的产生量，并可能产生恶臭气味等环境问题。

综上所述，填埋场的环境条件包括温度、湿度、压力、通风等因素，对填埋气的产生量具有重要影响。

(3) 填埋方式

填埋方式是指对垃圾进行填埋的具体方法和技术，不同的填埋方式对填埋气的产生量会产生不同的影响。一般而言，填埋方式可以分为开挖填埋和覆盖填埋两种主要类型。

开挖填埋是指将垃圾通过机械设备挖掘出来，然后在开挖的地区进行填埋。这种填埋方式相对于覆盖填埋来说，填埋深度较浅，通常填埋物质与大气相接触较多，有利于填埋气的释放。由于垃圾暴露在表面，微生物降解速度较快，填埋气的产生量也相对较高。此外，开挖填埋存在填埋体积变化较大的情况，可能导致填埋气排放过程中的泄漏问题，增加了填埋气的产生量。覆盖填埋是指将垃圾逐步填入填埋场，并及时进行覆盖处理，使垃圾处于封闭状态。这种填埋方式能够有效减小填埋气的产生量。首先，封闭的填埋方式减少了填埋物质与大气的接触，降低了填埋气的释放量。其次，覆盖填埋可以有效减小填埋物质的氧化速率，降低填埋气的产生量。另外，覆盖填埋通常采用多层填埋和覆盖材料，能够有效阻隔填埋气的排放，降低了填埋气的产生量和排放量。除了填埋方式的基本分类外，还有一些其他影响填埋气产生量的填埋技术，例如生物干气发酵填埋技术。这种填埋技术通过控制填埋场内部的温度、湿度、通风等条件，促进了有机物质的发酵和分解，减少填埋气的产生量。此外，采用粉碎机对垃圾进行细碎处理，可以提高填埋效率和降解速度，从而减少填埋气的产生量。

总的来说，填埋方式对填埋气的产生量有着重要的影响。开挖填埋方式容易产生较多的填埋气，而覆盖填埋方式能够有效降低填埋气的产生量。此外，采用一些特殊的填埋技术和方法也能够有效地减少填埋气的产生量。因此，在实际填埋过程中，选择合适的填埋方式和技术，对减少填埋气的产生量，保护环境具有重要意义。

（4）填埋时间

填埋时间对填埋气的产生量具有重要影响，因为垃圾填埋是一个持续的生物化学反应过程，随着时间的推移，填埋气的产生量会发生变化，填埋过程中的微生物活动、有机物质降解速率、温度变化等因素都会随着时间的推移而发生变化，从而影响填埋气的产生量。

填埋初期阶段，填埋气的产生量相对较低，在垃圾刚刚被填埋时，由于垃圾内部有机物质的降解过程尚未完全启动，填埋气的产生量较少。此时，填埋场内部的氧气浓度仍然较高，微生物的降解活动受到氧气的限制，导致填埋气的产生量相对较低。随着时间的推移，填埋场内部环境逐渐发生变化，填埋气的产生量逐渐增加。随着有机物质的降解过程逐渐进行，填埋场内部的氧气浓度逐渐降低，微生物开始采用厌氧代谢途径进行有机物质的降解，填埋气的产生量逐渐增加。此外，填埋场内部的温度也会随着有机物质的降解而上升，促进了微生物的活动和有机物质的降解速率，进一步增加了填埋气的产生量。在填埋的中后期阶段，填埋气的产生量达到高峰。此时，填埋场内部的有机物质大部分已经完成了降解过程，填埋气主要由微生物的代谢产物和有机物质的降解产物组成，填埋气的产生量相对较高。同时，填埋场内部的温度也较高，有利于微生物的活动和有机物质的降解速率，进一步增加了填埋气的产生量。随着时间的推移，填埋气的产生量逐渐减少。当填埋场内部的有机物质基本完成降解后，填埋气的产生量会逐渐减少。此时，填埋场内部的温度也会逐渐下降，微生物的活动和有机物质的降解速率减缓，填埋气的产生量逐渐减少。

综上所述，填埋气的产生量受到填埋物质的种类和含量、填埋场的环境条件、填埋操作方式以及填埋时间等多种因素的影响。深入了解这些影响因素，并有效地控制和管理填埋气的产生量，对于填埋场的环境保护和气体治理具有重要意义。

5.3.2　提高产气的方法及技术

垃圾填埋场降解是一个长期过程，以前被认为是一个自然降解过程，所采取的技术措施主要是从环境健康角度考虑的。分解速度慢，产气量少，不利于垃圾填埋场的稳定化和垃圾填埋气的利用。在可持续发展理念的背景下，不给后代留下任何垃圾已成为垃圾处理的基本原则。提高填埋气产生量的方法和技术主要包括优化填埋场管理、促进有机物质降解、增加微生物活动等方面。

通过垃圾分类，可以将易降解的有机物质分开，有利于有机物质的快速降解和填埋气的产生，在填埋场管理中，可以设立生物可降解垃圾和其他垃圾的填埋区域，分别进行管理和处理；通过增加填埋场的通气系统，提高填埋场内部的氧气供应，促进微生物的活动和有机物质的降解速率，从而增加填埋气的产生量；保持适宜的填埋场温度有助于促进微生物的活动和有机物质的降解速率，进而增加填埋气的产生量，可以采取覆盖材料、地下水循环等方式控制填埋场的温度；利用特定种类的微生物对填埋垃圾进行发酵处理，促进有机物质的降解，增加填埋气的产生量；向填埋场添加助剂，如混合菌剂、有机底物等，可以促进微生物的生长和代谢，加速有机物质的降解，从而增加填埋气的产生量；采用填埋场气体回收系统，将填埋气中的甲烷和其他有价值的气体进行回收利用，不仅可以减少温室气体排放，还可以获得经济效益；利用生物反应器对填埋气进行处理，如生物滤池、生物塔等，促进填埋气中有机物质的降解，同时减少对环境的影响；建立填埋气产生量的监测系统，实时监测填埋气的产生量和成分，针对监测结果进行调控，优化填埋场管理，提高填埋气的产生量。

以上是一些提高填埋气产生量的方法和技术，这些方法和技术可以在填埋场管理中结合使用，以达到减少对环境的不良影响，提高资源利用效率的目的。

5.3.3 填埋气产生量的估算

填埋气产生量的估算是一个涉及多种因素的复杂问题，需要综合考虑垃圾的成分、填埋场的管理方式、填埋气生成过程以及环境条件等多个方面的因素。

填埋气的产生量与填埋的垃圾成分密切相关。有机垃圾在填埋过程中会通过微生物降解产生 CH_4 和 CO_2 等气体，而其他物质如塑料、玻璃等则不会产生大量气体。因此，要准确估算填埋气产生量，首先需要对填埋垃圾的成分进行详细的调查和分析。而填埋场的管理方式也会对填埋气产生量具有影响。例如，是否采用了覆盖层、是否进行了垃圾的分层填埋等操作都会对填埋气产生影响。同时，填埋场的通风情况也会影响填埋气的产生量，通风不畅会导致填埋气的积聚，从而增加填埋气的产生量。另外，填埋气的生成主要是由有机物质在缺氧条件下的微生物降解过程中产生的。这个过程需要一定的时间，并受到温度、湿度、氧气浓度等环境条件的影响。因此，要准确估算填埋气产生量，需要对填埋气生成的过程有一个深入的了解。环境条件对填埋气的产生也有重要影响。例如，填埋场周围的温度、湿度、氧气浓度等都会对填埋气的产生量产生影响。此外，季节变化、地理位置等因素也会对填埋气的产生量造成影响。

借助数学模型和计算机模拟等方法进行填埋气产生量的预测和估算是一种常见且有效的手段。利用这种方法预估填埋气的产生量，首先需要建立填埋气产生的数学模型，这个模型通常基于有机物质在填埋条件下的降解过程而建立，该模型可以考虑填埋垃圾的成分、温度、湿度、氧气浓度等因素，并结合微生物学、化学动力学等相关知识，来描述填埋气的生成过程，然后确定填埋气产生模型中的参数，这些参数可能包括有机物质的降解速率、填埋场内部的温度变化、微生物的生长速率等。这一步通常需要进行实地调查和实验研究，获取填埋场的实际数据，并通过统计分析等方法确定模型所需的参数，利用已有的填埋场数据，对建立的填埋气产生模型进行验证。通过比较模型预测值与实际数据的符合程度，来验证模型的准确性和适用性，将建立的填埋气产生模型转化为计算机模拟程序，利用计算机对填埋气的产生过程进行模拟和计算。计算机模拟可以考虑更多的细节和复杂性，模拟填埋场内部的温度、湿度、有机物质分布等变化，从而更加真实地反映填埋气的产生过程。最后利用建立的填埋气产生模型和计算机模拟程序，对未来填埋气的产生量进行预测和估算。可以考虑不同管理方式、垃圾成分、环境条件等因素对填埋气产生量的影响，进而制定相应的管理策略。

在估算填埋气产生量时，需要综合考虑以上各种因素，并进行具体的实地调查和数据采集。通过对填埋垃圾的成分进行分析，填埋场管理方式的调查，填埋气生成过程的研究以及环境条件的监测，可以得出相对准确的填埋气产生量估算结果。此外，还可以借助数学模型和计算机模拟等方法进行填埋气产生量的预测和估算。通过科学的方法，可以更加准确地评估填埋气产生量，并进一步指导填埋场的管理和治理工作。

5.4 填埋气的燃烧能源化利用

5.4.1 概述

填埋气是垃圾填埋过程中产生的废气。过去，填埋气的处理方式主要是直接排放或燃烧，但这种处理方式不仅对环境造成污染，还浪费了其中的可再生能源。随着环保意识的增强和能源利用技术的进步，填埋气能源化利用逐渐成为研究的热点，目前填埋气的能源化利用主要有以下几种方式：

(1) 直接燃烧

填埋气的直接燃烧是一种将填埋气转化为热能的可再生能源利用的方式。这种技术的基本原理是将填埋气收集后，通过燃烧器进行高温燃烧，生成高温高压的燃气，用于驱动燃气轮机或蒸汽轮机发电。

填埋气的直接燃烧通常包括收集、预处理、燃烧、发电、余热利用几个主要步骤。填埋气的直接燃烧过程首先需要将填埋场产生的填埋气进行收集，通常通过管道和收集井进行收集。其次将收集到的填埋气进行预处理，以去除其中的颗粒物、水分和有害气体，这些有害气体主要包括 H_2S、NH_3 等，需要进行脱硫和脱氮处理。然后在燃烧阶段，预处理后的填埋气进入燃烧器进行高温燃烧，生成高温高压的燃气。之后在这个过程中，燃气中的能量被转化为热能，高温高压的燃气可以用来驱动燃气轮机或蒸汽轮机发电。最后燃气轮机是一种将热能转化为机械能的装置，蒸汽轮机则利用高温高压的燃气加热蒸汽，驱动蒸汽轮机转动发电。最后燃气轮机和蒸汽轮机发电过程中产生的余热可以被利用，例如用于供暖或生产工艺用水。

填埋气的直接燃烧能够充分利用填埋气中的可燃成分，避免浪费；通过燃烧处理填埋气，可以减少填埋气对环境的污染，减轻垃圾填埋场对周边环境的影响；填埋气是一种可再生能源，其燃烧产生的热能可以用于发电或供暖，满足人们对能源的需求。然而，填埋气的直接燃烧也存在一些挑战和问题需要解决，例如填埋气的直接燃烧过程中需要消耗大量的氧气，而氧气的获取和运输成本较高，此外，燃气轮机和蒸汽轮机的发电效率通常较低，导致整个过程的能源转化效率不高。而且填埋气的成分复杂，其中含有大量的水分和有害气体，需要进行高效的预处理和净化处理，技术难度较大，同时，高温高压的燃气对燃烧器和发电设备的性能要求较高，增加了设备成本和技术难度。填埋气在直接燃烧过程中还存在安全隐患，例如燃烧不稳定、爆炸等风险，因此，需要采取有效的安全措施和监控手段，确保燃烧过程的安全性和稳定性。

(2) 燃料电池

利用填埋气中的甲烷等可燃性气体，通过燃料电池技术转化为电能。这种方式的优点是能量转化率高，但需要先进的燃料电池技术作支撑。燃料电池是一种将化学能直接转化为电能的装置，其核心原理是氢氧反应，即 H_2 和 O_2 通过电解质相互作用生成水和电能。利用填埋气作为燃料电池的燃料，可以实现能量的高效转化和资源的循环利用。

利用填埋气作为燃料电池也需要将填埋场产生的填埋气进行收集，并经过预处理去除其中的有害物质和杂质，因为这些有害物质和杂质会影响燃料电池的效率和稳定性。填埋气中含有大量的甲烷等烃类物质，需要通过 H_2 提取技术将其转化为 H_2，H_2 提取技术包括蒸汽重整、催化重整等，可以将烃类物质转化为 H_2 和 CO_2。将提取的 H_2 作为燃料电池的燃料，与空气中的 O_2 在电解质的作用下发生化学反应，生成水和电能。这个过程中，化学能被直接转化为电能，实现了高效的能量转化。同时，燃料电池发电过程中会产生大量的热能，这些热能可以被利用，例如用于供暖或生产工艺用水。

燃料电池可以将化学能直接转化为电能，能量转化率高，能够实现能源的高效利用。利用填埋气作为燃料电池的燃料可以减少垃圾填埋场的污染问题，同时减少对化石燃料的依赖，有助于环境保护和可持续发展。通过将填埋气转化为氢气和电能等可再生能源，可以实现资源的循环利用，提高能源利用效率。然而，利用填埋气作为燃料电池的燃料需要经过多个步骤和复杂的化学反应过程，技术难度较大，需要先进的提取技术和燃料电池技术作支撑，并且需要投入大量的设备与资金进行建设和运行维护，成本较高。同时，目前燃料电池的发电效率相对较低，需要进一步提高其性能和降低成本以实现商业化应用。

(3) 生物质燃气

生物质燃气是一种可再生能源，主要由 CH_4、CO_2 和 N_2 等组成，可以用于燃气发电、供暖和生产化工产品等。利用填埋气制备生物质燃气可以将填埋气中的有机物质转化为清洁的能源，同时减少垃圾填埋场的污染问题。

利用填埋气制备生物质燃气首先需要收集填埋场产生的填埋气，然后进行预处理，将预处理后的填埋气进入厌氧发酵装置进行发酵，在厌氧环境下，填埋气中的有机物质被微生物分解为沼气和有机肥。沼气可以作为生物质燃气用于发电或供暖，有机肥可以用于农业生产和土壤改良。从厌氧发酵装置中产生的沼气需要进行净化处理，以去除其中的 CO_2、H_2S 等杂质，保证燃气的清洁度和利用效率。经过净化的生物质燃气可以用于燃气发电、供暖和生产化工产品等。燃气发电是一种常见的利用方式，可以利用燃气轮机或蒸汽轮机进行发电。

利用填埋气制备生物质燃气可以将填埋气中的有机物质转化为清洁的能源和有机肥，实现废物的循环利用，并且生物质燃气是一种可再生能源。其与化石燃料相比，具有可持续性和环保性，可以减少垃圾填埋场的污染问题，同时减少对化石燃料的依赖，有助于环境保护和可持续发展。然而，利用填埋气制备生物质燃气需要解决一系列技术问题，如预处理技术、厌氧发酵技术、燃气净化技术等。同时，生物质燃气的生产过程中需要解决沼气产量和品质的问题，以及有机肥的质量和利用效率问题，利用填埋气制备生物质燃气需要投入大量的设备与资金进行建设和运行维护，成本较高。生物质燃气的生产过程中需要消耗大量的能量和水资源，增加了生产成本，利用填埋气制备生物质燃气存在一定的安全隐患，例如沼气泄漏、爆炸等风险。

另外还可以利用填埋气制备甲醇，将填埋气中的甲烷转化为甲醇等有机化学品，可实现资源的循环利用。这种方式的优点是能够充分利用甲烷，但需要先进的化工技术作支撑。

目前，国内外对填埋气的能源化利用进行了广泛的研究和实践。例如，英国、德国和日本等国家已成功将填埋气用于发电、供暖和燃料电池等领域；我国也在北京、上海和广州等地区建立了多个填埋气发电项目。这些项目的实施不仅有利于环境保护，还为能源的可持续利用提供了新的途径。

总的来说，填埋气的能源化利用具有巨大的潜力和广阔的前景。然而，要实现这一目标，需要解决一系列技术、经济和管理等方面的问题。只有通过多学科的合作和共同努力，才能使填埋气的能源化利用成为一种现实可行的选择，为环保和能源领域做出更大的贡献。

5.4.2　填埋气的燃烧

填埋气燃烧是一种将填埋气中的可燃成分转化为热能的方式，通常用于发电或供暖。填埋气主要由甲烷、二氧化碳和氮气等组成，其中甲烷是一种重要的可燃成分。通过燃烧填埋气，可以将其中的化学能转化为热能，然后利用热能进行发电或供暖。填埋气的燃烧通常在燃烧器中进行，其基本原理是甲烷与氧气发生氧化反应，释放出大量的热能。这个过程中，甲烷和氧气在高温下发生化学反应，生成二氧化碳和水蒸气，同时释放出大量的热能。这些热能可以被吸收和利用，例如通过热交换器将热能传递给蒸汽或热水，进而用于发电或供暖。

(1) 填埋气的燃烧特性

填埋气的成分复杂，主要包括 CH_4、CO_2、N_2 等可燃性成分，以及少量的水分和其他杂质。其中，甲烷是一种重要的可燃性成分，其含量和组成会随着垃圾填埋时间、填埋条件和垃圾种类的变化而变化，这种复杂的成分组成使得填埋气的燃烧特性与传统的燃料有所不同，需要采取特定的燃烧技术来充分利用其热能，填埋气的热值相对较低，与传统的燃料如煤和石油相比，其单位质量的燃料所能释放的热量较小。这意味着在燃烧填埋气时需要更大的流量才能达到相同的输出功率，因此需要更大的储存和输送系统，填埋气的燃烧温度相对较低，通常在 800～1000℃之间。这主要是由于其成分中甲烷含量较低以及存在其他杂质的影响。较低的燃烧温度会影响燃烧的效率和热能的转化率，因此需要采取特定的燃烧技术来提高燃烧温度和热能的利用率。最后，填埋气的火焰传播速度较慢，通常在 0.1～0.3m/s 之间。这主要是由于其中含有大量的 CO_2 和其他气体成分，这些成分会占据一定的燃烧空间并影响火焰的传播速度。较慢的火焰传播速度会影响燃烧的稳定性和效率，因此需要采取特定的燃烧技术来提高火焰传播速度和燃烧稳定性。

综上所述，填埋气的燃烧特性包括成分复杂、热值较低、燃烧温度较低和火焰传播速度较慢等特点，这些特性使得其燃烧过程需要特殊的燃烧技术和设备来提高效率和稳定性。

(2) 填埋气燃烧的原理

填埋气燃烧的原理主要是氧化反应，即燃料中的碳和氢与氧气发生化学反应，释放出热能。填埋气中的主要成分是甲烷，甲烷是一种高效的可燃气体，其分子式为 CH_4，每个分子中含有一个碳原子和四个氢原子。

在燃烧过程中，甲烷分子与氧气分子结合，形成二氧化碳和水蒸气。这个过程需要一定的温度和压力条件，通常在燃烧器内完成。

燃烧反应可以表示为：

$$CH_4 + 2O_2 \longrightarrow CO_2 + 2H_2O$$

其中 CO_2 和 H_2O 是燃烧的产物，同时释放出大量的热能。

填埋气的燃烧过程通常需要点火源，如电火花或燃烧器内的火焰，引发燃料与氧气发生化学反应。一旦反应开始，热量会不断产生并传递给周围的介质，如空气或水，使其升温并膨胀，形成爆炸或燃烧的效应。为了使填埋气能够充分燃烧，需要提供足够的氧气和适当的温度条件。通常需要将填埋气进行预处理，去除其中的水分和杂质，以确保其纯净度和可燃性。在燃烧过程中，氧气与燃料中的碳和氢发生氧化反应，释放出大量的热能，这个热能可以用于发电、供暖或其他工业用途。填埋气燃烧的产物主要是二氧化碳和水蒸气，这些产物对环境无害，但过多的二氧化碳会对气候产生影响。因此，需要合理利用填埋气资源，减少碳排放对环境的影响。

(3) 填埋气的燃烧方式

填埋气的燃烧方式主要有两种：直接燃烧和催化燃烧。

直接燃烧是一种常见的燃烧方式，它是将填埋气体引入燃烧室中，与氧气发生氧化反应，释放出热能。直接燃烧的优点是设备简单、操作方便、热效率高等，因此被广泛采用。但是，直接燃烧的缺点是燃烧不充分，会产生大量的 CO_2 和其他有害气体，对环境和气候造成一定的污染和影响。

催化燃烧是一种先进的燃烧方式，它是将填埋气体引入催化剂床层中，在催化剂的作用下与氧气发生氧化反应，释放出热能。催化燃烧的优点是燃烧充分、温度低、污染物排放少等，因此被认为是一种比较环保的燃烧方式。但是，催化燃烧的缺点是设备复杂、催化剂成本高、需要定期更换等，因此其投资和运行成本相对较高。

除了以上两种燃烧方式外，还有一些其他的燃烧方式，如热力燃烧、高温焚烧等。这些燃烧方式各有优缺点，需要根据实际情况选择合适的燃烧方式。无论采用哪种燃烧方式，都需要对填埋气体进行预处理，去除其中的水分、杂质和其他有害物质，以确保其纯净度和可燃性。同时，还需要对燃烧过程进行监控和控制，确保其安全性和稳定性。

5.4.3 填埋气能源化利用的经济可行性分析

填埋气能源化利用的经济可行性分析需要考虑多个方面，包括投资成本、运行成本、市场需求、竞争情况等。

首先，投资成本是填埋气能源化利用项目的一个重要考虑因素。填埋气能源化利用需要建设相应的设备、管道、储存设施等，这些设备的购置和建设需要投入大量的资金。此外，还需要考虑土地购置、环保治理等方面的费用。因此，需要在项目前期进行详细的投资预算和规划，以确保项目的投资效益和回报率。

其次，运行成本是填埋气能源化利用项目日常运营中需要支付的费用，包括设备维护、燃料消耗、人员工资等方面的费用。这些费用的高低将直接影响项目的经济效益，因此需要在运营过程中加强管理，降低成本，提高效率。

另外，市场需求是填埋气能源化利用项目能否取得经济效益的关键因素之一。填埋气能源化利用可以生产电力、热力等能源产品，这些产品在市场上是否有需求是项目能否盈利的关键。因此，需要对市场进行调研和分析，了解市场需求和竞争情况，以便确定产品的市场定位和销售策略。

然后，竞争情况也是填埋气能源化利用项目需要考虑的一个重要因素。目前，国内外已经有不少填埋气能源化利用的项目在运行或建设中，这些项目的存在使得市场竞争非常激烈。因此，需要对竞争对手进行详细的分析和研究，了解其产品特点、价格策略等，以便制定相应的竞争策略和措施。

最后，政府对可再生能源的支持和鼓励政策可以为项目提供一定的政策优惠和扶持，如税收减免、补贴等。这些政策的实施可以降低项目的投资成本和运营费用，提高项目的经济效益和社会效益。

综上所述，填埋气能源化利用具有一定的经济可行性，但也存在一些挑战和风险。需要在项目前期进行详细的规划和评估，确定合理的投资方案和运营策略，同时加强市场调研和管理，以便更好地满足市场需求并降低成本。

5.5　填埋气发电原理及可行性分析

填埋气发电是一种利用垃圾填埋场中产生的填埋气进行发电的技术，填埋气主要由 CH_4、CO_2、N_2 等组成，其中 CH_4 是一种重要的可燃成分，通过燃烧填埋气，可以将其中的化学能转化为热能，进而利用热能进行发电。

5.5.1　填埋气发电原理

填埋气发电的原理是将填埋气从填埋场中抽取出来，然后将其引入燃烧室中；在燃烧室中，填埋气与氧气发生氧化反应，释放出大量的热能；这些热能可以用于发电，通常通过蒸汽轮机或燃气轮机等发电设备进行转化。

其发电原理主要基于以下步骤：从垃圾填埋场中抽取填埋气，将其引入预处理装置中进行净化处理，预处理过程包括过滤、脱水、除尘等步骤，以去除填埋气中的杂质和水分，确保其纯净度和可燃性；经过预处理的填埋气被引入燃烧室中，与氧气发生氧化反应，释放出大量的热能，这个过程中，甲烷等可燃成分与氧气结合，形成二氧化碳和水蒸气，同时放出大量的热能；燃烧室释放的热能被用于发电，通常通过蒸汽轮机或燃气轮机等发电设备将热能转化为电能，蒸汽轮机利用高温高压的蒸汽推动涡轮旋转，进而驱动发电机发电；燃气轮机则利用高温高压的燃气推动涡轮旋转，同样驱动发电机发电；在燃烧室燃烧和热能转化过程中，会产生大量的余热，这些余热可以用于垃圾填埋场的保温、污水加热等用途，实现废物的综合利用。

5.5.2　填埋气发电的可行性分析

填埋气发电的可行性分析是评估填埋气作为能源进行发电的可行性和潜在经济效益的重要步骤。从以下几点对填埋气发电的可行性进行详细分析：

（1）资源可用性

填埋气是一种可再生资源，来源于垃圾填埋场中有机废弃物的厌氧分解，随着城市化进程和垃圾产生量的增加，填埋气的产量也在逐渐提高。因此，从资源供应角度来看，填埋气具有较高的可用性和可持续性。

（2）技术发展

填埋气发电技术已经逐渐成熟，并得到广泛应用。现代的燃烧技术和发电设备不断改进，使得填埋气的燃烧效率更高、污染物排放更低。此外，燃气轮机、蒸汽轮机等发电设备的国产化也提高了设备的可靠性和性价比，降低了投资成本。

（3）经济效益

虽然填埋气发电的初始投资相对较高，但长期运行下来，其经济效益是显著的。通过利用填埋气进行发电，可以缓解电力短缺，降低对传统能源的依赖，并减少垃圾填埋场的处置成本。此外，政府对可再生能源的扶持政策也可以为项目提供一定的优惠和支持，进一步提高了项目的经济效益。

（4）环境友好性

填埋气是一种清洁能源，其燃烧产生的二氧化碳、氮氧化物等污染物排放较低。与传统的化石燃料相比，填埋气发电对环境的影响更小，有助于减少温室气体排放和改善环境质量。

（5）能源安全性

利用填埋气进行发电可以减少对进口能源的依赖，提高能源安全性。特别是在地缘政治紧张的情况下，发展可再生能源和国内清洁能源对保障国家的能源供应具有重要意义。

（6）社会接受度

随着公众对环境保护意识的提高，利用垃圾填埋气进行发电的社会接受度也在逐渐提高。通过宣传和教育，让公众了解填埋气发电对于环境保护和能源利用的积极作用，可以增强社会的认可和支持。

（7）政策支持

政府对于可再生能源的发展给予了大力支持。通过制定相关政策和规划，为填埋气发电项目提供了优惠贷款、税收减免等扶持措施。这些政策有助于推动填埋气发电技术的发展和项目的实施。

综上所述，从资源供应、技术发展、经济效益、环境友好性、能源安全性和社会接受度等方面来看，填埋气发电具有较高的可行性和广阔的发展前景。然而，仍需注意填埋气发电过程中可能面临的问题和挑战，如气体成分不稳定、收集和输送困难等。通过技术创新和合理规划，可以克服这些障碍并实现填埋气发电的可持续发展。

本章小结

1. 填埋气产生机理：填埋气的产生是一个复杂的生物化学反应过程，涉及有机物质的厌氧分解、微生物活动、发酵过程及填埋条件等多个因素，理解这一机理对填埋气的管理和资源化利用至关重要。

2. 填埋气的产生过程：填埋气的生成可分为四个阶段，即厌氧阶段、过渡阶段、酸化阶段和稳定阶段。每个阶段的微生物活动和气体组成变化均影响填埋气的特性和产量。

3. 微生物的作用：厌氧微生物在填埋气的产生中起着核心作用，包括厌氧菌、放线菌和古菌等。它们通过分解有机物质生成甲烷和二氧化碳，微生物的多样性和活性直接影响填埋气的生成效率。

4. 环境因素的影响：填埋场的温度、湿度、氧气浓度等环境条件，对微生物的活性和填埋气的产生量有显著影响。合理的填埋场管理能够优化这些环境条件，从而提高填埋气的产量。

5. 填埋气的组成与特性：填埋气主要由甲烷、二氧化碳及少量的氢气和挥发性有机物组成。其成分的变化与填埋物质的性质、填埋方式及微生物活动密切相关，对环境和资源利用具有重要影响。

6. 填埋气的资源化利用：填埋气作为可再生能源，具有发电、供热等多种利用方式。通过科学管理和技术创新，可以有效减少填埋气对环境的负面影响，实现资源的可持续利用。

复习思考题

1. 描述填埋气产生的四个阶段及每个阶段的主要特征。
2. 解释厌氧微生物在填埋气发酵过程中的作用，并列举几种主要的厌氧微生物。
3. 分析填埋气的组成成分及其对环境的潜在影响。
4. 讨论影响填埋气产生量的因素，并举例说明如何通过管理措施来优化这些因素。
5. 研究填埋气的能源化利用方式，比较直接燃烧与燃料电池的优缺点。
6. 设计一个填埋气监测系统，说明其关键组成部分及监测指标。

参考文献

[1] Attal A，Akunna J，Camacho P，et al. Anaerobic digestion of municipal wastes in landfill[J]. Water Sci Tech，1992(25)：243-253.

[2] 郑详. 中国城市垃圾填埋场沼气发电潜力分析[J]. 环境保护，2009(28)：19-22.

[3] Karen C，Kristine W. Guidance document for the introduction of landfill-derived renewable gas into natural gas pipelines[R]. Des Plaines(USA)：Gas Technology Institute，2012：6-10.

[4] 杜娟. 我国城市垃圾填埋气资源化利用现状及前景研究[C] // 中国环境科学学会. 2010 中国环境科学学会学术年会论文集：第四卷. 北京：北京航空航天大学出版社，2010：3487-3489.

[5] CJJ63-2018 聚乙烯燃气管道工程技术规范.

[6] 石磊. 垃圾填埋沼气的收集、净化与利用综述[J]. 中国沼气，2004(22)：14-17.

[7] 顾树华. 中国沼气资源和开发利用[R]. 北京：清华大学核能与新能源研究院，2006：2-3.

[8] 林胜. 垃圾填埋场沼气发电新技术(译文)[J]. 山东环境，2001(5)：23.

[9] 赵由才，张华. 生活垃圾卫生填埋技术[M]. 北京：化学工业出版社，2019.

[10] 李美，郑志洁，朱跃武，等. 成都市某垃圾处理场职工健康状况研究[J]. 现代预防医学，2013(3)：413-415.

[11] 刘景岳，徐文龙，黄文雄，等. 垃圾填埋气回收利用在我国的实践[J]. 中国环保产业，2007(10)：34-35.

第6章

固体废物填埋处理副产物风险评估及资源化利用

学习目标

1. 了解填埋臭气的组成和特性，掌握填埋臭气的来源及其对环境和人类健康的影响。
2. 理解填埋臭气的产生机制，包括生物降解和化学反应过程，以及影响臭气产生的环境因素。
3. 学习填埋臭气的污染风险评估，理解臭气对气候、空气质量、人体健康及生态环境的影响。
4. 学习填埋渗滤液的处理和资源化利用技术，掌握不同处理方法的原理和应用。

6.1 填埋臭气产生特性

6.1.1 填埋臭气成分

固体废物填埋是一种常见的垃圾处理方法，但在填埋过程中产生的臭气问题对环境和人类健康具有重要影响。常见的填埋臭气成分包括硫化氢（H_2S）、甲烷（CH_4）、氨气（NH_3）、挥发性有机化合物（VOCs）、氮氧化物（NO_x）、挥发性硫化物（volatile sulfur compounds）。这些臭气成分的来源和臭味特征各异。

硫化氢通常来源于有机废物的分解过程，特别是在填埋场中，由有机废物在无氧环境下被细菌分解产生。腐烂的食物、废纸、动植物残体等都可以产生硫化氢。硫化氢具有强烈的恶臭味道，被形容为腐烂鸡蛋、腐败的肉类或污水的气味。其气味特征非常刺激和难闻，人们通常能够轻易察觉到其存在。

甲烷主要来自填埋场中有机废物的分解过程。当有机物质在填埋场中缺乏氧气时，微生物以厌氧方式分解有机物，产生甲烷气体。甲烷本身是一种无色无臭的气体，因此在纯净状态下并没有特定的臭味。然而，在填埋场中，甲烷通常与其他具有臭味的化合物混合，例如硫化氢和其他挥发性有机化合物，从而导致填埋场区域出现难闻的气味。

氨气的产生主要与含氮有机物的分解过程有关，包括废弃动物、粪便、尿液等。氨气还可以来自氮肥的分解以及其他含氮化合物的挥发。氨气具有刺激性气味，并常被形容为刺鼻、刺激性的气味。其气味特征类似于氨水或尿液的气味，具有一定的刺激性和难闻性。

这些填埋臭气成分的来源和臭味特征可以根据填埋场中的废物类型、填埋管理方法以及环境条件等因素而有所变化。了解这些成分的来源和臭味特征对制定和实施填埋场气味管理措施至关重要。这些措施包括有效的气体收集和处理系统、填埋物的覆盖和密封、通风和氧气供应的优化等，以此来减少填埋场臭气的产生和扩散。

6.1.2　填埋臭气产生机制

填埋臭气的产生是由生物降解和化学反应两个主要过程共同作用而产生的。生物降解是指微生物在填埋环境中对有机废物进行分解的过程。有机废物分解和产气细菌是生物降解的主要组成部分，微生物在无氧环境下利用有机物质进行代谢，分解成小分子化合物，如脂肪酸、氨基酸和糖类。这些化合物进一步被分解成产气细菌能够利用的有机物质。产气细菌通过分解有机物质产生的气体包括甲烷、硫化氢和氨气等。这些气体是填埋场臭气的主要成分。在填埋过程中发生的一系列化学反应。通常涉及有机物质和其他化合物之间的相互作用，通过不同的化学反应途径产生臭气。例如，硫酸盐还原和氮化合物分解在化学反应中比较有代表性。而有的有机废物中含有氮化合物，如蛋白质和尿素。在填埋的厌氧环境中，这些氮化合物被微生物分解，产生氨气（NH_3）。氨气是填埋场臭气中常见的成分之一。

环境因素对填埋臭气的产生也起着重要作用。其中，温度、湿度和氧气供应是影响填埋臭气产生的主要因素。温度的升高可以加速有机物质的降解和微生物的活动，从而增大臭气的产生速率。在较高的温度下，微生物的代谢活动增强，生物降解过程加速，有机物质更快地分解并产生气体。此外，温度升高还可以促进化学反应的发生，如硫酸盐还原和氮化合物分解，进一步增加臭气的生成。适度的湿度有助于微生物的生长和活动，促进有机物质的降解和产气过程。过高的湿度可能导致填埋物中的水分饱和，限制氧气的扩散和微生物的生长，从而减缓生物降解过程。相反，过低的湿度可能导致填埋物干燥，降低微生物的活性，从而减少臭气的产生。填埋场中的氧气含量通常较低，主要是由于填埋物的紧密堆积和覆盖层的隔绝作用。缺氧环境是厌氧微生物活动的主要条件，这些微生物通过厌氧分解有机废物产生气体。相比之下，充足的氧气供应会促使微生物选择氧化代谢途径，减少厌氧分解过程，从而降低填埋臭气的产生。需要注意的是，温度、湿度和氧气供应之间存在相互关系。温度的升高会导致水分蒸发增加，从而影响湿度。同时，氧气供应也与温度和湿度有关，高温和高湿度可能减少氧气的溶解度，限制氧气的有效供应。

6.1.3　填埋臭气污染风险评估

垃圾填埋臭气污染的风险源于填埋场中废弃物的生物降解、化学分解和水解过程。这些过程会产生大量气体，包括甲烷、二氧化碳、氨气、硫化氢等，对人类健康和环境产生不同程度的影响。垃圾填埋臭气中的甲烷和二氧化碳都是主要的温室气体。这些气体的大量排放会加剧全球气候变化，导致气温上升、极端天气事件增多、海平面上升等问题，对人类和环境产生深远影响。

填埋臭气还会导致空气质量下降：垃圾填埋臭气中含有大量的挥发性有机化合物（VOCs）、氨气、硫化氢等污染物。这些污染物会降低空气质量，导致空气中的颗粒物浓度增加，引发雾霾、光化学烟雾等现象，对人类健康产生严重影响。垃圾填埋臭气中的有害气体，如氨气、硫化氢等，对人体健康有直接危害。无论长期还是短期暴露，均可能引起皮肤刺激、眼部和喉咙炎症以及呼吸系统不适，严重时甚至可能危及生命。

此外，垃圾填埋臭气中的污染物会污染土壤、水体和大气，对植物和生态环境产生负面影响。垃圾填埋臭气的排放还可能导致土壤酸化、水体富营养化等问题。垃圾填埋臭气体中的甲烷是一种易燃、易爆气体，若积累过多可能引起爆炸。因此，垃圾填埋场可能存在气体泄漏的风险，导致气体进入居民区和公共空间，引发安全隐患。

综上所述，垃圾填埋臭气体污染涉及多种可能的风险，对人类健康、生态环境和安全等方面都有严重影响。为了降低这些风险，需要采取一系列措施，包括优化垃圾填埋技术、收集和处理气体、监测气体泄漏等。

6.2 填埋臭气源头控制

6.2.1 填埋臭气控制相关政策及标准

在国际层面，存在一些政策和标准旨在指导和规范固体废物填埋处理中臭气的控制。这些政策和标准的制定旨在保护环境和公众健康，减少填埋场对周围环境的负面影响。例如《国际固体废物管理准则》和国际标准化组织（ISO）制定的相关标准。《国际固体废物管理准则》是由国际固体废物管理协会（ISWA）制定的指导性文件。该准则提供了一套全面的指南，涵盖了固体废物管理的各个方面，包括填埋场的设计、运营和监测。在臭气控制方面，准则强调了填埋场应该采取措施控制和减少臭气排放，以保护周围环境和社区的空气质量。国际标准化组织（ISO）制定了一系列与环境管理和污染控制相关的标准，其中包括与填埋臭气控制相关的标准。例如，ISO 15985 标准规定了填埋废弃物时应采取的措施，以减少有害气体的排放。此外，国际上还有一些地区性和国家间的协议与指导文件，对填埋臭气控制提出了要求。

为了保护环境和公众健康，我国也制定了一系列政策和标准，以规范和管理填埋场的臭气排放。例如《中华人民共和国固体废物污染环境防治法》和《生活垃圾卫生填埋场封场技术规范》（GB 51220—2017）。《中华人民共和国固体废物污染环境防治法》是我国的基本环境法律之一，其中包含了对填埋臭气控制的要求。根据该法律，填埋场应采取必要的措施，减少臭气排放对环境和人体健康的影响。法律还规定了填埋场应具备的基本条件和运营要求，包括臭气收集与处理系统的建设和使用。《生活垃圾卫生填埋场封场技术规范》（GB 51220—2017）是由中国生态环境部发布的行业标准，用于指导城市生活垃圾填埋场的设计、建设和运营。该技术规范明确了填埋场在臭气控制方面的要求，包括臭气收集与处理系统的设置、操作和监测。规范还要求填埋场应定期监测臭气排放情况，并进行数据记录和报告。此外，我国各省市还制定了地方性的环境保护标准和规划，针对填埋臭气控制提出具体要求。这些地方标准可能根据当地环境特点和废弃物管理需求进行调整，以确保填埋场的运营符合地方的环境保护要求。各地政府还制定了废弃物管理规划，包括填埋场的选址、规划和建设，以提高填埋臭气控制的效果。

6.2.2　填埋臭气控制技术

填埋臭气控制技术可以分为源头控制技术和排放控制技术。源头控制技术是一种在填埋场中控制和减少臭气产生的方法。通过在垃圾产生和填埋过程中采取措施，源头控制技术可以有效地减少填埋臭气的生成量。一些常见的源头控制技术包括垃圾分类和前处理、压实和覆土、气体收集系统、气体控制罩、生物覆盖层。这些源头控制技术的应用可以有效地减少填埋臭气的产生量，从而降低填埋场对环境和公众健康的影响。源头控制技术通常与其他控制措施（如气体收集和处理系统）结合使用，以获得更好的臭气控制效果。填埋场经营者和相关管理部门应根据具体情况选择和实施适合的源头控制技术，并定期监测和评估其效果。完善的排放控制技术应该包括气体收集系统、气体处理技术、建立排放管道和烟囱系统、建立监测系统。排放控制技术的应用可以有效地降低填埋臭气对环境和公众健康的影响。填埋场经营者和相关管理部门应根据填埋场的规模和特点选择适当的排放控制技术，并确保其设计、建设和运营符合相关的环境法规和标准。定期监测和维护是必要的，以确保排放控制技术的有效性和持续性。此外，公众参与和信息披露也是填埋臭气控制的重要方面，以增加透明度、建立信任和促进环境保护。

随着环境保护和公众健康意识的提高，以及科学技术的不断更新换代，更多的新兴技术被运用到填埋臭气控制技术中。比如利用信息化技术建立了有效的数据收集和分析系统，实时监测填埋臭气的排放和控制效果。通过对数据的分析，可以识别潜在的问题和改进的机会，并制定相应的改进措施。数据分析还可以帮助优化控制系统的操作参数和运行策略，以提高控制效率和经济性。

6.3　填埋渗滤液产生特性

6.3.1　填埋渗滤液主要成分

填埋渗滤液指在固体废物填埋过程中所生成的一种混合液体。其主要成分包括有机物、重金属、氮、磷、氨氮、难降解有机物、微生物、悬浮物等。这些成分主要来源于填埋废弃物的生物化学反应、水分渗透、沥滤等过程。

首先，填埋渗滤液中的有机物，主要来自填埋废弃物中的有机废弃物在填埋过程中发生的分解反应产生的分解产物。这些有机物包括有机酸、醇、醛、酮、酯等，它们对于填埋渗滤液的理化性质具有重要的影响。其次，填埋渗滤液中的重金属是指镉、铬、铜、镍、铅和锌等，具有潜在环境危害的金属离子，它们主要来自金属废弃物的溶解与渗出。这些重金属离子对于环境和生态系统具有潜在的危害。

填埋渗滤液中的氮和磷，主要来自填埋废弃物中的有机氮和有机磷化合物的分解以及生物降解过程。氮和磷在填埋渗滤液中主要以铵盐、硝酸盐及磷酸盐的形式存在，它们的监测和去除对于填埋场渗滤液处理工艺的设计和优化具有重要意义。填埋渗滤液中的氨氮是指填埋废弃物分解、腐败过程中所释放的氨气在渗滤液的水溶液中产生的氨和氨基化合物，这些氨基化合物不仅对环境构成氮污染，也会导致水体产生恶臭。再者，填埋渗滤液中的难降解有机物包括多环芳烃、多氯联苯等，这些物质具有较高的毒性和生物寿命，难以在短时间内降解，对生物体和水环境具有潜在的危害。

除了上述成分外，填埋渗滤液中还存在微生物、悬浮物等，微生物的存在与繁殖会导致填埋渗滤液中的有机物被降解成更加稳定的物质，同时也会使渗滤液的生化特性发生变化。而悬浮物则会增加填埋渗滤液的浊度和污染性，对水体造成机械污染。

总之，填埋渗滤液的成分复杂多样，其性质与含量的不同都会对填埋渗滤液的处理和资源化利用提出各种挑战。因此，了解填埋渗滤液的主要成分及其特性，对于深入研究填埋渗滤液的处理和资源化利用技术，具有非常重要的意义。

6.3.2 填埋渗滤液产生机制

填埋渗滤液是指在固体废物填埋过程中，由于降雨、垃圾内含水分及废弃物有机物质的生物分解等因素形成的复杂混合液体。其产生机制是一个非常复杂的过程，涉及废弃物的分解、水分渗透、沥滤等多种环境因素和化学反应。

填埋渗滤液的产生主要是由填埋废弃物中的有机物质在填埋过程中的生物降解所产生。有机废弃物在填埋过程中会发生生物化学分解反应，微生物分解有机物产生出大量的有机酸、醇类、脂肪酸等化合物，这些化合物能够溶解于水，形成渗滤液。其次，填埋过程中的水分渗透也是填埋渗滤液产生的重要原因。通常情况下，填埋场会因为雨水的渗入产生大量的填埋渗滤液。此外，填埋废弃物本身也会含有一定的水分，当水分与有机废弃物发生作用时也会生成渗滤液。

此外，填埋渗滤液也会通过沥滤过程产生。填埋废弃物中的水分会在重力作用下沥出，特别是在压实的填埋垃圾层之间，形成具有一定污染性质的渗滤液。填埋渗滤液的生成还与填埋场的渗透液处理系统有关。在填埋场内，垃圾的压实、机械作用、不均匀沉降等因素可能会导致填埋渗滤液的生成与积聚。随着填埋渗滤液的生成和积聚，温度因素也将影响填埋渗滤液的化学成分和生化反应。填埋场环境下的微生物活动、有机物分解进程等都会受到温度的影响，从而影响填埋渗滤液的成分和产生过程。在填埋过程中，填埋渗滤液产生的机制受到众多因素的影响，并随着时间的推移而不断演变。因此，对填埋渗滤液产生的机制进行深入研究，并实时监测和分析填埋渗滤液的产生过程，对有效地预防填埋渗滤液的产生和积累，降低对环境和生态系统造成的影响至关重要。

总的来说，填埋渗滤液的产生机制是一个复杂的过程，受填埋废弃物的性质、环境因素、化学反应、微生物活动等多方面因素的综合作用。对填埋渗滤液产生机制进行深入研究，有利于预测渗滤液的生成趋势，制定相应的预防控制策略，并为填埋渗滤液的处理和资源化利用提供科学依据。未来的研究还可以通过对填埋渗滤液产生机制的进一步探索，结合微生物、生物、化学、水文地质等多学科交叉研究，以期全面理解填埋渗滤液产生机制，为填埋场渗滤液的有效管理和污染治理提供更为精准和可行的方案。

6.3.3 填埋渗滤液污染风险评估

填埋渗滤液是指在废弃物填埋过程中，由于降雨或填埋废弃物中的水分产生的含有可溶性有机物、无机盐和微生物的液体。在填埋过程中，填埋渗滤液会通过填埋物质中的通道和孔隙，将其中的有害物质溶解并带到地下水和地表水中。因此，填埋渗滤液的污染风险是废弃物填埋处理中需要重点关注和评估的问题之一。

填埋渗滤液的产生机制是多方面的，首先是填埋过程中废弃物中的有机物和微生物在水的作用下产生溶解，形成有机酸和氨氮等物质。其次，填埋过程中的降雨会渗入填埋物质中，将其中的溶解物质冲刷出来形成渗滤液。此外，填埋渗滤液的产生还与填埋场地的地下水位、地质构造和降雨量等因素有关。填埋渗滤液中的污染物主要包括重金属、有机物和微生物等。这些污染物对地下水和地表水的污染风险非常高，特别是在没有科学有效的控制和处理情况下。重金属对水生生物具有毒害作用，有机物在分解过程中会消耗水中的溶解氧，导致水质恶化，而微生物对有机物的分解则可能生成挥发性有机化合物和酸性物质，进一步危害水体环境。

因此，对填埋渗滤液的污染风险进行评估至关重要。评估的内容主要包括填埋场地质情况、降雨量、渗滤液污染物的种类和浓度等方面。通过对污染物的迁移模拟和地下水模拟，可以评估填埋渗滤液对地下水和地表水的污染程度和范围，为制定污染物排放标准和污染物处理方案提供科学依据。

在填埋渗滤液产生的同时，也需要进行渗滤液的有效处理和资源化利用，以减少对环境的污染。在实际操作中，可以采用生物法、化学法和物理法等多种方法对填埋渗滤液进行处理，将其中的有害物质去除或转化，实现渗滤液的净化和资源化利用。同时，也需要制定相关的政策和标准，规范填埋渗滤液的处理和利用，并对处理和利用过程中可能产生的副产物进行监管和控制，以确保对环境和人体健康的影响降到最低。此外，在填埋渗滤液的资源化利用方面，可以将经过处理的渗滤液中的水分和有机物利用为生物气、生物肥料等产品，从而实现资源的回收利用，减少固体废物填埋所带来的环境负面影响。同时，也可以将处理后的渗滤液用于农田灌溉和城市绿化等方面，实现水资源的节约和循环利用。

对于填埋渗滤液的污染风险和资源化利用，需要在政策、科技和管理等多个层面进行综合施策。在政策上，应当制定针对填埋渗滤液排放、处理和利用的法规和标准，明确相关部门的管理职责和监督机制，制定相应的惩罚和激励措施，以保障填埋渗滤液处理和利用的合规性和效果。在科技上，需要加大对填埋渗滤液处理和资源化利用技术的研发和推广，提高处理效率和资源化利用水平，降低处理成本和环境风险。在管理上，需要建立健全的填埋渗滤液排放监测和信息公开制度，对填埋渗滤液排放企业进行监督检查和信息披露，鼓励企业采取自愿性的环保行动，保障填埋渗滤液排放的公开透明和社会监督。

综上所述，填埋渗滤液的污染风险和资源化利用是固体废物填埋处理中的重要课题，对此需要进行严格的风险评估和科学的资源化利用，以实现废弃物填埋处理的可持续发展和环境友好性。同时，也需要政府、企业和社会各界的共同努力，形成合力，有效应对填埋渗滤液带来的环境挑战，推动废弃物管理向着更加可持续和环保的方向发展。

6.4 填埋渗滤液资源化利用

6.4.1 填埋渗滤液应用技术

当谈论填埋渗滤液的应用技术时，主要侧重于对填埋渗滤液进行处理和资源化利用的技术。在目前的环境保护和可持续发展的背景下，填埋渗滤液应用技术的发展至关重要。以下是一些主要的填埋渗滤液应用技术：

① 生物处理技术：生物处理技术是一种利用微生物对填埋渗滤液中有机物和氮、磷等营养物进行降解的方法。例如，利用厌氧和好氧生物反应器进行处理，微生物可以降解有机物，将氨氮、硝酸盐和磷酸盐转化为氮气和二氧化碳。这种技术能够有效地降解填埋渗滤液中的有机物和氮、磷等养分，减少对环境的污染。

② 化学处理技术：化学处理技术主要包括氧化法、还原法和沉淀法等。例如，利用氧化法可以将填埋渗滤液中的重金属离子转化为沉淀物或凝胶物，从而实现重金属的去除；而还原法可以将填埋渗滤液中的氮氧化物还原为氮气放出，从而减少氮污染。这些技术对填埋渗滤液中的重金属和氮、磷等营养物的处理有一定的效果。

③ 膜分离技术：膜分离技术主要包括微滤、超滤和反渗透等技术。通过使用不同孔径的膜分离填埋渗滤液，可以实现对有机物、重金属和溶解性盐等物质的有效分离和浓缩，从而达到净化填埋渗滤液的目的。这些技术可以高效地处理填埋渗滤液，减少环境污染。

④ 离子交换技术：离子交换技术是利用高效离子交换树脂对填埋渗滤液中的重金属离子和氨氮等进行去除和回收的技术。这种技术对填埋渗滤液中的重金属和氨氮等有一定效果，可以减少对环境的危害。

⑤ 微生物燃料电池技术：将填埋渗滤液中的有机物溶解成可作为燃料的废水，将其用于微生物燃料电池中，利用微生物对有机物进行氧化还原反应来产生能量。这种技术能够将废水资源化并产生能源，实现填埋渗滤液的资源化利用。

这些技术能够在一定程度上对填埋渗滤液中的有机物、重金属、氮、磷等进行处理和回收，减少对环境的污染。但需要注意的是，针对填埋渗滤液应用技术的选择，应根据填埋渗滤液的具体特性和含量进行评估，以确保所选技术能够有效地处理渗滤液中的污染物，并且需要考虑经济性和环境友好性。此外，在填埋渗滤液的应用技术中，技术的综合利用也很重要。可以将生物处理技术、化学处理技术、膜分离技术等技术相结合，通过联合运用，实现填埋渗滤液的高效处理和资源化利用。同时，填埋渗滤液的应用技术也需要与现行的环境法规、标准和管理政策相结合，保障技术的实施符合监管要求。

填埋渗滤液应用技术的研究与发展需结合当前的科学技术水平和环境保护需求，注重创新和实用性。同时，需要在技术开发过程中，注重对技术的成本效益和环境风险进行评估，确保技术的可行性和可持续性。总之，填埋渗滤液应用技术的研究与应用对减少填埋渗滤液对环境的影响，实现资源化利用具有重要意义。通过不断创新和应用科学技术，可以更加有效地处理和利用填埋渗滤液，为促进环境保护和资源可持续利用做出贡献。

6.4.2 填埋渗滤液应用相关政策及标准

近年来，垃圾填埋渗滤液处理的相关政策及标准得到了日益重视和不断完善。垃圾渗滤液处理行业在政策支持下得到了推进，通过国家层面的指导和政策支持，垃圾渗滤液处理行业的发展态势呈现出一系列变化。

国家层面对垃圾渗滤液处理行业的政策及标准不断出台和完善。在《中华人民共和国固体废物污染环境防治法》《环境影响评价法》《招标投标法》和《水污染防治法》等相关法律中，不断加强对垃圾渗滤液处理的监管和控制，确保其排放符合国家标准。此外，各地区也发布了一系列针对垃圾渗滤液的地方性政策，对渗滤液处理的要求逐步提高，目的在于推动垃圾渗滤液处理的技术升级和发展。例如，安徽省的某个生活垃圾焚烧发电项目，进行了垃圾渗滤液处理的扩建工程，要求其排放浓度符合现行国家标准，遵循示范园区的标准和要求，体现了对垃圾渗滤液处理工艺的规范要求。

其次，对于垃圾填埋场渗滤液处理的行业现状，政府部门也在积极推动督导和改善。在国家中央生态环境保护督察的推动下，各地地方政府积极制定整改方案，确保填埋场的渗滤液处理达标排放。例如，景德镇市针对垃圾填埋场渗滤液的改造进行了视察，并力争在规定时间内达到标准排放要求。在这个过程中，对于旧的填埋场和填埋场的改造，政府和相关主管部门要求其针对国家标准进行整改和提标工作，例如上海老港垃圾填埋场的提标改造、景德镇市的示范项目改造以及针对高毒性垃圾渗滤液的处理，都是政策实施的具体体现，也是对填埋场渗滤液处理行业规范化的有力推动。

在标准的细则方面，根据全国统一标准，垃圾填埋场渗滤液的处理应坚持严格的排放标准。例如在综合排放标准的一级标准下，限制垃圾渗滤液中氨氮含量在 35mg/L 以下，总磷在 2mg/L 以下，总氮在 40mg/L 以下等。这些标准的制定旨在保障周围环境的水质安全，有效减少对生态环境的影响。

新标准对垃圾渗滤液的处理工艺也提出了更高的要求。对于现有填埋场，要求提高现有处理工艺，确保处理效果达标，不得随意排放未经处理的垃圾渗滤液。对于新建填埋场，则要求在规划设计初期就考虑渗滤液处理工艺的布局和投资建设，确保在填埋场运营初期就可以达到国家排放标准。此外，政策还鼓励填埋场站点采用先进的蒸发结晶、生化处理等技术，以确保渗滤液在处理过程中达到国家排放标准。

政策要求各地填埋场逐步进行技术升级和设施改造，以满足新标准的要求。政策鼓励填埋场引进更加节能、环保的垃圾渗滤液处理设备，并对设施建设给予支持。此外，政策还要求加大科技研发和技术创新力度，推动填埋场渗滤液处理技术的不断提高。

政策要求加强对填埋场渗滤液处理的监管力度，加大执法力度，提高对违规排放行为的处罚力度。同时，政策鼓励对渗滤液处理设施的技术投入，包括设备更新、技术改进等，并鼓励各地开展相关的科技攻关，保障填埋场的渗滤液处理水平。

政策要求各地公开填埋场渗滤液排放数据和治理效果，接受社会监督。同时，政策鼓励填埋场与当地相关环保组织、社会团体和企业进行合作，推动渗滤液处理工作的开展，促进填埋场的社会责任落实。

总体而言，近年来垃圾填埋渗滤液应用相关政策及标准，更加注重对渗滤液处理的严格要求，涉及排放标准、处理工艺、技术升级与改造、监管及投入、信息公开和社会参与等方面，并对填埋场的新建与改扩建都作出了更为严格的规定，以确保渗滤液处理工作符合国家标准，并最终保护周围环境的安全。

本章小结

1. 填埋臭气主要成分包括硫化氢、甲烷、氨气、挥发性有机化合物、氮氧化物等，这些成分的来源和臭味特征各异，对环境和人类健康产生重要影响。

2. 填埋臭气的产生机制涉及生物降解和化学反应过程，以及环境因素如温度、湿度和氧气供应的影响，这些因素共同作用导致臭气的产生。填埋臭气的污染风险评估包括对气候、空气质量、人体健康及生态环境的影响，采取措施控制和减少臭气排放对环境和人类健康至关重要。填埋臭气控制包括源头控制技术和排放控制技术，这些技术可以减少填埋臭气的产生和扩散，保护环境和人类健康。

3. 填埋渗滤液的主要成分包括有机物、重金属、氮、磷、氨氮等，其产生机制涉及生物化学反应、水分渗透等过程。填埋渗滤液的污染风险评估包括对地下水和地表水环境的风险，采取有效处理和资源化利用技术可以减少对环境的污染。填埋渗滤液的处理和资源化利用技术包括生物处理技术、化学处理技术、膜分离技术等，这些技术可以有效处理渗滤液中的污染物，并减少对环境的危害。

4. 填埋渗滤液的应用技术需遵循相关政策和标准，包括排放标准、处理工艺等，以确保渗滤液处理工作符合国家标准，保护周围环境的安全。

复习思考题

1. 请列举填埋臭气的典型成分，并解释它们的主要来源。
2. 描述填埋臭气的产生机制，包括生物降解过程和化学反应过程。
3. 解释环境因素如何影响填埋臭气的产生，包括温度、湿度和氧气供应的影响。
4. 简述填埋臭气的污染风险，包括对气候、空气质量、人体健康和生态环境的影响。
5. 描述填埋臭气源头控制技术和排放控制技术的区别和各自的作用。

参考文献

[1] 吴祖力，陈凤凯，肖光婷. 生活垃圾填埋场产生的臭气防治方法研究[J]. 山东化工，2021，50(17)：268-269.

[2] 杨雪锋，蒋晴月. 邻避冲突的化解之道——来自杭州天子岭垃圾填埋场绿色转型调查[J]. 上海城市管理，2023，32(05)：76-83.

[3] 郭楠，宋薇，伏凯. 我国农村生活垃圾填埋技术应用现状与特征分析[J]. 环境卫生工程，2023，31(04)：90-94，100.

[4] 张芳. 基于不确定性的废物填埋场地下水污染风险评价模型研究[J]. 环境科学与管理，2023，48(08)：189-194.

[5] 李永涛，曾庆东，谢宗艺，等. 农村有机垃圾处理技术及方案探讨[J]. 现代农业装备，2023，44(05)：64-67，76.

[6] 于玉彬，宋灿辉，王旭平. 生活垃圾填埋场封场渗滤液处理技术探讨[J]. 现代化工，2023，43(S1)：105-107.

[7] 袁宗胜，刘芳，袁月，等. 城市固体废物臭气治理技术研究进展[J]. 资源节约与环保，2023(07)：64-68.

[8] 李桂标，张玉飞，王甲. 原生垃圾零填埋后填埋场渗滤液处理厂运营管理研究——以华南某城市三个渗滤液处理厂为例[J]. 广东化工，2023，50(16)：142-144.

[9] 丁西明，马冬杰，康建邨，等. 老龄化垃圾填埋场渗滤液全量化处理工程实例[J]. 中国给水排水，2023，39(12)：90-94.

[10] 邓星亮，杨安富，杜涛，等. 海南省三座典型垃圾填埋场渗滤液及周边地下水中抗生素的污染特征研究[J]. 环境科学研究，2023，36(09)：1779-1790.

[11] 陈永杰. “无废城市”离我们还有多远？[N]. 北京科技报，2022-11-14(018).

[12] 刘雅巍，孙建升，郑娜．城市垃圾渗滤液主要成分的测定[J]．山西建筑，2011，37(17)：194-195.
[13] 张道安．生活垃圾填埋场渗滤液处理技术的研究[J]．居舍，2018(18)：188-129.
[14] 鲁波．垃圾渗滤液处理中膜分离技术的应用[J]．资源节约与环保，2021(12)：85-88.
[15] 杨保月．城市垃圾填埋场垃圾渗滤液处理技术的应用[J]．资源信息与工程，2016，31(06)：182-183.
[16] 张燕燕，郑志宏，刘红亮，等．中国垃圾渗滤液产生现状及处理展望[J]．重庆大学学报，2023，46(06)：76-88.

第 7 章

固体废物厌氧发酵处理技术

学习目标

1. 理解生物燃气制备的基本原理，了解在生物燃气生产过程中参与的微生物种类、其生长条件以及相互作用，深入了解生物燃气制备中的厌氧发酵反应过程如底物的降解和产物的生成机制。

2. 学习不同类型的厌氧发酵工艺，如常温厌氧发酵、中温厌氧发酵、高温厌氧发酵、单相厌氧发酵、两相厌氧发酵、湿式厌氧发酵、干式厌氧发酵、间歇式厌氧发酵工艺和连续式厌氧发酵工艺等，了解各发酵工艺的设计原理、优缺点以及其在实际生产生活中的应用。

3. 了解生物燃气的生产、处理和利用过程，学习如何有效地将生物燃气用于燃烧以产生热能或发电；了解如何通过提纯技术将生物燃气中的杂质和有害成分去除，以提高其质量和价值，学习并了解各种提纯和分离技术，如水洗法、化学吸收法、PSA 法和膜处理法等。

4. 全面了解中国生物燃气产业的政策环境和产业现状，理解国家法律对生物燃气产业的规范和支持程度，熟悉发展规划和产业指导政策，掌握政府对生物燃气产业的发展目标、方向和支持措施，以及政府鼓励企业投资和创新的政策措施；了解中国农村户用沼气和大型沼气工程的发展现状，及其在生物燃气产业中的地位和作用；分析生物燃气产业化发展的障碍，包括技术、资金、市场、政策等方面的问题，以及提出解决这些障碍促进产业健康发展的对策和建议。

7.1 生物燃气制备的厌氧发酵理论

生物燃气制备的厌氧发酵理论是指微生物在无氧条件下分解有机废物生产沼气的过程。该理论以生物学、化学和物理学等多学科知识为基础，涉及微生物的新陈代谢特性、有机物分解动力学、反应速率和基本热力学等方面。在厌氧发酵的过程中，有机物质被微生物转化为可燃性气体，主要成分是甲烷（CH_4）和二氧化碳（CO_2），并可以通过不同的菌种组合来实现有机物分解和沼气生成的优化。此外，温度、pH 值、水分和营养物质等环境因素也会影响该反应的速率和效率。该理论的实践意义非常重要，对废弃物资源化利用、清洁能源替代和环境保护等方面具有广泛的应用前景。例如，农村生活污水、畜禽粪便、农业秸秆和城市垃圾等废弃物都可以通过厌氧发酵技术转化为沼气，并用于供暖、照明和烹饪等方面。生物燃气制备的厌氧发酵理论的研究和应用，为推进可持续发展、能源转型和环境保护等方面贡献了重要的思路和实践方法。目前对厌氧消化的解释包括二阶段理论、三阶段理论和四阶段理论。

(1) 二阶段理论

1906 年，Thumm、Reichie（1914）和 Imhoff（1916）提出二阶段理论，后经 Buswell、NeaVe 完善而成。二阶段理论是生物燃气制备过程中的一种重要理论，旨在提高厌氧发酵产沼气的效率和稳定性。该理论将沼气发酵过程分为两个阶段进行控制和优化，分别是产酸阶段（acidogenic phase）和产气阶段（methanogenic phase）。

在产酸阶段，有机废弃物被厌氧发酵微生物转化为低分子有机酸，如乙酸、丙酸等。这一阶段主要通过厌氧发酵微生物进行，需要提供适宜的温度、pH 值和水分等环境条件。酸化阶段的关键是有效地分解有机物质，产生足够的有机酸作为后续甲烷生成的底物。

在产气阶段，酸化产生的有机酸和醇类被另一组厌氧发酵微生物进一步转化为甲烷和二氧化碳、氢气和硫化氢。这一阶段需要提供适宜的温度和 pH 值，并控制好有机物质的负荷和停留时间等参数。甲烷生成阶段的关键是利用特定菌种进行甲烷生成反应，将有机酸转化为可燃性气体。

二阶段理论的实施可以有效地控制沼气发酵过程中产物比例和反应速率，提高沼气产量和质量稳定性。它在生物燃气产业中得到广泛应用，尤其适用于处理难降解有机废弃物和高浓度有机物质的情况。通过合理的调控和管理，二阶段理论能够使生物燃气产业更加高效、环保和可持续。

如图 7-1 为沼气发酵过程二阶段理论示意图。

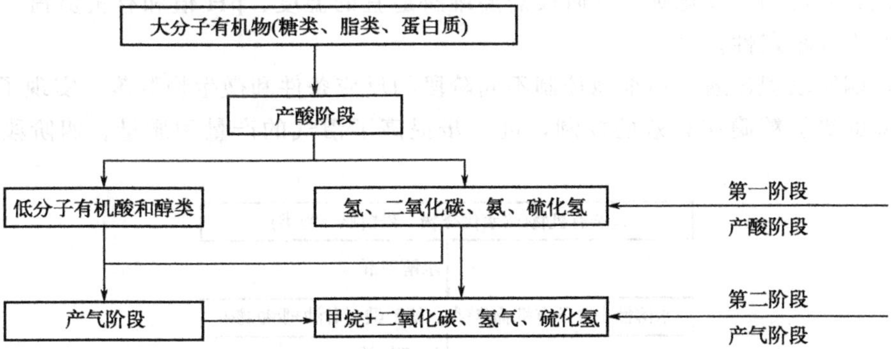

图 7-1　沼气发酵过程二阶段理论示意

(2) 三阶段理论

随着厌氧发酵研究的不断深入，人们对厌氧消化过程的生物学和生化反应过程的认识不断加深。1979 年，Bryant 在二阶段理论的基础上提出了更为复杂和精细的三阶段理论。该理论将厌氧发酵分为液化、产酸和产甲烷三个阶段进行控制和优化。

第一阶段过程中，水解发酵菌群利用水解酶将复杂大分子有机物水解并转化为可溶于水的小分子有机物，以及氢气和二氧化碳等。第二阶段产氢产乙酸菌群发挥作用将第一阶段产生的丁酸、丙酸、醇类等小分子有机酸、醇物质分解成乙酸和氢气等。然后第三阶段产甲烷菌群将第二阶段的产物包括氢气、二氧化碳及乙酸等转化成甲烷。

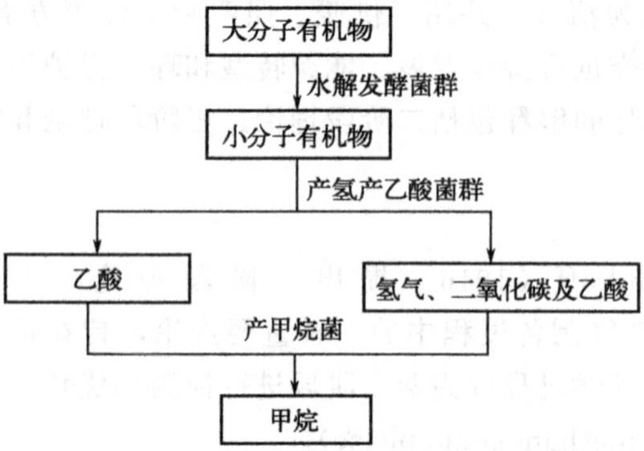

图 7-2　沼气发酵过程三阶段理论示意

总之，三阶段理论通过调整和优化厌氧发酵过程中的微生物群落、环境条件和底物负荷等参数，实现了对生物燃气产生不同阶段的精细控制和优化，从而提高了沼气产量和质量稳定性，同时也使该理论在生物燃气产业中得到广泛应用。

三阶段理论强调氢的形成和利用在厌氧消化中的重要性，较好地解决了二阶段理论的矛盾，是目前人们广泛应用的一种研究较为透彻的理论，三阶段理论如图 7-2 所示。

（3）四阶段理论

四阶段理论是生物燃气制备过程中的一种进阶理论，相较于三阶段理论更为精细和全面。它将沼气发酵过程分为四个关键阶段进行控制和优化，包括亚酸化阶段、醋酸阶段、甲酸阶段和甲烷生成阶段。在亚酸化阶段，有机废弃物被厌氧微生物转化为挥发性脂肪酸（VFA），如乙酸、丙酸和丁酸等。此阶段要求控制反应器内的 pH 值在 5.0～6.0 之间，以促进 VFA 的生成。同时，适当调整温度和有机负荷，维持良好的微生物环境。醋酸阶段是继亚酸化阶段后的一个重要阶段。VFA 在醋酸阶段进一步转化为醋酸，通过微生物群落的作用，最大限度地利用有机物质。此阶段需要控制适宜的氢气压力和温度，并加强搅拌，以提高反应效率。甲酸阶段是接下来的一个关键步骤，醋酸在此阶段被转化为甲酸。这个过程需要控制好适宜的温度、pH 值和搅拌强度，以促进微生物的活性和甲酸的生成。最后，甲烷生成阶段是沼气产生的最后一个阶段。在该阶段，甲酸及其他有机物质通过甲烷生成菌的作用，转化为甲烷和二氧化碳。此阶段需要维持适宜的温度、pH 值和有机负荷，以确保高效的甲烷产率和稳定性。

总之，四阶段理论通过精细地控制不同阶段的反应条件和微生物群落，实现了对生物燃气产生过程的更加精确和有效的控制，进一步提高了沼气的产量和质量。四阶段理论如图 7-3 所示。

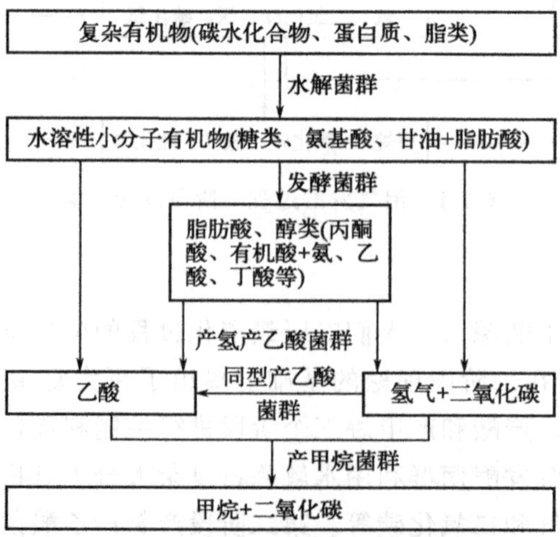

图 7-3　沼气发酵过程四阶段理论示意

7.2　生物燃气制备的厌氧发酵工艺

厌氧发酵工艺是指通过微生物的新陈代谢对有机废弃物进行厌氧发酵产生沼气的技术。近年来，由于可再生能源的开发和利用以及保护环境的需要，厌氧发酵技术发展迅速，并得到科学研究的支持。根据不同的发酵原料和发酵条件，采用了不同的发酵工艺。但是，一个完整的沼气发酵项目，无论规模大小，都包括原料（废水）收集、预处理、厌氧发酵、废水后处理以及沼气处理和储存过程。

生物燃气制备的厌氧发酵工艺有很多分类方法，根据不同的分类方法，厌氧发酵被分成不同的发酵工艺。最常用的分类方法是按运行温度分类，可以分为常温厌氧发酵、中温厌氧发酵和高温厌氧发酵三类；此外，根据发酵步骤中反应器的不同，可细分为单相厌氧发酵和两相厌氧发酵；根据物料固体含量的不同，可细分为湿式厌氧发酵、干式厌氧发酵；根据进料方式不同可分为间歇式厌氧发酵工艺、连续式厌氧发酵工艺。

7.2.1　常温厌氧发酵、中温厌氧发酵和高温厌氧发酵

温度是沼气发酵的重要影响因素，温度适宜时发酵微生物繁殖旺盛、活性强，沼气发酵进程迅速，产气效果好；反之，温度不适宜，沼气发酵进程慢，产气效果差。沼气发酵微生物在 8～65℃的温度范围内进行代谢活动，均能发酵产生沼气，效果随温度变化而变化，但不是线性关系。人们根据发酵温度将沼气发酵划分为常温发酵（8～26℃）、中温发酵（28～38℃）和高温发酵（46～65℃）三个区，将厌氧发酵工艺分为常温（低温）厌氧发酵工艺、中温厌氧发酵工艺和高温厌氧发酵工艺。

（1）常温（低温）厌氧发酵工艺

常温厌氧发酵是指在自然温度下进行的沼气发酵，发酵温度会随气温变化，我国农村多采用这种工艺。其发酵温度因气温、地温的变化产生差异，料液温度最高时为 25℃，低于 10℃时，产气效率低下。与高温厌氧发酵相比，常温发酵具有温度适应性广、能耗低、操作简单等优点，适用于处理多种有机废弃物，并且在寒冷地区更为适用。目前，常温厌氧发酵工艺常被应用于城市有机废弃物处理、农村生活垃圾处理和工业废水处理等方面。总之，常温厌氧发酵工艺是一种具有广泛应用前景的生物燃气制备技术，可以解决有机废弃物处理和能源化利用的问题，同时减少环境污染和温室气体排放。

（2）中温厌氧发酵工艺

目前，大中型沼气工程实施中普遍采用中温厌氧发酵，经过多年的研究和发展，中温厌氧发酵已成为应用最广泛的厌氧发酵工艺。与高温厌氧发酵相比，中温发酵具有更稳定的菌群活性和产气效率，操作相对简单，适用于处理多种有机废弃物，如农业废弃物、食品加工废弃物等。中温厌氧发酵可有效处理城市产生的有机废弃物，如餐厨垃圾、污泥等，将其转化为可再生能源沼气，实现能源化利用和减少环境污染。对于农村地区，中温厌氧发酵可处理农业废弃物、畜禽粪便等有机废弃物，减少污染和废弃物的排放。中温厌氧发酵还可以用

于食品加工废弃物处理，如豆腐渣、酒糟等，减少废弃物排放，同时实现能源回收。

与低温和高温厌氧发酵相比，该工艺发酵速度稍慢，产气率较低，但能耗较低，沼气发酵一般可维持在较高水平，产气速度相对较快，且物料基本未经处理，可保证全年稳定运行。

(3) 高温厌氧发酵工艺

高温厌氧发酵工艺与中温厌氧发酵工艺在反应速率、有机负荷、稳定性等方面存在较大差异。与中温厌氧发酵相比，高温厌氧发酵拥有更高的反应速率和产气速率，微生物拥有更高的活性，如驯化良好的高温厌氧细菌的代谢速率可以比中温（35℃）厌氧细菌提高50％～100％。中温厌氧发酵的滞留时间大多在20～30d，而高温厌氧发酵大多只需要10～15d。此外，高温厌氧发酵在有机负荷方面比中温厌氧发酵更具优势。高温厌氧发酵可以承担更高的有机负荷，一般可以达到中温厌氧发酵的2～3倍。采用高温发酵可以有效地杀灭各种致病菌和寄生虫卵，即短时间内可实现病原体的灭活，从除害灭病和发酵剩余物肥料利用的角度看，选用高温发酵是较为实用的。但要维持消化器的高温运行，需要消耗巨大的能量，工艺更难稳定运行，对于氨氮等抑制因子的抵抗性较差。在处理高氨氮或易腐蚀有机物时，高温厌氧发酵更易出现挥发性有机酸的积累，从而导致pH值下降、发酵过程失稳。相比于中温厌氧发酵，高温厌氧发酵还具有设备复杂、运行费用高等不足之处。

7.2.2 单相厌氧发酵工艺和两相厌氧发酵工艺

根据三阶段沼气发酵理论，可将发酵工艺分为单相厌氧发酵工艺和两相厌氧发酵工艺。

(1) 单相厌氧发酵工艺

单相厌氧发酵工艺是指在无氧环境下，在一个反应器中进行的生物转化过程，使整个沼气发酵的水解、产酸和产甲烷三个阶段在同一反应器内自行调节完成，因此单相发酵在成本和管理上相较其他工艺会更低。目前大多数厌氧发酵工艺都属于单相厌氧发酵工艺。

单相厌氧发酵可用于高浓度有机废水（如酒精工业废水、食品加工废水等）的处理。通过发酵，有机废水中的有机物质可以转化为沼气，同时减少废水的污染物浓度，实现废水的治理和能源回收。单相厌氧发酵也广泛应用于污泥处理。通过将污泥进行发酵，可以降解有机物质，减少臭味和体积，同时产生沼气用于能源利用。对于农村地区，单相厌氧发酵可处理农业废弃物、畜禽粪便等高浓度有机废弃物。该工艺还可以将有机废弃物转化为沼气，这是一种可再生能源，可以用于取暖、发电和替代化石燃料，减少对传统能源的依赖。单相厌氧发酵工艺是一种高效处理高浓度有机废弃物并实现能源回收的技术，具有广泛的应用前景，可在废水处理、污泥处理和农业废弃物处理等领域发挥重要作用。

(2) 两相厌氧发酵工艺

20世纪80年代，美国研究人员Ghosh等人提出了一种发酵工艺——两相发酵工艺，即在两个串联的反应器中通过水解、酸化和产甲烷进行相分离。在水解过程中，产酸池通常不封闭在全混合或塞流发酵装置中，产甲烷池则用于高效厌氧消化装置，如污泥床、厌氧过滤等，两者分工明确。该工艺中的产酸菌和产甲烷菌在最佳条件下生长，使其充分发挥各自的活性，提高处理效率，达到通过减少反应器容积来增加容积负荷的目的。该工艺的目的是提高容积负荷率，减少反应器容积，提高运行稳定性。

该工艺的关键因素之一是相分离。目前，所有的相分离方法通常都是基于两大类细菌在生理和生化特性上的差异。实现相分离的主要方法有物理化学方法和动力学控制方法。物理化学法选择性地促进产酸菌在产酸相反应器中的生长，而在一定程度上抑制产甲烷菌的生长，或者选择性地促进产甲烷菌在产甲烷相反应器中的生长，从而实现产酸菌和产甲烷菌的分离。动力学控制法利用产氧菌和产甲烷菌生长速度的差异，通过控制两个反应器中的有机物装载率、水力停留时间和其他参数，实现高效的相分离。由于产酸水解菌生长迅速，产酸周期短，酸化反应器容积小，产酸反应器具有很强的产酸作用，使发酵液的 pH 值降至 5.5 或以下，在此期间完全抑制了产甲烷菌的活性；产甲烷细菌生长速度慢，产气周期长，因此产甲烷反应器的容积往往是产酸反应器的 5～10 倍。两相的完全分离是难以实现的，所谓相分离只是让产酸相中的产酸菌成为优势菌种，产甲烷相中的产甲烷菌成为优势菌种。

目前，有关两相厌氧发酵的大多数研究都集中在如何将高效厌氧反应器和两相厌氧工艺有机地结合起来。任何类型的厌氧生物反应器，如厌氧接触反应器、厌氧生物滤池、上流式厌氧污泥床（UASB）、扩展颗粒污泥床（EGSB）、折流反应器（FFR）等，都可用于两相厌氧发酵工艺。产酸和产甲烷阶段所用反应器的形状可以相同，也可以不相同。例如，在处理果蔬废料和有机废料时，通常使用完全混合反应器作为产酸阶段的反应器，而使用具有升流式的厌氧污泥床作为产甲烷阶段的反应器。

7.2.3 湿式厌氧发酵工艺和干式厌氧发酵工艺

按照发酵物料固体含量的不同，可以将发酵分为湿式厌氧发酵工艺和干式厌氧发酵工艺。通常将发酵料液中固体含量低于 20%的厌氧发酵工艺称为湿式厌氧发酵，将固体含量在 20%～10%的厌氧发酵工艺称为干式厌氧发酵工艺。湿式发酵又称低浓度发酵，其优点是发酵物易于处理、转化率高，没有堵塞问题，发酵速率快，但产气量相对较低。干式厌氧发酵工艺相较于湿式厌氧发酵工艺其具有有机负荷高、污水处理量少、能耗低、工程占地少等优点，但是这种方式流动性差，输送搅拌困难，须严格控制 pH、温度等参数。在法国、德国已经有较成熟的干式厌氧发酵工艺。例如，比利时 Dranco 竖式推流发酵工艺、法国 Valorga 竖式气搅拌工艺等属于典型的单相干式连续工艺，德国 Biopercolat 工艺为典型的两相干式连续工艺。

7.2.4 间歇式厌氧发酵工艺、半连续式发酵工艺和连续式发酵工艺

根据投料方式的不同，可以将厌氧发酵工艺分为有间歇式厌氧发酵工艺、半连续式发酵工艺和连续式发酵工艺。间歇式厌氧发酵工艺是批量地将发酵原料投入沼气池后，待发酵完成将残留物全部取出后再成批投入新料，开始第二个周期，循环往复。这种方式常见于农村小型沼气池和实验室的物料发酵潜力测试实验。半连续式发酵工艺是定期（一般是每天）进料和出料，从而实现均衡产气。连续式发酵工艺是物料按发酵处理能力或设定的处理量连续地进料和出料。这种工艺稳定可控，通常用于处理有机污水。

7.3 生物燃气的能源化利用工艺

生物燃料气体通常称为沼气，是一种混合气体，其成分不仅取决于发酵原料的种类和相对丰度，还取决于发酵条件和发酵阶段。如果沼气的厌氧消化器处于正常稳定的发酵阶段，沼气的成分大致如下：甲烷（CH_4）50%～75%，二氧化碳（CO_2）25%～45%，水（H_2O）2%～7%，氮气（N_2）0%～2%，以及少于1%的氢气（H_2）、硫化氢（H_2S）等杂质气体。

沼气生产过程中产生的杂质会引起许多负面影响，例如，产生的水会与 H_2S、NH_3 和 CO_2 发生反应，导致压缩机、储气罐和发动机腐蚀，并在管道中积聚，在高压下凝结或冻结；CO_2 还会降低沼气的热值；此外，产生的灰尘会沉淀并堵塞压缩机和储气罐；硅氧烷燃烧时会形成 SiO_2 和微晶石英，沉淀物会造成火花塞、阀门和气缸盖表面磨损；卤代烃燃烧后会造成发动机腐蚀；O_2 含量过高容易引起爆炸；N_2 会降低沼气的热值；Cl^- 和 F^- 会造成内燃机腐蚀。

生物燃气热值介于 21～28MJ/m^3 之间，而 CH_4 的热值为 39.8MJ/m^3。目前，常见的生物燃气利用方式主要有通过锅炉的燃烧对用户进行供热、通过燃气透平发电并产生热量、作为燃料用作固体燃料电池等的低值利用方式和通过提纯方式用作车用燃料、并入天然气管网等的高值利用方式。

一方面，我国可用于生产沼气的生物质资源丰富，原料市场潜力巨大。另一方面，我国对天然气的高需求也为沼气的发展创造了有利的市场条件。以经济合理的方式将生物质资源加工成沼气，再结合能源用户设施的特点和需求，有针对性地对沼气进行加工提炼利用，是当今国内外最先进的沼气利用方式之一。沼气可以在初级加工后直接使用；也可以在进一步加工（如浅加工或深加工）后作为纯沼气使用；还可以加工并转化为高附加值天然气后高效使用；也还可以作为化工原料使用。沼气的不同用途对应不同的加工深度和生产成本以及不同的使用价值。一般来说，加工深度越大，成本越高，附加值也越高。沼气利用方法可分为四类：直接利用沼气、纯沼气利用、提炼成天然气后利用和作为化学原料利用。

7.3.1 生物燃气燃烧技术

生物燃气的燃烧技术主要为通过热水锅炉产生高温的蒸汽，进行集中供热或是作为燃料通过燃气透平、固体燃料电池进行热电联产。生物燃气通过锅炉燃烧的方式进行热量供给，由于热量为低品位的能量形式，造成高传输和辐射损失，导致热回收率低，而且直接燃烧沼气会导致温室气体和颗粒物污染等问题。

生物燃气在燃气透平进行原位的燃烧时可以联产电和热。一般来说，基于原料气体的低热值，热电联产的总效率可达70%～80%，其中发电效率约为30%～40%。而燃料电池技术的总效率可以达到80%以上甚至达90%，发电效率达到40%以上。

生物燃气的燃烧技术包括锅炉燃烧，锅炉燃烧与汽轮机结合发电等。

（1）锅炉燃烧

生物燃气可以直接用于锅炉的燃烧，为取暖和发电提供能源。在将生物燃气用于锅炉燃烧时，首先需要将生物质材料转化为生物燃气。通过厌氧发酵或沼气发酵的工艺，将生物质材料在无氧环境下分解产生甲烷等气体。这些气体经过处理后，去除其中的杂质和有害物质，以保证燃烧效率和安全性。净化后的生物燃气可以直接引入锅炉进行燃烧。生物燃气锅炉一般分为直接燃烧型和间接燃烧型两种。直接燃烧型锅炉将生物燃气直接引入炉膛燃烧，通过喷嘴和供气系统控制燃气的喷射和供气量，确保充分地燃烧和产生热能。间接燃烧型锅炉则使用燃气换热器，将生物燃气与工作介质（如水）进行换热，产生蒸汽用于发电。

生物燃气来源于生物质材料，具有可再生性，其直接用于锅炉的燃烧有助于减少对化石燃料的依赖，其燃烧过程中释放的 CO_2 相当于生物质材料在生长时吸收的 CO_2 量，几乎实现零排放，对环境友好，并且生物质材料广泛存在，如农作物废弃物、畜禽粪便等，资源可获取性高。生物质材料的供应量受季节、地域等因素影响，导致生物燃气的供应不稳定。同时，与传统燃料相比，生物燃气的生产和处理成本较高，增加了使用成本。另外，生物燃气中含有杂质和有害物质，需要经过净化处理才能安全使用，增加了处理工艺和设备的复杂性。

综上所述，将生物燃气引入锅炉进行燃烧，为取暖和发电提供能源的工艺方式具有可再生、环保低碳等优点，但也面临供应不稳定和成本较高等挑战。

（2）锅炉燃烧与汽轮机结合发电

直接利用生物燃气进行锅炉燃烧与汽轮机结合发电，是一种利用生物质材料转化为生物燃气，通过燃烧产生高温高压蒸汽驱动汽轮机发电的工艺。

在锅炉燃烧与汽轮机结合发电时，首先将生物质材料通过厌氧发酵或沼气发酵等过程转化为生物燃气。经过净化处理，去除其中的杂质和有害物质，得到纯净的生物燃气。然后，将生物燃气引入锅炉进行燃烧，产生高温高压蒸汽。燃烧后的废气经过处理，排放到环境中。最后，高温高压蒸汽驱动汽轮机旋转，产生机械能，进而驱动发电机发电。发电后的电力可以满足工业、商业和居民等不同领域的用电需求。

直接利用生物燃气进行锅炉燃烧与汽轮机结合发电是一种可再生、环保的能源化利用方式，它能通过锅炉燃烧产生蒸汽驱动汽轮机发电，实现热能与电能的双重回收利用。但面临供应不稳定、处理成本高、技术要求高、需要完善的设备和工艺控制等挑战。

7.3.2　生物燃气提纯技术和高值化利用

纯沼气的使用需要进一步升级，以减少或消除有害物质对耗能设备（如燃气发电机）的负面影响，主要用于燃气发电、作为工业炉的燃料，以及与优质燃料结合使用时作为天然气的替代品。沼气净化主要包括保留燃烧和助燃成分，包括 CH_4、H_2、O_2 和 CO，去除沼气中的 CO_2、H_2S、H_2O 和其他杂质。脱硫是为了防止 H_2S 腐蚀压缩机、储气罐和发动机，并防止 H_2S 中毒；同时，H_2S 在燃烧过程中会产生 SO_2 和 SO_3，而 SO_2 会降低露点，因此危害更大。除去水是因为 H_2O 会与 H_2S、NH_3 和 CO_2 发生反应，腐蚀压缩机、储气罐和发动机，同时为了防止沼气在高压下凝结或冻结也必须除去水。去除 CO_2 是因为 CO_2 会降低沼气的热值、能量密度和燃烧速率，并提高沼气的燃烧温度，因此必须去除 CO_2 才能使沼气达到天然气标准或在提炼后用作自产气。不同用途的生物甲烷产品具有不同的技术要求，对于用作管网天然气和车用燃气，要求甲烷产品的纯度（体积分数）高于98%，CO_2低于2%（体积分数），且压力达到200bar（1bar=100kPa）。目前，粗生物燃气提纯分离的常见方法主要有物理吸收法（如加压水洗、聚乙二醇二甲醚洗等）、化学吸收法［如MEA乙醇胺吸附液、MDEA（甲基二乙醇胺吸附液）等］、吸附法［如PSA（变压吸附）、TSA（变温吸附）及ESA（变电吸附）等］、深冷分离法、膜分离法以及催化转化法（如将CO_2通过催化加氢转化为CH_4）。根据国际能源署（IEA）2020年的最新报告和行业研究数据，欧洲目前的主流技术为加压水洗法（约占生物沼气提纯市场的35%～40%），变压吸附（PSA，占比约30%～35%）和化学吸收法（占比约20%～25%）。

我国的沼气技术，尤其是沼气提纯技术发展迅速，在短短的两三年时间里就形成了多种技术并存、多家生产商竞争的市场模式。生物天然气工程可分为三个主要部分，即预处理和厌氧发酵单元、沼气净化单元与沼肥生产单元。在沼气净化单元，主要是通过一些工艺手段去除沼气中的H_2S和CO_2，即脱硫和脱碳，以增加沼气中的甲烷含量，使其符合现行的天然气标准。由于沼气工程的预处理和厌氧发酵单元与沼肥生产单元是传统沼气工程中较为成熟的工艺环节，国内已经开展了大量的研究。沼气提纯单元的脱硫技术主要有干法脱硫、湿法脱硫和生物脱硫三种，国内的相关研究已经比较成熟，数量也较多。因此，目前我国在沼气领域应用较多的沼气提纯技术主要有胺洗法、水洗法、PSA法和膜处理法。

7.3.3 沼气提纯分离技术

（1）水洗法

水洗法是沼气提纯分离技术中一种常用的方法，通过将沼气与水进行接触和溶解，利用水的溶解性来去除沼气中的杂质和有害物质，提高沼气的纯度。水洗法主要包括吸收塔、水洗液循环系统和沼气处理系统等组成部分。首先，将沼气引入吸收塔中，与循环的洗涤液进行充分接触。在接触过程中，沼气中的CO_2、H_2S等酸性成分会在洗涤液中溶解，并与洗涤液中的碱性成分发生化学反应生成相应的盐类或其他化合物。然后，经过一定的时间和化学反应，洗涤液中含有大量地吸收了CO_2、H_2S等有害物质的溶液，需要进行再生和净化处理。可以通过加热、加碱等方式将吸收的有害物质释放出来，从而得到纯净的洗涤液。最后，通过沼气处理系统将提纯后的沼气送入利用设备或管道供应。

水洗法作为沼气提纯分离技术的一种常用方法，具有高效净化、简单操作和成本较低等优点，但也存在着能耗较高、产生废水和洗涤液回收难度较大等缺点。在实际应用中，需要综合考虑技术成本和环境影响，选择合适的提纯分离技术。

（2）化学吸收法

化学吸收法是通过使用特定的溶剂或吸收剂，将沼气中的有害成分与溶剂发生化学反应，从而实现对沼气中杂质的吸收和分离，提高沼气的纯度。化学吸收法主要包括吸收器、溶剂循环系统和沼气处理系统等组成部分。首先，含有CO_2、H_2S等有害成分的沼气引入吸收器，与溶剂进行接触。在接触过程中，溶剂中的化学成分会与沼气中的有害成分发生化学反应，形成相应的盐类或化合物。随后，经过一段时间的反应，沼气中的有害成分被吸收到溶剂中，而纯净的沼气则通过沼气处理系统进行收集和利用。溶剂中吸收的有害成分需要经过再生处理，去除吸收物质，得到可再循环使用的溶剂。最后，通过溶剂循环系统将再生后的溶剂送回吸收器，循环利用。

化学吸收法可以有效吸收沼气中的 CO_2、H_2S 等有害成分，提高沼气的纯度，使其更适合用作能源；还可根据不同的有害成分选择不同的溶剂，具有较强的适应性和处理能力。但同时化学吸收法对溶剂的选择和再生过程有一定的要求，增加了工艺复杂性，溶剂再生过程中需要耗费一定的能量和设备投资，增加了成本，使用和再生过程中还会出现损耗，需要进行处理和补充，增加了操作成本和环境影响。

(3) PSA

PSA (pressure swing adsorption，变压吸附) 法是指利用吸附剂对沼气中的杂质进行吸附分离，通过变化的压力来实现吸附剂的再生和循环利用。PSA 法主要包括吸附塔、压缩机、膨胀阀和控制系统等组成部分。首先，含有 CO_2、H_2S 等杂质的沼气进入吸附塔中，吸附剂会选择性地吸附沼气中的杂质。在吸附过程中，吸附剂对不同成分具有不同的吸附能力，从而实现对杂质的分离。随后，通过压缩机增加系统压力，使吸附塔中的吸附剂达到饱和吸附状态。接着，通过控制系统操作膨胀阀，降低系统压力，实现吸附剂的再生。在再生过程中，吸附剂释放吸附的杂质，并将其排出系统。最后，经过多个吸附塔的循环运行，同时采用交替操作，其中一个吸附塔吸附沼气中的杂质，另一个吸附塔进行再生。这样就实现了吸附剂的循环利用，同时稳定地提取纯净的沼气。

PSA 法具有较高的分离效率和选择性，可以有效地去除沼气中的 CO_2、H_2S 等有害成分，提高沼气的纯度，其工艺相对简单，操作方便，不需要复杂的溶剂循环系统，降低了设备投资和运营成本，并且该工艺通过变换压力来实现吸附剂的再生，不需要额外的能量投入，能耗较低。但是 PSA 法对吸附剂的选择有一定的要求，需要具有高选择性和较大的吸附容量，增加了工艺研究和开发的难度，同时在吸附剂的再生过程中，会产生一部分含有杂质的废气，需要进行处理和处置。在实际应用中，需要综合考虑吸附剂的性能、系统压力控制和废气处理等因素，选择合适的 PSA 工艺条件。

(4) 膜处理法

膜处理法是利用不同成分透过不同性质的膜进行分离。含有 CO_2、H_2S 等有害成分的沼气经过压缩处理后，进入膜分离系统。在膜分离过程中，通过物理或化学方法，将沼气中的杂质分离出来，实现高效纯化沼气。膜分离工艺的主要组成部分包括进气压缩机、热交换器、膜模块和控制系统。首先，进气压缩机将含有杂质的沼气压缩至一定程度，使其进入热交换器进行加热，达到较佳的温度条件后，进入膜模块进行分离。沼气在经过膜分离器中的膜模块后，杂质被截留，纯净的沼气被收集储存，从而实现了沼气的高效纯化。

膜处理法具有高效分离的特点，能够有效地去除沼气中的 CO_2、H_2S 等有害成分，提高沼气的纯度，其适用范围广，能源消耗较低，运行成本也相对较低。

由于膜的性能直接影响到分离效果，需要选用选择性高、通量大、稳定性好的膜材料；并且沼气中的含硫化合物等杂质会对膜材料造成损害，需要进行预处理，增加了工艺复杂度和成本，此外，膜分离工艺受温度、压力等多种因素的影响，操作难度较大，需要进行精细的控制。

除上述技术外，目前常用的沼气提纯技术还包括物理吸附法、低温法、深冷分离法等。每种技术都有其优缺点，在实际应用中，项目建设者必须选择最适合其情况的技术，根据面积、回收率要求、甲烷含量要求等项目建设需要选择，以达到最佳效果。

7.4 我国生物燃气政策与产业现状

7.4.1 我国生物燃气产业政策环境分析

生物燃气相关政策主要涉及规划部署、鼓励倡导、政策扶持、具体的管理条例及标准等，分布于产业链的各个环节，对推动生物燃气产业规范化发展具有重要意义。

（1）国家法律

我国一直很重视包括生物燃气在内的可再生能源的发展。《中华人民共和国农业法》（2012年修订）、《中华人民共和国退耕还林条例》两部法律法规中明确规定应发展生物燃气；《中华人民共和国可再生能源法》指出，国家支持并鼓励可再生能源的开发利用，并提出了可再生能源的目标规划和政策措施，其中，生物质能源的开发利用被视为可再生能源的重点之一；《中华人民共和国节约能源法》《中华人民共和国循环经济促进法》《中华人民共和国清洁生产促进法》（2012年修订）及《畜禽规模养殖污染防治条例》分别从节约能源、废物循环利用及综合利用等角度鼓励发展沼气，并提出税收优惠政策；《生物质能源产业发展指导意见》旨在推动生物质能源行业的发展，文件提出，要加快生物质能源产业技术创新和标准制定，加强产学研合作，同时加大政策支持力度，促进生物质能源的应用和推广。这些法律的颁布推动了生物燃气产业的发展，为生物燃气产业提供了一定的法律和政策环境，鼓励其发展和应用。这些政策措施旨在促进可再生能源利用、改善能源结构、推动农村农业废弃物资源化利用，同时也为国家各职能部门及地方政府制定相应的发展规划、管理条例及财税政策提供了法律依据。

（2）发展规划及产业指导政策

除国家立法外，农业农村部、国家发展和改革委员会、能源局等部委也从各主管领域的角度，结合我国沼气产业的发展现状及趋势制定了该领域一段时期内的发展规划。比如国家“十四五”规划中生物燃气作为可再生能源的重要组成部分，被纳入国家能源发展战略，重点支持沼气、生物天然气等生物质能的发展。规划明确了生物燃气在能源结构调整、农村废弃物处理以及碳减排等方面的多重价值，并制定了系统的发展路径和政策支持体系。根据国家发展和改革委员会等多个部门联合印发的《“十四五”可再生能源发展规划》，生物燃气被明确为“稳步推进生物质能多元化开发”的关键组成部分，旨在通过规模化、产业化发展，提升其在能源消费结构中的比重。规划特别强调了生物天然气（生物燃气的主要形式）的开发，将其定位为解决有机废弃物处理、提供清洁能源和促进农村循环经济的多赢方案。规划提出在示范县建设“年产千万立方米级”的生物天然气工程，形成规模化生产能力。通过重点区域布局，2025年，生物燃气将在县域能源体系中占据更重要的位置，为城市燃气管网补充清洁气源，同时服务于农村炊事、供暖等多样化用能需求。国家能源局《关于加快生物质能源发展的指导意见》中提到了生物燃气产业的发展，文件要求，要鼓励开发利用生物质废弃物、农业废弃物等资源，推动生物燃气产业的快速发展，具体措施包括：加强技术研发，促进标准化建设，加大政策扶持力度等；国家发展改革委员会《鼓励地方政府建设生物燃气项目的指导意见》要求各地支持和鼓励生物燃气项目的建设，具体措施包括：加快相关立法和标准制定，加大资金和税收支持力度，完善配套政策等。此外，多项产业指导政策将沼气相关产业的原料、设备、利用等内容作为优先或鼓励发展项目，并给予重点支持，表 7-1 是关于沼气相关的法律法规和政策的简要介绍，这些文件和措施的颁布旨在规范和促进农村沼气产业的发展，提高农村资源利用效率，改善农村能源供应状况。

表 7-1　沼气相关的发展规划及产业指导政策

时间	政策	颁布部门	目的	内容要点
2019 年	《关于促进生物天然气产业化发展的指导意见》	国家发展改革委、国家能源局、农业农村部等十部门联合发布	规划生物天然气年产量目标	将生物天然气纳入国家能源规划，享受税收优惠、用地优先等政策；推动沼气发电上网、生物天然气并入燃气管网；鼓励金融机构提供绿色信贷支持
2018 年	《农村生活垃圾处理利用管理办法》	国家发展改革委、住建部、农业农村部	规范农村生活垃圾处理利用行为，推动资源化利用和无害化处理	提出分类收集、减量化、资源化利用的原则，强调政府支持和技术指导
2019 年	《农村生活垃圾污水处理设施和沼气项目环境影响评价技术导则》	生态环境部	规范农村生活垃圾污水处理设施和沼气项目的环境影响评价工作	明确评价范围、评价方法和评价指标，要求充分考虑环境保护和资源利用
2022 年	《农业农村减排固碳实施方案》	农业农村部	因地制宜发展农村沼气，推进农业农村绿色低碳发展	提出因地制宜发展农村沼气，鼓励建设规模化沼气/生物天然气工程，推进沼气发电、供热及并入燃气管网
2022 年	《“十四五”现代能源体系规划》	国家能源局	加快构建现代能源体系、推动能源高质量发展	提出有序发展农林生物质发电和沼气发电，建设千万立方米级生物天然气工程
2023 年	《甲烷排放控制行动方案》	生态环境部	加强甲烷排放管理控制，处理好甲烷管控和能源安全、粮食安全、产业链供应链安全和保障人民生活等方面的关系	强调沼气工程在减少甲烷排放中的作用，探索沼气利用激励约束机制
各地不同时间	《农村沼气补贴政策》	地方政府	提供经济激励，推动农民参与沼气项目建设和利用	补贴标准、资金来源、申请程序等方面的具体政策安排
2021 年	《安徽省农业农村厅关于发展农村沼气助力乡村振兴的指导意见》	农业农村厅	推动农村沼气高质量发展，保护生态环境，保障国家能源安全，发展循环农业，促进乡村生态宜居、产业兴旺、生活富裕	对沼气工程处理秸秆、畜禽粪污等给予补贴；落实增值税即征即退政策，推动沼气发电上网和生物天然气入网销售；探索全产业链补贴机制，从建设投资转向关键环节支持
各地不同时间	《新农村建设规划》	地方政府	推动农村综合发展，包括沼气产业的发展	确定了农村沼气项目纳入新农村建设规划，为项目建设提供政策支持和资金保障

续表

时间	政策	颁布部门	目的	内容要点
各地不同时间	《农村能源发展规划》	地方政府	制定农村能源发展蓝图，推动沼气等可再生能源的利用	明确了农村能源发展目标、政策支持和项目建设的安排

（3）财税政策

我国政府设立了一些一般性的财政扶持政策，这些政策通常与沼气产业的原料利用、工程建设和产品相关。下面是一些一般性的财政扶持政策示例，具体的政策内容可能会因地区、时间和具体情况而有所不同。

① 财政补贴和奖励：政府对沼气项目给予一定的财政补贴和奖励，以鼓励投资者和运营者参与沼气产业。

② 税收优惠政策：政府提供税收减免或优惠的政策，如减免增值税、所得税等，以降低企业在沼气项目上的税负。

③ 金融支持：政府鼓励银行和金融机构提供贷款、担保和低息贷款等金融支持，以解决沼气项目的资金需求。

④ 土地政策支持：政府为沼气项目提供土地使用权的优惠政策，如降低租金或延长租赁期限等。

⑤ 技术支持和培训：政府组织技术培训和指导，提供专业知识和技术支持，以帮助企业提升沼气项目的技术水平和运营能力。

⑥ 示范项目和推广：政府支持建设一批沼气示范项目，并通过示范效应推广沼气技术和经验。

⑦ 市场准入和采购支持：政府简化沼气项目的市场准入程序，并鼓励政府机关和公共机构采购沼气设备和产品。

⑧ 研发资助：政府鼓励进行沼气相关技术研发，并提供科研资金和奖励政策，以促进创新和技术进步。

⑨ 政府合作基金：政府设立相关基金，用于支持沼气项目建设、运营和推广。

⑩ 环保补偿和碳排放交易：政府对沼气项目给予环保补偿，同时鼓励沼气产业参与碳排放交易市场，获得碳减排的经济回报。

在原料利用方面，对于秸秆等原料利用及原料基地可享受《秸秆能源化利用补助资金管理暂行办法》《关于发展生物质能源和生物化工财税扶持政策的实施意见》及《生物能源和生物化工原料基地补助资金管理暂行办法》等政策规定的补助及税收优惠政策。

（4）规范与标准

沼气标准化是指对沼气产业中的设备、工艺、利用方式等方面进行规范和统一的过程，旨在提高沼气产业的发展水平、促进能源利用效率和确保使用安全。随着全球对可再生能源需求的增加和环境保护意识的提高，沼气作为一种清洁能源得到了广泛关注和应用。然而，由于沼气产业的复杂性和多样性，针对沼气生产、利用和管理等方面的标准缺乏一致性，导致行业发展不平衡、技术交流受限以及安全隐患存在。因此，沼气标准化的重要性日益凸显，通过制订统一的标准和规范，可以推动沼气产业的健康发展，提升沼气利用效率，保障使用者的安全。

沼气标准化，主要涉及两个方面的标准：沼气质量标准和沼气工程设计标准。表 7-2 是一些常见的沼气标准及其标准号。

表 7-2　沼气国家标准及行业标准

项目	内容	标准
沼气质量标准	这些标准规定了沼气的成分要求、监测方法、处理技术等方面的要求，确保沼气的质量和安全性。	NY/T 1220.1—2019《沼气工程技术规范　第 1 部分：工程设计》
		GB/T 41328—2022《生物天然气》
		NY/T 2373—2013《秸秆沼气工程质量验收规范》
沼气工程设计标准		NY/T 2142—2012《秸秆沼气工程工艺设计规范》
		DB34/T 3997—2021《秸秆粪污混合原料沼气工程设计规范》
		DB41/T 915—2014《隧道式大中型沼气工程工艺设计规范》
沼气行业管理规范	这些规范主要涉及沼气工程项目的管理、运行和维护，以及沼气利用技术的规范化。	NY/T 2908—2016《生物质气化集中供气运行与管理规范》
		NY/T 1220.4—2019《沼气工程技术规范　第 4 部分：运行管理》
		DB51/T 1684—2013《农村户用沼气池运行管理规程》
		NY/T 2372—2013《秸秆沼气工程运行管理规范》
		NY/T 2602—2014《生活污水净化沼气池运行管理规程》
沼气发电机组	这些规范、标准规定了沼气发电机组、沼气加压泵、沼气发酵材料等相关设备和材料的性能评价、技术要求和测试方法等内容。	DB15/T 1277—2025《沼气发电机组运行管理规范》
		GB/T 29488—2013《中大功率沼气发电机组》
		NY/T 1223—2006《沼气发电机组》
沼气加压泵		NY/T 2600—2014《规模化畜禽养殖场沼气工程设备选型技术规范》
沼气发酵材料		NY/T 2450—2013《户用沼气池材料技术条件》
		20130527—T—326《沼气发酵物料成分分析方法》

7.4.2　我国生物燃气产业化分析

随着环境保护和可再生能源的需求不断增加，我国生物燃气产业正处于快速发展的阶段。生物燃气是一种可再生、清洁、低碳的能源，广泛应用于工业生产、城市供暖、农村能源替代等领域。当前，我国政府出台了一系列支持政策，包括补贴政策、税收优惠等，鼓励生物燃气的生产和利用。同时，农村能源替代工程以及城市垃圾处理等项目也为生物燃气产业提供了广阔的市场空间。在技术创新方面，我国在生物燃气技术研发方面取得了显著进展，包括沼气、生物甲烷、生物液化石油气等多种生物燃气技术已经成熟应用。生物燃气产业链逐渐完善，包括生物质原料供应、生产加工、储运系统以及销售和利用环节，形成了规模化的生产能力。通过生物燃气的利用，我国可以减少对传统化石能源的依赖，推动能源结构向清洁、可再生方向转型，提升能源利用效率，减少环境污染和温室气体排放。然而，我国生物燃气产业也面临一些挑战，如技术创新和应用推广的不平衡、原料供应不稳定、生产成本偏高等问题。未来，需要进一步完善政策支持体系，加大技术研发力度，加强产业链合作，推动生物燃气产业可持续发展。

（1）我国农村户用沼气发展

我国农村户用沼气发展状况目前正处于快速发展的阶段。沼气作为一种可再生能源，在农村地区得到广泛应用，为农民提供清洁能源、改善生活条件，同时促进农村经济和环境可持续发展。政策支持是推动我国农村户用沼气发展的重要力量之一。我国政府通过一系列政策措施，鼓励和支持农村沼气工程建设。这些政策包括提供财政补贴、免费技术咨询和指导、优惠贷款等，减轻了农民参与沼气项目的经济压力，促进了沼气技术在农村地区的推广和应用。我国在农村沼气技术方面取得了显著进展。传统的沼气池已经逐渐升级为生物沼气工程系统，利用生物质原料（如农作物秸秆、畜禽粪便、城市有机废弃物等）进行发酵产气。同时，采用高效的沼气发酵技术、沼气净化技术和沼气利用技术等，可以提高沼气的产量和利用率，确保沼气能够满足农户的能源需求。农村沼气工程的规模不断扩大。我国各地积极推广农村能源替代工程，建设沼气生产基地，形成了规模化的生产能力。一些地区还通过合作社、企业等模式，集中采购、加工和销售沼气，提高了市场竞争力。这种规模化生产能力的建立不仅提高了沼气的生产效率，也为农民提供了更加可靠和稳定的能源供应。农村户用沼气的发展对农村经济和环境产生了积极影响。通过农村沼气工程的建设，农村居民可以方便地获取清洁能源，改善烹饪、采暖和照明条件，提高生活质量。同时，农村沼气工程的建设也促进了农村经济的发展。农民可以利用农作物秸秆等废弃物作为沼气原料，实现资源的综合利用，提高农业生产效益。此外，通过沼渣的回收利用，还可以提供优质的有机肥料，促进农田的可持续发展。这种农村沼气工程的发展模式也为其他农村能源项目提供了借鉴和参考。

总之，我国农村户用沼气发展状况正呈快速增长态势。政策支持、技术创新、规模化生产以及对农村经济和环境的积极影响都推动了农村户用沼气的普及和应用。随着进一步的政策支持和技术进步，预计我国农村沼气工程将继续保持快速发展势头，为农民提供更加清洁、可持续的能源解决方案。

（2）大型沼气工程发展现状

大型沼气工程是指规模较大、生产过程自动化的沼气生产系统，通常用于城市垃圾处理、畜禽养殖废弃物处理等领域。目前，随着环境污染和能源危机问题的日益突出，大型沼气工程已经成了国内外发展的热点。

一方面，我国的大型沼气工程发展迅速。2022 年，我国沼气总产量为 98.68 亿立方米，其中户用沼气产量为 74.3 亿立方米，占比 74.3%。工程沼气产量为 25.37 亿立方米，占比 25.7%。近年来，随着沼气综合利用技术的不断进步和政策推动，沼气行业市场规模持续增长，我国已经成为全球最大的清洁能源市场之一。据统计，2023 年全球沼气市场规模已达到约 6000 亿元人民币，年复合增长率超过 10%。

总之，大型沼气工程作为可再生能源领域的重要组成部分，在推动生态文明建设、实现可持续发展方面作用巨大。随着政策支持、技术创新和市场需求的不断加强，大型沼气工程的发展前景广阔，这将进一步推动全球可再生能源产业的繁荣发展。

（3）生物燃气产业化发展的障碍

① 技术和成本问题　技术和成本问题是限制生物燃气产业化发展的主要障碍之一。目前，生物燃气产业化的技术仍然存在一些限制，如生物质原料的收集、运输、储存、预处理等方面的问题，同时生物燃气的生产成本也较高，需要大量的资金投入。在原料供应上，生

物燃气的原料主要包括农作物秸秆、畜禽粪便等，但原料的收集、运输和储存仍然面临一定的技术难题。例如，农作物秸秆的收集需要解决大面积秸秆回收、存储和运输的问题，而畜禽粪便的处理涉及脱水、消毒等技术环节。在生物质预处理上，为了提高生物质材料的可利用性，通常需要进行预处理，例如破碎、干燥或发酵等工艺，但目前预处理技术还不够成熟，存在能耗高、设备复杂等问题。生物燃气产业化需要实现生产过程的自动化和稳定运行，以确保产量和质量的稳定性。但目前在发酵、厌氧消化等关键技术方面仍存在一些挑战，如菌种的优化、控制参数的准确调节等。在成本问题上，生物燃气的原料主要来自农作物秸秆、畜禽粪便等，这些原料的收集和运输成本较高。特别是在农村地区，由于交通条件限制和规模经济效应不明显，原料供应链的成本相对较高。建设生物燃气产业化项目需要大量的设备投资，如发酵罐、沼气池、气体处理设备等。同时，由于相关技术较新、设备规模较大，设备的研发、制造和购买成本也相对较高。生物燃气产业化项目需要定期进行设备的维护和保养，同时还需要人员进行操作和管理。这些运营和维护成本对于项目的持续稳定运行至关重要，但也增加了整体成本负担。

② 市场问题　市场问题是限制生物燃气产业化发展的另一个重要因素。生物燃气产业化发展还处于初始阶段，市场需求相对较小，同时，传统能源价格下跌，给生物燃气的市场推广带来了一定的压力。

首先，生物燃气产业化面临市场需求不足的问题。目前，生物燃气在能源市场的占比相对较小，与传统能源如煤炭、石油等相比，其产量和利用规模仍然较小。这主要是由生物燃气技术相对较新，市场认知度不高，以及传统能源价格相对较低等原因所致。缺乏足够的市场需求和投资预期，限制了生物燃气产业化的进一步发展。其次，生物燃气产业化面临成本竞争力的挑战。生物燃气的生产过程复杂，投入的设备和技术成本较高，而且原料收集、运输和预处理等环节也需要投入大量资源。相比之下，传统能源的生产成本较低，使得生物燃气在价格上难以与其竞争。此外，生物燃气产业化需要建设配套的输送管网和储气设施，这些额外的投资也增加了生物燃气的成本负担。另外，政策支持和市场规范性文件的缺乏也制约了生物燃气产业化的发展。政府在政策层面对于生物燃气的支持和激励力度有限，缺乏明确的产业发展目标和政策导向。此外，缺乏相关的产业规范性文件和标准，使得生物燃气产业化缺乏统一的质量标准和监管体系，难以获得消费者和投资者的信任，进一步阻碍了市场的发展。

为了克服这些市场问题，推动生物燃气产业化的发展，需要政府出台支持政策，加大宣传力度，提高生物燃气的市场认知度和接受度。同时，加强市场监管，制定相关的质量标准和监管体系，保证生物燃气产品的质量和安全。此外，鼓励科研机构和企业进行技术创新，提高生产技术水平，降低生产成本，提高生物燃气的竞争力。通过多方合作，共同努力，逐步克服市场问题，推动生物燃气产业化的发展。

③ 政策法规问题　生物燃气产业处于一个政策扶持比较弱的状态，政策法规不完善，缺乏激励政策和监管措施，导致生物燃气产业在市场竞争中面临着一定的困难。环境保护和安全监管方面的政策法规对生物燃气产业化起到了限制作用。政府出台了一系列严格的环境保护法规，要求生物燃气企业必须符合排放标准，严格控制污染物的释放。此外，为了确保生产过程中不发生安全事故，政府还颁布了相关安全监管法规，对生物燃气企业的设备和操作进行规范。金融支持政策的限制也影响了生物燃气产业的发展。政府对于生物燃气产业的金融支持力度相对较小，这导致了生物燃气企业难以获得足够的资金支持，制约了其规模扩

大和技术创新的能力。

此外，土地使用和资源开发方面的政策、能源政策的调整也会对生物燃气产业化造成限制。综上所述，政策法规从环境保护、安全监管、金融支持、土地使用和能源政策等方面对生物燃气产业化的发展进行限制。政府需要在制订这些政策法规时兼顾环境、经济和社会的各方面利益，推动生物燃气产业健康可持续发展。

除了上述问题外，生物燃气产业化发展还存在市场准入门槛较高、社会认知度不高等问题。

我国生物燃气产业化目前处于快速发展的阶段，取得了显著的成就。我国政府高度重视生物燃气产业的发展，积极出台相关政策和支持措施，以促进可持续能源替代和环境保护。目前，我国的生物燃气产业已建立起较为完善的产业链，涵盖了生物质资源的收集、转化和利用等环节。生物燃气技术不断创新，包括沼气、生物乙醇和生物柴油等产品的生产工艺不断改进，效率不断提升。同时，我国的生物燃气市场也在扩大，各地农村和城市均有相应的生物燃气项目建设，为农村能源供给和垃圾处理提供了可持续的解决方案。然而，我国的生物燃气产业也面临一些挑战，如技术创新和产业链延伸的需求，以及规模化生产和运营管理的挑战等。因此，我国需要加强政策引导，加大科技研发投入，推动产业协同发展，进一步推动生物燃气产业化的进程，以实现可持续能源和环境保护的双重目标。

本章小结

生物燃气制备的厌氧发酵涉及了多学科知识，其包括生物学、化学和物理学等。在厌氧发酵的过程中，有机废物被微生物转化为沼气，主要成分是甲烷和二氧化碳。本章从生物燃气制备的厌氧发酵理论、生物燃气制备的厌氧发酵工艺、生物燃气的能源化利用工艺和我国生物燃气政策与产业现状四个方面对生物燃气进行了全面的介绍，主要包括以下内容：

1. 在厌氧发酵理论中，目前存在三种阶段理论：二阶段理论、三阶段理论和四阶段理论。二阶段理论将沼气发酵过程分为产酸阶段和产气阶段两个阶段进行控制和优化；三阶段理论相对于二阶段理论更为复杂和精细，将厌氧发酵分为液化、产酸和产甲烷三个阶段进行控制和优化；四阶段理论将沼气发酵过程分为亚酸化、醋酸、甲酸和甲烷生成四个关键阶段进行控制和优化。总的来说，这些理论为生物燃气产业提供了重要的思路和实践方法，能够使生物燃气产业更加高效、环保和可持续。不同的阶段理论在实际应用中都具有一定的优势，可以根据具体情况选择合适的理论进行实践应用。

2. 厌氧发酵工艺是一种通过微生物的新陈代谢对有机废弃物进行厌氧消化产生沼气的技术和设备，近年来得到了广泛的发展和应用。根据不同的分类方法，厌氧发酵可以分为常温厌氧发酵、中温厌氧发酵和高温厌氧发酵；单相厌氧发酵和两相厌氧发酵；湿式厌氧发酵和干式厌氧发酵等不同类型。这些不同类型的厌氧发酵工艺各自具有特定的优点和适用范围。这些不同类型的厌氧发酵工艺在处理有机废弃物和能源回收方面各具特色，可以根据实际情况选择适合的工艺进行应用。

3. 根据所提供的材料，生物燃气的能源化利用工艺主要包括生物燃气燃烧技术与生物燃气提纯技术和高值化利用。生物燃气可以通过锅炉燃烧产生蒸汽进行集中供热或作为燃料通过燃气透平、固体燃料电池进行热电联产。直接利用生物燃气进行锅炉燃烧和锅炉燃烧与汽轮机结合发电是一种可再生、环保的能源利用方式，但面临供应不稳定、处理成本高和技术要求高等挑战。纯沼气的使用需要进一步升级，以减少或消除有害物质对耗能设备的负面影响。脱硫、除水和脱碳是关键步骤，而提纯方法主要包括物理吸收法、化学吸收法、吸附法、深冷分离法、膜处理法以及催化转化法。总之，生物燃气的能源化利用工艺具有可再生、环保低碳等优点，但也面临着供应不稳定、成本较高、技术要求高等挑战。未来，随着技术的不断进步和政策的支持，生物燃气的利用方式将更加多样化和高效化，促进能源可持续发展和环境保护。

4. 我国政府在生物燃气产业领域通过立法、规划、财政支持和标准化等多方面的政策措施，为产业的规范化发展提供了有力支持，促进了生物燃气产业的健康发展和可持续性发展。农村户用沼气在农村地区得到广泛应用，为农民提供清洁能源、改善生活条件，同时促进农村经济和环境可持续发展。大型沼气工程发展迅速，并成了国内外发展的热点，受政策支持、技术创新和市场需求等因素影响。然而，生物燃气产业化仍面临一些挑战，包括技术和成本问题、市场问题和政策法规问题等方面的限制。为了推动生物燃气产业化的发展，需要加大政策支持力度，加强技术创新，促进市场需求，完善相关法规，以实现生物燃气产业的可持续发展。

复习思考题

1. 生物燃气制备的厌氧发酵理论以哪些学科知识作为基础？简要说明每个学科知识在该理论中的作用。

2. 简要介绍厌氧发酵的二阶段理论、三阶段理论和四阶段理论，并说明三阶段理论相较于二阶段理论有哪些改进和创新，四阶段理论相对于三阶段理论有何不同？描述各理论中每个阶段的主要特征和微生物活动，并解释为什么这种更加细致的划分可以提高沼气的产量和质量稳定性。

3. 在厌氧发酵过程中，环境因素对反应的速率和效率有何影响？请列举几个影响因素并说明其作用机制。

4. 什么是厌氧发酵工艺？它的主要目标是什么？

5. 根据不同的分类方法，厌氧发酵可以分为哪几类？它们各自的优缺点及适用场景是什么？

6. 生物燃气的成分主要有哪些？它们的相对含量是多少？

7. 生物燃气中的杂质对设备和环境会造成哪些负面影响？举例说明。

8. 生物燃气的利用方式有哪些？分别描述低值利用和高值利用的特点。

9. 生物燃气的直接利用方式有哪些？分别介绍其工艺流程及优缺点。

10. 生物燃气的提纯技术和高值化利用有哪些方法？描述其工艺原理及应用情况。

11. 我国生物燃气产业的法律法规中，哪些文件明确规定了应该发展生物燃气？请列举至少三个文件并简要说明其内容。

12. 我国国家“十四五”规划中关于生物质能源的发展目标是什么？该规划提出了哪些具体措施来促进生物质能源的可持续发展？

13. 生物燃气产业在财税政策方面享有哪些优惠政策？请列举并简要描述至少三项政策。

14. 生物燃气产业的规范与标准有何重要性？为什么统一的标准和规范能够促进产业的健康发展？

15. 在生物燃气产业中，政府通过哪些方式来支持技术创新和产业化应用？请提及至少两种方式。

16. 生物燃气产业在我国的发展处于什么阶段？它受到什么因素的推动？

17. 农村户用沼气在农村地区有何作用？它对农村经济和环境的影响是什么？

18. 大型沼气工程的发展受到哪些因素的影响？

19. 生物燃气产业化面临的挑战有哪些？

20. 为推动生物燃气产业化的发展，我们可以采取哪些措施？

参考文献

[1] 王凯军，石川，刘越. 有机固废厌氧发酵产物的转化制备与应用进展[J]. 环境工程学报，2021，15(6)：1840-1861.

[2] 张田，卜美东，耿维. 中国畜禽粪便污染现状及产沼气潜力[J]. 生态学杂志，2012，31(5)：1241-1249.

[3] 任南琪. 产酸发酵微生物生理生态学[M]. 北京：科学出版社，2005：20-50.

[4] Zhang S，Liu M，Chen Y，et al. Achieving ethanol-type fermentation for hydrogen production in a granular sludge system by aeration[J]. Bioresource Technology，2017，224：349-357.

[5] 任南琪，刘敏，王爱杰，等. 两相厌氧系统中产甲烷相有机酸转化规律[J]. 环境科学，2003，24(4)：89-93.

[6] 贾璇. 典型农业废弃物干式厌氧发酵产氢影响因素的研究[J]. 环境污染与防治，2020，42(2)：133.

[7] 陈雪，袁海荣，邹德勋，等. 餐厨垃圾和稻草两相厌氧发酵及其动力学[J]. 环境工程学报，2015，9(5)：2405-2411.

[8] 杨兴盛，王尚，何晴，等. 典型有机固废厌氧消化微生物研究现状与发展方向[J]. 生物工程学报，2021，37(10)：3425-3438.

[9] 吴远远. 基于厌氧产酸发酵的新型果蔬垃圾厌氧处理工艺研究[D]. 北京：清华大学，2016.

[10] 赵建伟. 盐度和油脂对餐厨垃圾和剩余污泥厌氧发酵产短链脂肪酸的影响与机理[D]. 长沙：湖南大学，2018.

第8章

固体废物厌氧发酵副产物风险评估及控制

学习目标

1. 理解厌氧发酵副产物的定义、特征，了解厌氧发酵副产物的种类以及提升不同种类固体废物厌氧发酵副产物质量的实际措施。

2. 学习厌氧发酵剩余物的加工工艺，了解沼渣处理的具体加工过程。

3. 了解厌氧发酵副产物能源化利用的几种具体途径。

厌氧发酵是在缺氧或无氧条件下，通过微生物群的转化作用，将生物质中的大部分有机聚合物和单体分解，转化为沼气的过程（图 8-1）。这种厌氧发酵过程会形成大量残余的液体和固体沼渣。将沼渣分离成液体（沼液）和固体（沼渣）通常是为了节省运输和储存费用。本章从副产物的质量标准、加工工艺及能源化利用途径三个方面综合介绍了厌氧发酵副产物的风险评估与控制。

图 8-1　厌氧发酵装置

图8-1

8.1 厌氧发酵副产物的特征与质量标准

在生产沼气的过程中，每年产生的沼渣量高达数百万吨。沼渣的营养丰富，含有约68%～72%的有机物和部分无机物。这些有机物以未发酵的有机化合物和微生物生物量形式存在，无机物组分则以如磷、氮和钾化合物等形式存在，对沼渣质量的要求在很大程度上取决于沼渣的用途。沼渣是一种宝贵的生物肥料，富含植物养分，在全球范围内具有替代矿物肥料的巨大潜力，而高质量沼渣是用作生物肥料的基本先决条件。为了保证质量，从而提高沼渣质量作为生物肥料的使用率，许多国家都建立了沼渣质量监管框架。沼渣作为生物肥料或土壤改良剂的质量监管和使用，通常受到土壤保护法、肥料或废物法或其组合的管控。

符合质量要求的优质沼渣可用于施肥，这部分的优质沼渣可由与其特性有关的一些基本特征来定义，例如：沼渣养分含量、pH 值、干物质和有机干物质含量以及均匀性。同这些基本特征一样重要的是与健康和安全有关的特征，如纯度，这要求沼渣不含物理杂质（塑料、石块、玻璃、非发酵物等）、不含化学污染，并且不含任何病原体和其他不良生物。还有成分安全，以确保沼渣对生物体和环境安全。出于这些方面考虑，必须严格控制和限制有机和无机化学污染物的含量。

沼渣的成分和质量主要取决于原料的成分和质量以及厌氧发酵工艺的效果。因此，使用高质量的原料是生产适合和安全用作生物肥料的沼渣的最重要起点，必须对厌氧发酵的原料进行严格的质量控制。目前农业沼气厂使用的原料通常质量很高。经过厌氧发酵工艺后，除了木屑、砂砾和金属等惰性物质外，农业原料中的大多数无用杂质通常都会被分解或灭活，因此不会影响沼渣用作肥料的适宜性和安全性。然而，在厌氧发酵工厂用作原料的一些可发酵材料中，通常含有对生物体和环境有害的物质或化合物，如重金属和持久性有机污染物等，因为它们能够通过厌氧发酵系统而不被破坏。因此，将沼渣或沼渣馏分用于农业用途的厌氧发酵工艺时，必须排除被认为含有对生物体或环境有害的有害污染物或其他无用化合物的原料。此类材料可用作其他沼气工艺的原料，即生产的沼渣不用作肥料，而是用于工业或能源用途（如热电联产的联合燃烧），或严格控制有害物质和化合物的去向，以避免进一步的风险。

畜禽粪便、泥浆、秸秆、花园废弃物、农作物废弃物、能源作物、源头分离的有机生活垃圾和食物垃圾都是生产优质沼渣的宝贵原料。它们也有一定的局限性，因其来源和收集方式的不同，这些原料可能含有不同数量的不可发酵物质，如塑料碎片、橡胶、玻璃、金属、石头、沙子、过大的有机物块、木质纤维素材料（树根、木材和树皮）或其他难发酵的污染物。而在厌氧发酵生物质中存在这些物理杂质会导致运行稳定性受到干扰，泵、管道、搅拌器损坏等问题。如果发酵材料中存在物理杂质（如不可降解的家用收集袋中可见的塑料碎片），也会降低其作为肥料的质量并影响公众接受度。沼渣中的物理杂质可能对环境造成有害影响，因此在处理厌氧发酵原料时需要有针对性地采取一定的措施以减小物理杂质的损害。就有机生活垃圾而言，通过源头分类和用纸袋或其他可生物降解的袋子单独收集可发酵部分，可以有效地管理物理杂质。此外，还可通过在预储存罐中安装物理屏障（如筛网、筛子、石块捕集器和保护格栅等）清除不可发酵的物质，以防止其进入厌氧发酵系统。如果所供原料的颗粒尺寸过大，可在进入厌氧发酵系统前通过切碎、浸渍或其他处理方法将其减小。

污水污泥、混合废物（大量收集的废物）或生活废水等可发酵材料可能含有不同数量的无用化学物质（其中包括重金属和持久性有机污染物）。化学污染物不仅存在于一些工业有机废物、家庭废物中，也存在于食物废物中。农业原料中通常可能含有微量杀虫剂、抗生素和农业使用的化学品。在农业实践中，被归类为持久性有机污染物的农药（γ-六氯环己烷、滴滴涕等），其中大部分已在我国全面禁用。但其历史残留及跨境大气沉降等使得这类污染浓度依旧较高。因此，用于厌氧发酵的农业原料中持久性有机污染物的含量可能更高。此外，包括多环芳烃在内的持久性有机污染物被认为对生物群具有直接毒性，并可在食物链的较高位置逐渐累积，从而使低等生物长期暴露于低得多的浓度中，使包括人类和野生动物在内的捕食性生物暴露于潜在的有害浓度中。在实践中，很难以合理的成本对各种化学污染物进行筛选。因此，人们普遍认为，只有通过负责任地选择所使用的厌氧发酵原料，并对其质量进行长期控制，才能保证沼渣的质量。

厌氧发酵工艺具有消毒作用，能够灭活沼气池内原料混合物中存在的大多数常见病原体。病原体的灭活是恒定工艺温度和原料停留时间与发酵池内微环境的其他参数相互作用的结果。病原体的失活程度更为复杂，是温度和停留时间与发酵池内 pH 值、氧化还原电位和 NH_3浓度等其他工艺参数共同作用的结果，能够消灭大多数病原体。其中工艺温度和停留时间的组合是最重要的病原体灭活因素。厌氧发酵的卫生效率可以用生物来衡量。其中最常见的是粪链球菌。每克生物量中的粪链球菌数量减少 10^3～10^4CFU/g，相当于，如沙门氏菌和猪瘟病毒（ssRNA/黄病毒），并降低许多寄生虫（如蛔虫）的存活率。在现有的厌氧发酵设备中，原料的选择在很大程度上取决于所采用的工艺类型以及工厂现有的预处理设施。

8.2 厌氧发酵剩余物的加工工艺

沼渣从沼气池（图 8-2）中取出后，无须进一步处理即可使用。然而，由于沼渣体积大、干物质含量低，与沼渣的肥料价值相比，沼渣的储存、运输、处理和施用会给农民带来巨大的成本。与此同时，沼渣具有较高的氮含量，易被植物所利用，施用量较低。因此将沼渣从高产区运走并重新分配是加工的首要处理。

沼渣的加工工艺是通过采用不同技术对厌氧沼气池排出的污水进行处理实现的，图 8-3 展示了沼气池装置。沼渣处理有两种方法：其一是沼渣调节，目的是生产标准化的生物肥料（固体或液体），从而提高沼渣的质量和效率。其二是沼渣处理，与废水处理类似，沼渣处理的目的是去除污水中的营养物质和有机物，以便排入污水系统、废水处理厂或受纳溪流。在大多数情况下，沼渣处理有必要同时进行调节和处理，以建立可行的沼渣处理体系。沼渣的处理可以是部分处理，通常以减少体积为目标，也可以是完全处理，将沼渣提炼成纯水、纤维/固体和矿物质营养浓缩物。

沼渣处理的第一步是将固相与液相分离。将液态沼渣分为高干物质固体（纤维、污泥）和低干物质液体。这两种馏分无须进一步处理即可用作肥料。为了提高固液分离效果，通常

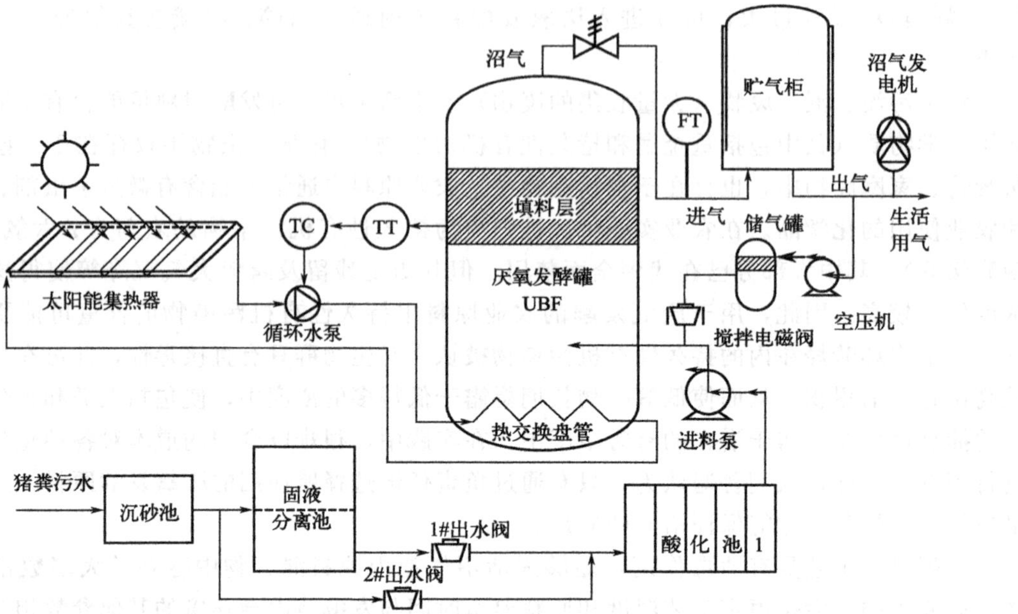

图 8-2　沼气池装置示意图

图 8-3　沼气池装置

扫码见彩图

图8-3

会使用絮凝剂或沉淀剂。固液分离法可将大部分磷分离至固体部分，并将大部分氮分离至液体部分，这有助于沼渣中植物养分的管理，可实现磷和氮的分离施用，提高中间储存和运输能力，有助于将磷运输和施用到其他地区。

固液分离后，根据原料类型，固体部分可以直接用作土壤改良剂，也可以进一步加工，包括好氧发酵堆肥。好氧发酵需要额外的调理剂（如木屑），因为沼渣通常含水率过高、孔隙度过小，无法直接进行好氧发酵操作。好氧发酵的一种特殊应用是利用蚯蚓进行蚯蚓堆肥。一般来说，对固体部分进行好氧发酵操作会增加固体部分的养分浓度，但也可能导致氮的流失。除了好氧发酵外，固体的沼渣还可以通过干燥加工成固体颗粒应用于园林园艺行业或蘑菇栽培产业。

液体部分（沼液）可作为富氮液体肥料施用在土壤上，无须进一步处理，也可以将其重新输入厌氧发酵反应器。对沼渣液体部分进行进一步处理需要经过氨去除、膜过滤、好氧处理和蒸发等工艺。氨去除主要是通过形成磷酸铵镁沉淀（$MgNH_4PO_4 \cdot 6H_2O$，MAP），使沼渣中的氮浓度降低。也可以采用厌氧氨氧化工艺，首先由氨氧化细菌完成部分硝化，随后厌氧氨氧化细菌将生成的铵和亚硝酸盐转化氮气和约 15%的硝酸盐。在膜过滤的工艺流程中，最重要的步骤是固体去除，可以有效减少膜堵塞。在膜过滤之前，通常使用螺旋压力机并添加絮凝剂以提高固体去除率，而后进行超滤和反渗透除氨。在沼气厂的实际生产中，也可以通过蒸发，产生富含营养的浓缩物，回收冷凝物。这样做的目的是使冷凝液中的氮浓度较低，而浓缩液中的氮浓度较高。为了减少氨的蒸发，需要添加大量硫酸，加工成本较高。

8.3 厌氧发酵副产物的能源化利用途径

沼液和沼渣富含未分解的有机物和微生物，加以利用可以作为生物肥料改善土壤质量和作为生物质燃料提供能源。沼渣是否适合各种用途在很大程度上取决于其成分和质量以及当地的营养状况。与沼渣用作肥料有关的质量要求已在第 8.1 节中阐述。除了质量不达标外，当地的具体条件也会使沼渣的土地施用出现问题，因为这会进一步增加当地环境的养分。在这种情况下，必须采用其他沼渣处理方案用以替代土地应用的策略具有重要的现实意义。已有研究概述了包括营养物质回收、生物质（如微藻）培养和生物炭/生物燃料/生物油生产等在内的综合处理流程。

8.3.1 生物乙醇

农业沼渣中的残余碳水化合物是产生糖和酒精的基质。秸秆固体沼渣中残留的半纤维素/纤维素超过 90%，可通过水热蒸汽反应（180℃）预处理后进行酶水解回收。将提取的糖分可通过发酵进一步转化为生物乙醇。将生物乙醇发酵过程与厌氧发酵结合可提高能源效率，厌氧发酵提高了能源效率及有机物去除率。在厌氧发酵过程中，约 40%～70%的生物质转化为沼气。同时，固体沼渣中仍含有高浓度的未发酵有机物，尤其是木质纤维素衍生沼渣，其中富含纤维素和木质素。将生物乙醇发酵与厌氧发酵相结合，效率远高于单纯的生物乙醇工艺。

8.3.2 热化学方法

沼渣含有 15%～55%的碳，是生产木炭的前体。厌氧发酵可与水热炭、热解和气化相结合，以较低的成本生产生物炭/水热炭或生物燃料。将厌氧发酵与热解相结合是最典型的沼渣热值化途径。厌氧发酵/热解工艺的魅力在于将废弃沼渣转化为高附加值的生物炭。将厌氧发酵与气化结合可以产生生物能源（合成气/甲烷）和焦炭。衍生的生物炭可将甲烷产量提高 6%～30%，并可用于商业销售。也可以通过整合双流化床气化炉和费托合成反应器，将沼渣转化为蜡/燃料，在效率、制蜡成本和燃料生产成本方面（分别为 56.3%、1.76 欧元/kg 和 35.4 欧元/kJ）都优于木材。水热碳化是一种将有机原料转化为固体产品（碳质水炭）和液体产品（水）的热过程。水热碳化应用于沼渣处理，具有反应条件温和（180～250℃）、无须预干燥、提高处理流脱水能力等优点。沼渣产生的水热炭可作为固体燃料，其能量含量与烟煤相当。

8.3.3 作为反硝化的碳源

反硝化反应将硝酸盐在异养细菌的作用下缺氧转化为氮气，在可生物降解有机物不足的废水中，反硝化作用受到限制。沼渣可作为反硝化的外部碳源。向垃圾填埋场渗滤液中添加固体沼渣，可以在一定程度上提高反硝化性能。

8.3.4 作为能源生产生物产品

生物产品的生产通常需要碳源和氮源的投入，沼渣富含的营养物质可以作为微生物生产生物产品的能量来源。蛋白质生产所需的氮补充剂化学和能源成本较高。使用沼渣作为单细胞蛋白质生产的低成本营养物质，可以降低生产成本。鼠李糖脂目前的市场障碍是可用性低、工艺复杂和成本高。将鼠李糖脂生产与厌氧发酵相结合，以食物垃圾沼渣为营养源，在批处理模式下生产鼠李糖脂。沼渣产生的鼠李糖脂被回收到厌氧发酵中，使水解乙酰化反应提高了 27%。

8.3.5 电化学方法

生物电化学系统包括微生物燃料电池和微生物电解池（图 8-4）。沼渣厌氧发酵-生物电化学集成系统可用于发电、营养物回收、生物燃料生产等领域。通过微生物燃料电池对嗜中热/嗜热厌氧发酵工艺产生的沼渣进行评估，在 24～48h 内，嗜中热沼渣和嗜热沼渣的峰值功率输出分别为 0.24MW 和 0.42MW。将奶酪乳清沼渣送入微生物燃料电池进行发电，产生的总能量为 12.275kJ/g COD，总 COD 去除率为 89%。不过，由于发电量较低，建议将生物燃料电池用于营养物回收，而不是能源生产。采用微生物电化学技术和结晶的综合工艺从沼渣中回收磷和生物能源可去除 1%～30%的磷酸盐，而硬石膏沉淀又进一步减少了 60%的磷，从而使总磷去除率达到 90%。

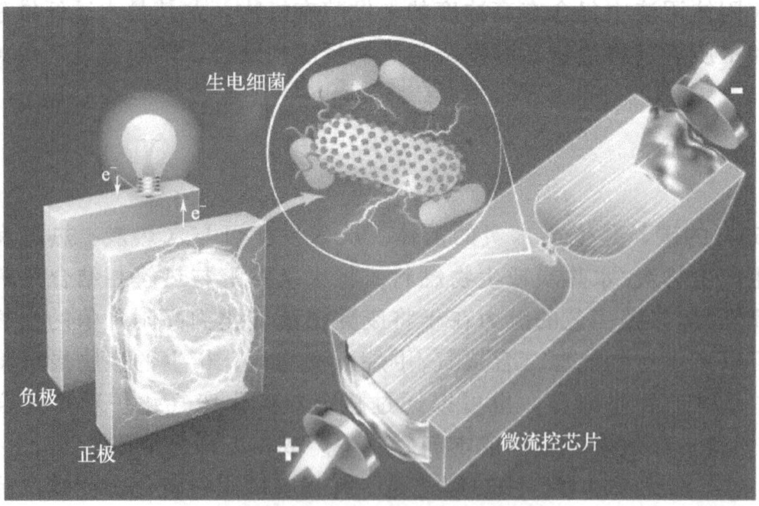

图 8-4 生物电池结构

扫码见彩图

图8-4

本章小结

1. 厌氧发酵作为生物质能源转化技术，在生成沼气的同时产生大量沼渣和沼液。这些副产物富含有机物质和营养元素，具有显著的肥料和能源化利用潜力。合理处理和利用这些副产物，对资源循环利用和环境保护具有重要意义。

2. 原料成分和质量直接影响沼渣质量。选择高质量的原料，如畜禽粪便、农作物废弃物等，并进行有效预处理，如去除物理杂质、控制化学污染物，是提高沼渣质量的重要措施。此外，厌氧发酵工艺本身也具有一定的消毒作用，有助于灭活病原体。沼渣作为生物肥料，其质量和安全性受到严格监管。高质量沼渣需满足养分含量、pH 值、干物质含量及无害化要求，如不含重金属、病原体等有害物质。建立完善的质量监管体系，是确保沼渣安全应用的关键。

3. 沼渣加工处理的第一步是将固相与液相分离，固液分离法可将大部分磷分离至固体部分，并将大部分氮分离至液体部分，这样便可实现磷和氮的分离施用。分离后的固体部分可以直接用作土壤改良剂，也可以进行包括好氧发酵堆肥在内的进一步加工或制成干燥剂等。分离后地液体部分可作为富氮液体肥料施用在土壤上，无须进一步处理；也可将其重新输入厌氧发酵反应器，经过氨去除、膜过滤、好氧处理和蒸发等工艺，使沼渣中的氮浓度降低进而更好地实现氮、磷元素的分离施用。

4. 通过热化学方法、生物电化学系统等手段，沼渣可转化为高附加值的生物炭、生物燃料等能源产品。这些能源化利用途径不仅实现了废物的资源化利用，还带来了显著的经济效益，为厌氧发酵技术的可持续发展提供了有力支撑。

复习思考题

1. 固体废物生产优质沼渣时可以采取哪些措施提高沼渣生产的质量?
2. 厌氧发酵副产物的质量检测标准包括哪些方面?
3. 厌氧发酵剩余物加工工艺的具体步骤是什么?
4. 沼渣除了可以作为优质肥料施用于土地，还有哪些资源化利用的方式?

参考文献

[1] Al S T, Lukehurst C. Quality management of digestate from biogas plants[R]. IEA Bioenergy, 2012, Task 37.

[2] Bauer A, Mayr H, Hopfner-Sixt K, et al. Detailed monitoring of two biogas plants and mechanical solid-liquid separation of fermentation residues[J], Journal of Biotechnology, 2009, 142(1): 156-63.

[3] Cavali M, Libardi N, Mohedano R D, et al. Biochar and hydrochar in the context of anaerobic digestion for a circular approach: An overview[J]. Science of the Total Environment, 2022, 822: 153614.

[4] Diltz R A, Marolla T V, Henley M V, et al. Reverse osmosis processing of organic model compounds and fermentation broths[J]. Bioresource Technology, 2007, 98(3): 686-695.

[5] European Environment Agency Persistent organic pollutant (POP) emissions (APE 006)[R]. 2011.

[6] Lukehurst C, Frost P, Al S T. Utilization of digestate from biogas plants as biofertilizer[R]. IEA

Bioenergy, 2010, Task 37.

[7] Møller H B. Anaerobic digestion and separation of livestock slurry-Danish experiences[R]. Report to MATRESA 2nd edition, Danish Institute of Agricultural Sciences, Bygholm Research Centre, Horsens, Denmark. 2001.

[8] Murphy J, Braun R, Weiland P, et al. Biogas from crop digestion[R]. IEA Bioenergy, 2011, Task 37.

[9] Paavola T, Rintala J. Effects of storage on characteristics and hygienic quality of digestates from four co-digestion concepts of manure and biowaste[J]. Bioresource Technology, 2008, 99(15): 7041-7050.

[10] Rincon-Catalan N I, Perez-Fabiel S, Mejia-Gonzalez G, et al. Power generation from cheese whey treatment by anaerobic digestion and microbial fuel cell[J]. Waste Biomass Valorization, 2022, 13(7): 3221-3231.

[11] Sambusiti C, Monlau F, Barakat A. Bioethanol fermentation as alternative valorization route of agricultural digestate according to a biorefinery approach[J]. Bioresource Technology, 2016, 212: 289-295.

[12] Teodorita A S, Bernhard D, Werner F, et al. 12-Biogas digestate quality and utilization[J]. The Biogas Handbook, 2013: 267-301.

[13] Wang W, Chang J S, Lee D J. Anaerobic digestate valorization beyond agricultural application: Current status and prospects[J]. Bioresource Technology, 2023, 373: 128742.

[14] Wang W, Lee D J. Valorization of anaerobic digestion digestate: a prospect review[J]. Bioresource Technology, 2021, 323: 124626.

[15] 任南琪，王爱杰. 厌氧生物技术原理与应用[M]. 北京：化学工业出版社，2004.

[16] 房玮，张盼月，张光明，等. 生物质厌氧发酵与产物控制技术[M]. 北京：化学工业出版社，2021.

[17] 罗心雨，曹丁戈，刘婉岑，等. 典型沼液养分特征及环境风险评价 [J]. 中国沼气，2023，41 (04)：46-52.

[18] 康锡龙，朱星宇，宋世圣，等. 畜禽粪污厌氧发酵沼肥的生态环境风险分析[J]. 养殖与饲料，2024，5：110-113.

第9章

固体废物好氧发酵处理技术

学习目标

1. 理解固体废物好氧发酵技术概念及原理。
2. 掌握好氧发酵处理技术相关工艺。
3. 学习好氧发酵处理过程中热能的产生及回收利用手段，了解能源回收与资源化方式。

9.1 好氧发酵原理

好氧发酵又称堆肥，是一种具有悠久历史的有机肥生产技术。好氧发酵通常指氧气充足的条件下，利用微生物群落降解有机废弃物中的有机质，使其转化为不同类型的可降解组分，并最终转化为稳定的肥料。这一技术被认为是经济有效的有机固体废物处理技术之一。有机固体废物经过好氧发酵处理，其质量与体积会逐渐下降，同时腐殖质逐渐生成。获得的好氧发酵产品可根据其腐殖化程度作为土壤的修复剂或土壤调理剂。此外，产品中的腐殖质类物质对植物的生长具有促进作用。通过好氧发酵过程可实现有机废弃物的资源化循环利用。

好氧发酵中物料的有机组分主要包括糖类化合物、脂类化合物、蛋白类化合物。在好氧发酵后期，各有机组分通过降解与转化，可形成腐殖质类物质。不同类型物料中，糖类含量差异较大。糖类物质作为简单的易利用碳源，常被堆肥中微生物分解，同时微生物自身又可以合成多糖及其他碳水化合物。糖类的游离态含量相对较低，大多数以络合形式存在。根据其水解程度可将其分为单糖、低聚糖及多糖。较常见的单糖包括葡萄糖、半乳糖、甘露糖、核糖、阿拉伯糖、木糖及岩藻糖等。好氧发酵中脂类主要为脂肪，尤其在餐厨物料中，脂肪含量高达30%。一般来说，油脂类含量过高，微生物被其包裹，易导致微生物有氧呼吸受阻，从而降低好氧发酵进程。

好氧发酵的堆体温度较高，一般可达到55℃以上，并维持7～10天。由于好氧发酵的周期短、无害化程度高且易于操作等优点，该方法也是主要的废弃物处理方式之一。厌氧发酵是通过堆肥自然发酵有机物，不需外部能量供应。但其堆肥周期长，一般需要2～6个月，同时易产生恶臭，其大范围的开展与推广易受到限制。如图9-1所示为好氧发酵机理，保持废弃物一定的含水率、温度、碳氮比（C/N）等，通过快速的微生物群落演替，由多个微生物群体共同作用而实现的动态过程。该过程中，废弃物中易利用有机组分（水溶性碳、氨基酸、糖类等）被微生物吸收利用，难溶性有机物（固体、胶质、有机污染物等）附着在微生物表面，通过自身分泌的胞外酶分解可溶性物质，再进一步转化利用。该过程产生的能量主要用于维持微生物的生长和代谢活动。微生物通过将废弃物中的化学能转化为细胞内的化学能，完成对废弃物的降解和转化。能量代谢的主要过程是通过三磷酸腺苷（ATP）的形成和分解实现，通过废弃物的氧化还原反应释放的能量，合成ATP。ATP分子储存的化学能一部分可在细胞中供能在生物化学反应中发挥作用。另一部分，通过热能形式释放，该过程使大分子有机物分解为稳定小分子。

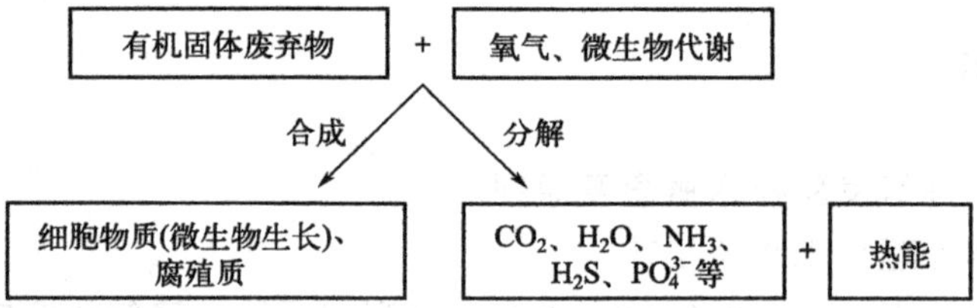

图9-1 好氧发酵原理

典型的好氧发酵过程包括矿化和生物转化。在化学反应原理方面，可用如下反应式表示。

无氮有机物的氧化过程如式（9-1）所示：

$$C_xH_yO_z+(x+0.25y+0.5z)O_2 \longrightarrow xCO_2+0.5_yH_2O+\text{能量} \tag{9-1}$$

含氮有机物的氧化过程如式（9-2）所示：

$$C_nH_tN_uO_v \cdot aH_2O+bO_2 \longrightarrow C_wH_xN_yO_z \cdot cH_2O\,(\text{好氧发酵})+dH_2O\,(\text{气体})+eH_2O\,(\text{液体})+fCO_2+gNH_3+\text{能量} \tag{9-2}$$

好氧微生物胞内物质的生成过程如式（9-3）所示：

$$n(C_xH_yO_z)+NH_3+(nx+0.25ny-0.5nz-5x)O_2 \longrightarrow C_5H_7NO_2\,(\text{细胞质})+(nx-5)CO_2+0.5(ny-4)H_2O+\text{能量} \tag{9-3}$$

好氧微生物胞内物质的氧化过程如式（9-4）所示：

$$C_5H_7NO_2\,(\text{细胞质})+5O_2 \longrightarrow 2H_2O+NH_3+5CO_2+\text{能量} \tag{9-4}$$

总反应式如式（9-5）所示：

$$\text{有机物}+O_2 \longrightarrow \text{稳定的有机物残渣}+NH_3\,(\text{或}\ NO_3^-)+SO_2+CO_2+H_2O \tag{9-5}$$

一个成功的好氧发酵堆肥需要一系列完整的调控过程，其中包括pH、含水率、通气量与温度等。同时，固体废物原料特性对该过程也有显著影响，如原料营养物质含量、颗粒大小以及 C/N 等。通常，堆肥原料混合后的性质决定了好氧发酵产品的最终品质。为改善原料的性质，一般在固废原料中混拌其他有机物以便其更好堆肥。通常来说，对于含水量较高的有机废弃物，需在原料中添加含水量较低的物料，如秸秆或木屑等，以降低堆肥原料的湿度，同时增大堆料的孔隙率。表 9-1 所示，为好氧发酵运行关键因素的参数范围及调控方法。好氧发酵初期，理想的含水率相对较高，以 60%～70%为宜，而在腐熟阶段其适宜的含水率为 50%～60%。好氧堆肥的含氧量一般为 10%，即可满足微生物代谢。含水率与含氧量过低将导致好氧微生物代谢受到抑制，降低微生物产能，同时降低物质降解与转化的效率。过高的含水率易导致微生物发生厌氧代谢，影响好氧发酵产品品质。而过高的含氧量虽然可加速微生物降解有机质速率，但同时代谢过程中产生大量热量，使堆体温度过高，造成中温微生物大量死亡，延长堆肥周期。

表 9-1　好氧发酵堆肥的主要参数范围及调控方式

堆肥因素	适宜范围	调控方式
C/N	20/1～40/1	原料种类选择；补充氮源等
含水率	50%～60%	原料种类选择；补水
氧浓度	5%～10%	物料颗粒度控制；堆体大小；翻堆频率等
温度	45～65℃	C/N 控制；水分及氧浓度等
其他	pH5.5～9；CP 75/1～150/1	原料种类选择；营养源添加

温度是影响有机质降解活性的重要参数，也是堆肥进程的重要检测指标，它可为堆肥过程提供诸多重要信息，如作为好氧发酵管理时翻堆、补水的依据，确保堆料的安全性等。一般来说，好氧发酵根据其温度机制分为四个阶段：中温阶段、嗜热阶段、冷却阶段和成熟阶段。一般认为，堆料进入高温期（>55℃）且持续 5～7d，即可达到消灭病原体及杂草种子的目的。同时，在堆肥过程的不同温度下，微生物群落如细菌、真菌、放线菌等在不同阶段会发生相应的群落演替，对各阶段物质进行不同程度的降解与转化，最终对堆肥产品的品质起到重要作用。

虽然好氧发酵原料组成成分复杂，但不同物料中所包含的营养物质主要为糖类、蛋白质与脂肪类物质。此外，在以秸秆类为主的物料中，还包含纤维素，木质素等难降解物质。堆肥初期，微生物首先将易利用有机物，如小分子氨基酸，游离多糖或脂肪酸等进行分解，用于微生物繁殖，而后堆体温度逐渐升高，同时由于微生物旺盛代谢，有机质氧化分解后以二氧化碳的形式释放。随着堆肥进行，易降解小分子逐渐减少，微生物逐步通过分解大分子有机物，如蛋白质，糖类等作为碳源获取营养。蛋白质被分解为氨基类化合物，而糖类被逐步转化为多酚类物质。在好氧发酵腐熟期，由于易降解物质基本消耗殆尽，难降解物质如纤维素、木质素等成为微生物的主要能量来源。木质素通过微生物降解，其结构遭到破坏，形成短链的木质素建造单元，而纤维素则转变为富有孔隙的疏松结构。随着堆肥进行，木质纤维素被微生物逐步氧化为多酚类、醛类及酸类物质。而氨基化合物通过与糠醛类物质结合，形成葡糖胺类物质。上述这些物质可作为腐殖酸前体通过微生物合成及化学过程缩合或聚合成为腐殖酸类物质（图 9-2）。

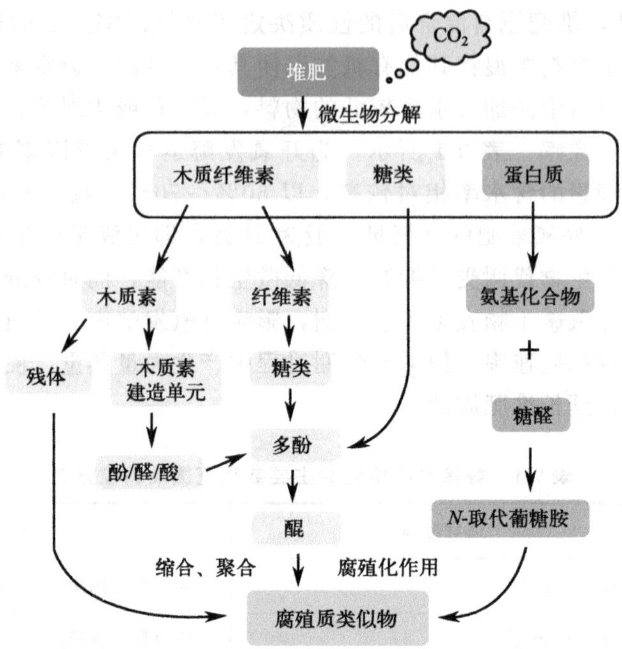

图 9-2　堆肥过程中有机质降解转化及腐殖化

9.2　好氧发酵工艺

好氧发酵中的主发酵和后发酵共同构成了堆肥过程中的主要环节，也是该过程的核心环节。一般来说，好氧发酵方式可根据有机固体废物的原料在发酵过程中的发酵方式和供氧方式主要分为：条垛式发酵、通气静态发酵和反应器系统发酵。三种方式如图 9-3 所示。

扫码见彩图

图9-3

图 9-3　三种类型堆肥示意图

条垛式发酵是指将物料成行铺开，在露天或带有简易遮蔽棚的室内堆成梯形堆，并定期翻堆，以实现氧气供应，完成发酵。物料碳氮比一般在 20～30，相对湿度在 60%左右。堆体的尺寸和形状因卸料机和卸料设备的因素而异，可分为梯形、不规则四边形和三角形。一般来说，这类堆体高 2m，宽 5m，长度可根据当地情况进行调整。若带有简易遮蔽棚，一般篷檐高度要大于 3.5m，以方便进行铲车翻堆操作。一般在温带地区，可选择透明塑料作为篷檐，以充分利用阳光增加室内温度；在亚热带及热带地区，可采用不透光材料。条垛式发酵工艺是最常见的，其优点在于操作简单，成本低，填料易于筛选，产品稳定性好。而缺点是好氧发酵时间较长、占地面积大、机械和人力投资大、自动化程度低、易受气候影响、并可能增加成本投入。原料的孔隙度对氧气的流通非常重要，因此条垛式发酵过程中需要自然通风和强制通风。在大规模好氧发酵中，翻堆是通过好氧发酵进程、温度和通气来实现和控制的。有机固体废物好氧发酵损失的额外热量可通过翻堆，使其控制在适当范围内。一般来说，在好氧发酵初期翻堆频次较多。在此阶段，微生物会消耗大量有机质并产生大量热量。堆肥周期一般为 3～9 周，具体时间取决于有机废弃物特点和好氧发酵频率。

通气静态发酵，为了改善发酵条件，通常采取通风工艺。该发酵方式有一个通风层，并以木屑、小麦秸秆或其他具有良好透气性的材料作为调理剂，以保持材料的适当孔隙度。通气静态发酵的特点是人工将物料成排地转移到发酵槽中，并通过通气管进行机械通风和通气，也可采用定期机械翻堆，实现供氧和完全发酵。此外，通风系统也可以建立多孔管道式或地面式等形式。一般多孔管道式系统中布气管一般埋于物料底部。地面式为鼓风机、连接管道及地面布气槽。通气频率有两种控制方法，一种是按时间通气，以每小时所需氧气量进行通气，满足堆肥的好氧条件；另一种是按温度控制，当堆体温度达到一定温度时，进行曝气。在实际发酵过程中，为了减少能耗及运营成本，一般采取间歇性供气。例如，在 1h 范围内，连续供气 10min，间歇 50min，以此循环往复。这种堆肥方法具有投资成本低、自动化程度高、温度和曝气条件控制较好、卫生效果好、臭味少、堆肥时间相对较短、填料量少、占地面积小等特点。通气静态发酵通常有一个由成熟堆肥或木屑组成的外层覆盖物，以吸收异味并减少热量和水分的流失。

反应器系统发酵，自 20 世纪 80 年代以来，反应器堆肥系统因其加速微生物代谢、加快发酵速度和机械化生产等优点，越来越受到各个城市的关注。反应器将堆肥材料放入反应室进行好氧发酵。由于该系统机械化程度高，堆肥设备占地面积小，堆肥过程不会受到环境因素的影响。废气经收集处理后可防止二次污染，解决臭味问题，还可收集热量。但这种工艺初期投资成本高，运行维护成本高，对机械设备的依赖性大，堆肥产品的稳定性可能不好。塔式发酵设备是一种多级立式发酵塔。这种发酵塔一般称为托马斯发酵塔，一般分为 4～8 层。塔内的原料在转臂上梨形搅拌叶片的搅拌下，从上层向下层移动。输入的新鲜空气从每层内壁进入塔内，以满足好氧条件。塔形保持封闭状态，从上到下依次为高温区、中温区和低温区。发酵时间一般为 3～7d。筒仓式堆肥发酵仓一般称为静态发酵仓。筒仓形状一般为圆柱形，堆放高度为 4～5m。堆肥原料通过分配器从筒仓顶部进入筒仓，依次向下移动，由筒仓底部的螺旋机排出。该装置从底部通风并向上流动，一般发酵时间为 10～12d。

9.3 好氧发酵热能回收利用技术

好氧发酵是处理有机固体废物的有效工艺。在气候变化和化石燃料利用面临枯竭的背景下，人们对堆肥热量的回收和再利用的兴趣越来越高。本节主要讨论有机固体废物热能回收利用技术的方法。如本章前面所述，好氧发酵，也称堆肥，是一种有氧分解的生物过程，在这个过程中，微生物将有机物质转化为一种易于处理的富含有机物和有机物的腐殖质产品

(成品堆肥)。这可以在庭院、社区、农场、市政和商业或工业规模上进行。无论规模如何，堆肥主要是通过化学和物理分解过程进行的。化学分解主要是通过微生物，将有机物分解成一种简单的形式，它们可以用作能量，在代谢过程中产生热量。细菌是最丰富的一类微生物，承担着大部分的分解工作。当温度低于40℃时，中温细菌是活跃的。在温度最低时，细菌在分解过程的初始阶段和腐熟阶段占据主导地位。嗜热细菌在40℃以上的温度下开始繁殖，它们在分解过程的中间阶段占主导地位，也被称为嗜热阶段。微生物代谢速度快，加快了有机组分的分解速度，并可快速将温度提高到55℃及以上，该阶段微生物迅速繁殖及代谢，可释放大量热能。真菌可以分解更为复杂的有机物，对于质地过于干燥或氮含量低的有机物，细菌无法处理，比如木质碎片。化学分解者进行大部分分解，但物理分解者也发挥着重要作用。物理分解者主要是代谢有机物或将有机物切成小块的大型生物。物理分解者在40℃以下的堆体中最活跃。如果温度过高，它们会移动到温度较低的堆体边缘。堆肥带来了一些环境和经济效益。

在好氧发酵的有氧分解过程中会释放出热量，其中一部分用于维持微生物代谢，其余通常作为热量损失到周围环境中。然而，产生的热量通常被忽视，因为堆肥的主要目的是有机固体废物的安全化处理和土壤改良剂的生产。但随着全球能源需求的快速增长，产生的热量越来越受到人们的关注，因为它可视为化石燃料的可持续替代品，也是防止全球变暖的主要可能性之一。人们认识到了这一点，并在不同程度上加以利用。随着人们对分解过程的理解和堆肥科学的发展，对这种热量的捕捉也变得越来越复杂。

图9-4所示，为堆肥过程中不同阶段温度变化，及相应类群微生物分布。在中温阶段和嗜热阶段，热量产生率很高，并在很长一段时间内保持较高水平，因为所涉及的微生物会快速降解富含能量且易于降解的化合物（糖、脂肪和蛋白质），以及一些更难降解的物质（木质素、半纤维素和纤维素）。此外，高温有助于加速蛋白质、脂肪、纤维素和半纤维素等复杂碳水化合物的分解。在适当的保温条件下，餐厨垃圾堆肥中，这两个阶段可以持续数周，而在木质纤维素废弃物的堆肥中可持续数月之久。在冷却阶段和腐熟阶段，由于易降解有机组分的耗尽，微生物活性下降。因此，热量产生率降低，堆体温度下降。冷却阶段和腐熟阶段一般可能持续数周至数月。

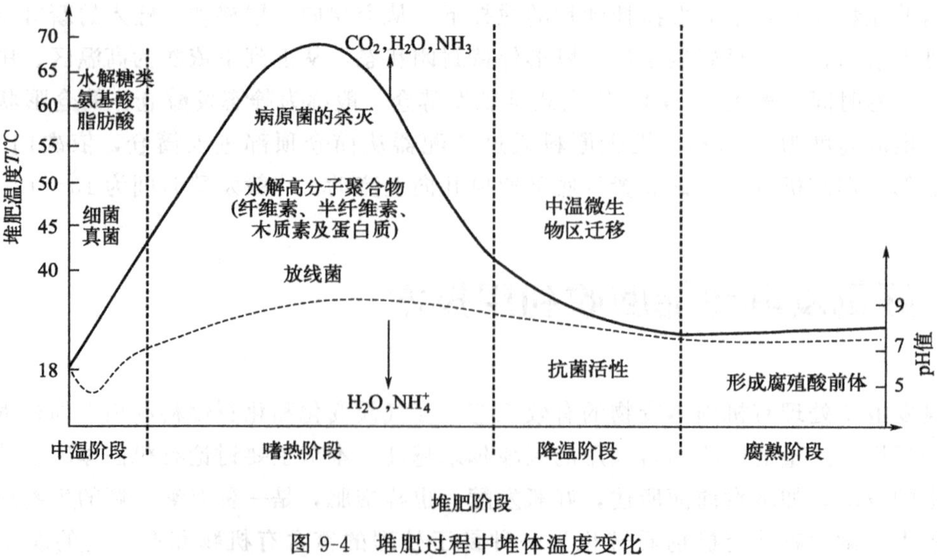

图 9-4　堆肥过程中堆体温度变化

堆肥过程会释放大量热量，尤其是在前两个阶段。堆肥过程中产生的热量来源于储存在有机物中的化学能。堆肥的最终能量与基质燃烧的最终能量相同，因为如果所有基质都被完全氧化，两者都是好氧过程。热值，又称卡值或发热量，是表示燃料质量的一种重要指标，指单位质量（或体积）的燃料完全燃烧时所放出的热量。热值是有机固体废物进行能量分析的最重要因素之一。好氧发酵过程中使用的不同类型有机固体废物的热值特性如表 9-2。

表 9-2　不同类型有机固体废物组分特征及热值

废弃物类型	来源	组成	热值/(MJ/kg)
木质纤维素	木材、小麦、水稻、玉米、草、竹子等	纤维素、半纤维素、木质素、灰分	15～43
厨余	鸡蛋、肉、米、油、水果、蔬菜等	蛋白质、脂质、碳水化合物、无机物	6～20
污泥	生活污泥、工业污泥	微生物、有机纤维、胞外聚合物物质、无机颗粒	4～7
畜禽粪便	鸡粪、马粪、猪粪、牛粪、人类排泄物等	垫料、粪便、尿液	11～47

好氧发酵中的热量积累可能会阻碍该过程的进行。如果产生的所有热量都留在发酵体系中，温度就会迅速升高到嗜热阶段，并达到大多数微生物代谢活动停止的温度（>70℃）。随后，能量产生率会迅速下降，直到温度降到合适的范围（40～60℃）。因此，需去除多余的热量，使堆肥保持在适当的温度范围内，以达到较高的生物活性和最大的产热量。从堆肥中去除多余热量可通过多种方法进行回收。这些热量回收方法因好氧发酵的基质、规模、发酵方式、温度、换热器等因素相关。用于好氧发酵的热回收技术一般有两种，即传统热回收技术和低温热回收技术，堆肥回收的热量可用于热水供应、地板采暖和墙壁采暖等建筑用途。传统热回收技术的工作原理是热量从高温自然流向低温。其中，传统热回收技术包括水套法、堆体内埋管法、顶部空间换热器法、喷淋式换热器法。低温热回收技术使用沸点较低的特殊工作流体来回收热量。已应用于好氧发酵的低温热回收技术包括热泵、有机朗肯循环和热电发电机。不同类型的反应器采用不同的热回收技术：水套法适用于小型反应器，而管式埋桩法（堆体内埋管）和渗水法（喷淋式换热器）适用于木质纤维素生物质堆肥。顶部空间换热器法和低温热回收技术主要用于商业反应器。图 9-5 总结并描述了这些方法。

9.3.1　传统热回收技术

水套法主要在反应器或堆体表面布设水管，反应器中产生的热量通过传导加热水。水套通常用于控制反应器的温度，并从进行放热过程的反应器中回收热量。该方法在中试规模或实验室规模的反应器中非常有效，原因是上述实验规模可通过反应器侧壁传导热量，导致大量热能损失。水套法不适合表面积巨大的商用反应器。水套法不会影响好氧发酵过程，但由于大量的热能损失，其精确度较低。为了减少热量损失，相关学者使用双层水套回收发酵过程中产生的热量，56h 的平均热量回收率为 4W/kg 干物质。

管式埋桩法，主要是向堆体内部进行管道布设，该方法主要是一次性的，最适合长时间

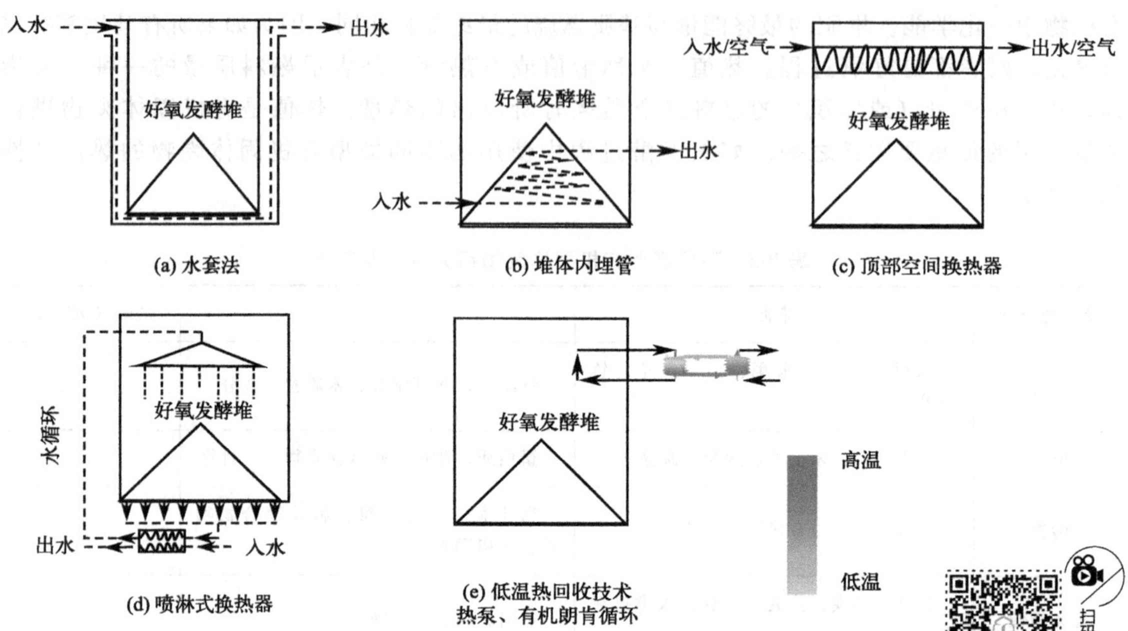

图 9-5 好氧发酵不同热回收方法示意图

(a)、(b)、(c)、(d) 是传统热回收技术。(e) 是低温热回收技术

扫码见彩图

图9-5

好氧发酵。该方法的布设成本及维护成本都很低，因为它通常是自然通风，这也就意味着该过程会有大量的热量损失。研究表明，使用管式埋桩法产生的热量约有一半会流失到环境中。为了减少热量损失，好氧发酵堆一般呈截顶锥形，上面覆盖一层稻草或树叶。此外，该方法的回收效率（回收热量与总发热量之比）很低，基质的传导性也会影响回收效率。该方法也不适合商用反应器，因为它需要大量人力和时间。它通常用于木质纤维素类废弃物的好氧发酵，主要用于家庭供暖。该方法由 Pain 于 20 世纪 70 年代首创，至今仍在使用。有研究表明，管式埋桩法仅回收了好氧发酵过程中产生全部能量的 0.3%。大部分能量通过对流和传导流失到周围环境中。通过使用聚乙烯管回收了约 73%的热能理论值，这一较高的效率源于较低的热损失。此外，低密度聚乙烯管的设计被证实适用于木屑、马粪、树叶和蔬菜等废弃物的好氧发酵，整个系统运行良好并在热量传递方面没有出现重大问题。通过使用柔性不锈钢管从竹子废弃物好氧发酵中提取热量，90h 后，水的出口温度可达到 50～65℃，并且可以提取和利用所产生的热量长达 1000h。在嗜热阶段，温度对铜管的水流速率很敏感，水流速率越高，提取的热量越多。

顶部空间换热器法的效率很高，因为它可以收集水蒸气中的潜热和空气中的显热，而这两种热量在总发热量中占很大比例。通过热交换器的多次循环，回收效率会更高。该方法对堆肥的影响很小。因此，其维护成本低，使用寿命长，可用于多个好氧发酵过程。这种方法主要用于商业反应器，因为它将热回收与曝气相结合，节省了大量能源和成本。顶部空间换热器法的主要缺点是会导致水蒸气凝结，空气循环可能会使堆肥变干。研究表明高热值堆结合沿侧壁设置的柔性管道，可回收 16%～22%的水蒸气。Irvine 等使用该方法收集堆肥产生的热量，并比较了好氧发酵、太阳能光热和地源热泵系统的运行成本，发现使用顶部空间换热器法进行好氧发酵是热能回收最可靠的方法。此外，好氧发酵还可与太阳能升流塔相结合进行制热，可为顶部空间换热器法提供总能量增益的34%。餐厨垃圾堆肥厂通过该方法回收的产生的热量可供应给散热器。蒸汽温度高于50℃就足以进行热回收。

渗水法是另一种可能的热回收方法。该方法通过向好氧发酵堆喷水，水通过重力渗入基质。在此过程中，渗出的水或渗滤液通过传导被好氧发酵堆加热。热量的传递量取决于停留时间。这些水通常从堆肥底部收集起来，然后流到一个缓冲槽中进一步回收热量，热量主要通过换热器回收。接着，冷却后的水被从缓冲罐抽到堆肥堆顶部，再次喷洒进行下一次循环。只有当堆肥基质粒度大、孔隙率高时，才能采用此方法。相关研究者曾在 $80m^3$ 的隔热池中测试过这种方法，渗水的温度可达40～50℃。渗水通常被视为营养源或接种物。渗水法的优点是一方面可以保存微生物和营养，这对营养贫乏的堆肥系统非常重要。另一方面，该方法可以加强营养和微生物活动的循环，这对于均质好氧发酵是最佳选择。而渗水法的缺点是很难控制渗滤过程的停留时间以及堆肥过程和最终堆肥产品的湿度。

9.3.2　低温热回收技术

好氧发酵产生的热量是一种低温能源，因为其温度在20～80℃之间。传统的热回收技术在处理低温热源时可能能源效率较低。为了提高能源效率，低温热回收技术不断发展，其中一些已被用于好氧发酵。热泵是常用于空间冷却和加热的低温热回收技术。热泵可以通过电泵将低温热量转化为高温热量，也可以有效地将堆肥废气中的热量转移到需要加热的水中。热泵的性能系数与堆肥温度密切相关，一旦确定了该系数，就可以估算出热回收率。据报道，在嗜热阶段，一台热泵可以从连续的庭院垃圾好氧发酵中回收 $1kW/m^3$ 的能量。此外，通过回收德国一家城市垃圾堆肥厂的热量，一台热泵可以提供82℃的恒温热水。研究表明通过对热泵从堆肥中回收民用热量的潜力评估，热泵提高了好氧发酵释放的热量的温度，在80～90℃时实现了约4000～5000kJ/kg热量。

有机朗肯循环是一种很有前途的从堆肥中回收热量的技术。有机朗肯循环因其简单、可靠性高和经济性好而成为从堆肥中回收热量的一种有前途的技术。该技术使用低沸点的有机工作液回收低温热量，并通过蒸发器和涡轮机发电。它维护和人员成本较低，能量转换效率也通常较低。有机朗肯循环是一种新技术，在好氧发酵系统中鲜有研究。据报道，该方法是回收城市固体废物好氧发酵废气中热量的合适方法；在这种情况下，废气温度在150～170℃之间，而能量效率在1.5%～11%之间。有研究分析了利用有机朗肯循环从有机固废的好氧发酵和厌氧发酵中回收热量发电的可能性。结果表明，燃烧沼气可将废气的温度从170℃提高到265℃，并将发电量从1kW提高到25kW。此外，燃烧固体燃料也可将废气温度从165℃提高到265℃，并可将发电量从9kW提高到12kW。

热电发电机技术可以直接将产生的热量转化为电能。该技术遵循塞贝克效应，具有寿命长、安全性高、可靠性高等特点，并且不会对环境造成污染和噪声等有害影响。然而，该技术的应用仅限于电力领域。由于能量转换效率较低，它在发电方面的应用也受到限制。有研究表明，结合好氧发酵工艺的热电发电机技术可在20℃的温度梯度下产生约11.3V的最大电压、18.5mA的最大电流和 $175MW/m^2$ 的最大功率。此外，该技术可通过好氧发酵与环境之间的温差进行发电，在40℃的温差下，热电发电机可产生超过7W的能量，电压为8.8～18.6V。

9.4 好氧发酵能源利用与资源化利用

9.4.1 好氧发酵热能利用

好氧发酵产生的热量，可通过不同的热回收技术转化为能源被加以利用。如果没有热泵等升温技术，好氧发酵产生的热量输出温度一般在 20～80℃之间，具体取决于不同的好氧发酵工艺和能源回收设备。这一温度范围非常适合建筑应用，如空气加热、地板采暖和生活热水等。此外，好氧发酵产生的热能还可用于浴池、游泳池和钓鱼池。上述情况通常需要一个储水箱来缓冲温度和能源需求。好氧发酵产生的热能还可用于农业和园艺。最容易利用产生的热量的是温床，它通常用于寒冷地区。使用温床的想法并不新鲜，早在 2000 多年前，我国北方的农民就利用好氧发酵作为温床来提高作物产量。据报道，在波兰东北部，将厨余垃圾和园林垃圾好氧发酵作为温床可使萝卜增产 5d。发酵形成的有机肥用于花园植物等生长，好氧发酵过程产生的二氧化碳和热量还可用于温室，好氧发酵产生的能量可满足温室全年种植作物的热量需求。在好氧发酵反应器的帮助下，温室可使芹菜、叶莴苣、茎莴苣、油菜和大白菜的产量提高 87%～270%，这与二氧化碳的引入有直接关联。除温室外，堆肥产生的能量还可用于鸡的育雏或用于加热其他需要提供适度温度的设施。

好氧发酵的热能也可用于加热厌氧反应器。有研究表明，其产生的热量可以加热三个 26500L 的厌氧消化池，并使其保持在 38℃。好氧发酵产生的能量还可用于冬季融化冰雪和污泥脱水。商业规模的反应器中产生的能量在各种应用中都具有巨大的潜力。鉴于全球能源需求正在快速增长，如果热源和热需求相近，热量的再利用在节约能源、创造经济和环境效益方面具有非常高的潜在价值。但是，好氧发酵的热能利用也存在一些局限性。一方面，由于有机固体废物的高度异质性，使产热率通常以动态化形式呈现。例如，木质素类的降解通常在 35～50℃之间生长为宜，而高于 55℃的温度则适合粪便堆肥。动态产热速率使得热量的获取难以控制。好氧发酵过程热能提取不足会使堆体温度过热；而热量提取过多又会使堆肥冷却，从而抑制物质降解及转化过程。此外，中温阶段和嗜热阶段产热率较高，至少三天的嗜热阶段是杀死病原体和消除风险所必需的过程。所以，为了保证堆肥的安全处置需保证嗜热阶段的高温。有研究表明，与其他绿色技术（太阳能热板和地热发电厂）和传统技术（颗粒燃烧器和天然气冷凝锅炉）相比，堆肥热能的再利用既能节约有机碳（作为腐殖质留在土壤中），又能节约成本。

9.4.2 好氧发酵资源化利用

有机固体废物的好氧发酵产品，主要是形成富含腐殖质类物质的有机肥料，其在土壤改良、土壤污染修复、作物肥料以及生物农药方面都具备巨大优势（图 9-6）。腐殖质是堆肥过程中，有机物经一系列腐殖化过程形成的复杂高分子有机物。其主要包含两类，一类为胡敏酸，另一类为富里酸。与土壤腐殖质相比，好氧发酵过程中腐殖质形成较为快速，复杂程度相对较低。而土壤腐殖化是一个较为漫长的过程，其腐殖质芳构化程度高，化学结构也更为复杂。虽然肥料中腐殖质结构相对简单，但其形成速率快，同时具有改良土壤、刺激作物生长、改善农产品质量等功能。

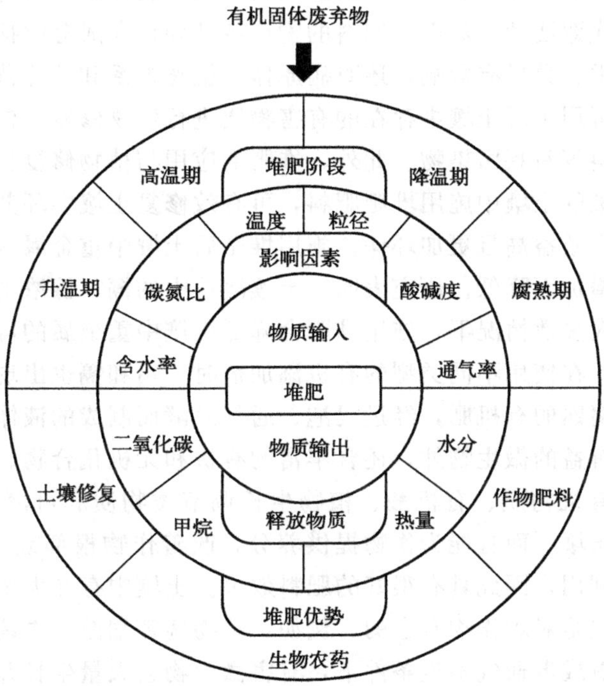

图 9-6 堆肥关键参数及堆肥产品的应用

堆肥作为土壤改良剂有三种功能：

① 以易于吸收的形式帮助土壤增加养分；

② 帮助改善土壤结构，尤其是重黏土的结构；

③ 帮助改善多孔沙土的保水性能。

好氧发酵形成的有机肥质地类似腐殖质，当加入土壤时，通过矿物颗粒的结合可促进土壤稳定团聚体的形成。有机肥的施入可使土壤结构或团聚体稳定性提高 29%～63%。与单作作物和常规施肥管理相比，施用有机肥和轮作增加了宏观团聚体（直径 0～250μm）的比例和几何平均直径，降低了微团聚体和粉土（<250μm）组分的比例。团聚体稳定性提高了 15.7%。但是，有机肥能够提高土壤或黏土团聚体稳定性，但不能提高沙土的稳定性。土壤团聚度和稳定性受施肥量、成熟度、堆肥施用间隔、堆肥原料和土壤类型的影响较大。相关研究表明，施用粪便或生活垃圾好氧发酵的有机肥与未施肥相比显著提高了土壤结构稳定性，且城市垃圾比畜禽粪便更为有效。有机肥施用也会影响土壤的保水能力，它有助于增加黏土的孔隙度，使其更容易排水，从而使其不容易积水或干燥。此外，其土壤养分、有机碳和阳离子交换能力都有所增加。腐熟肥料更为有效，可改善土壤理化性质，并减少重金属固定。用有机肥料替代无机肥料作为土壤的养分来源，对环境保护具有积极影响。与无机肥料相比，施用堆肥的土壤硝酸盐沥滤的风险低，肥料中只有约 5%～15%的氮被利用。有研究预估，在 20 年里，以 $10t/hm^2$ 的比例施用园林固废有机肥，可减少约 2282kg 的 CO_2 当量的温室气体排放。

土传病害是农业中面临的一个主要问题。虽然有很多方法可以治理害虫，但成本高，污染环境，对土壤和植物有负面影响，且容易导致农药抗药性。然而，有机肥最重要的成果之一就是长期以来形成的非病原性腐殖质。腐熟肥料对植物病原微生物有抑制作用，其主要归功于肥料中的微生物代谢活动。然而，肥料的物理特性和化学成分起抑制作用也很重要，因为它们对微生物的种类、数量有影响，还对病原体、植物根系和叶片营养有影响。

好氧发酵肥料也可用于对土壤中存在的有害物质进行生物修复。包括碳氢化合物、氯化物或杀虫剂以及微塑料等新兴污染物。此外，堆肥的应用与植物修复相结合，也产生了很好的修复效果。在受污染的土壤中施用堆肥肥料，可有效修复土壤多环芳烃污染，且该方法作为生物修复手段，成本效益高且更加环保。施用堆肥后土壤中重金属含量会因沉淀物或金属吸附力（固定化）的增加而降低。研究表明，土壤溶液中的镉、镍浓度随着有机物含量的增加而降低。此外，在大多数情况下，施用堆肥会降低土壤中重金属的可萃取水平，这是腐殖质固定重金属的结果。在使用不同类型的有机添加剂时，铅和镉也出现了同样的趋势。

堆肥茶是用堆制腐熟的有机肥，经过浸泡、通气发酵而制成的液体肥料。所获得的产品除了含有对植物生长有益的微生物外，还含丰富的有机和无机化合物。其通过向土壤或植物提供微生物、细颗粒有机物质、有机酸、植物生长调节类物质和可溶性矿质营养元素等物质，不仅能显著改良土壤，而且能为作物提供养分，改善作物根部或植物表面微生态环境，促进养分活化与吸收利用，因此具有很好的肥料效果。土壤中存在大量的微生物，有些是有助于植物生长的，有些是对农作物有害的，例如：植物病害细菌、真菌或原生生物以及食根的线虫等，一般在无氧或者通气不良条件下，有害微生物会大量生长并产生有害毒素，危害作物生长；植物表面上附着大量病菌，也会导致植物感病。堆肥在氧充足即充分通气条件下产生的堆肥茶，可以使作物根部土壤或植株表面大多数的致病性微生物以及植物毒素清除。施用堆肥茶后尽管还有少部分的有害微生物，但施用堆肥茶后保留在土壤或作物叶面的有益微生物就能够有效地控制有害微生物，所以堆肥茶有很好的生防功能。有研究通过从农业和城市好氧发酵肥料中开发的堆肥茶，用来管理番茄种植系统的疾病。田间试验发现，堆肥茶能改善植物健康和营养状况，其主要是抑制和生物刺激机制共同作用的结果。不同的研究表明，堆肥茶能够抑制立枯丝核菌（*Rhizoctonia solani*）、尖孢镰刀菌（*Fusarium oxysporum*）和大丽轮枝菌（*Verticillium dahliae*）的生长。

本章小结

1. 好氧发酵是一种生物技术，通过微生物群落降解有机废弃物转化为稳定肥料，具有周期短、无害化程度高的优点。此过程涉及糖类、蛋白质和脂肪等有机物的降解与转化，形成腐殖质。好氧发酵原料多样，包括易降解的小分子和难降解的木质纤维素。微生物在堆肥初期主要分解易利用有机物，随着温度升高，有机质氧化分解释放二氧化碳。好氧发酵的堆体温度通常维持在55℃以上持续7～10d，以杀灭有害微生物。该技术不仅减少了固体废物的质量和体积，还促进了腐殖质的生成，对植物生长具有积极作用。

2. 好氧发酵过程可分为矿化和生物转化，涉及无氮和含氮有机物的氧化，以及微生物胞内物质的生成与氧化。总反应式表明，有机物与氧气反应生成稳定的有机物残渣、氨或硝酸盐、二氧化硫、二氧化碳和水。成功的好氧发酵需要精细调控pH、含水率、通气量和温度等参数。原料特性如营养物质含量、颗粒大小和碳氮比对堆肥品质有显著影响。好氧发酵分为中温、嗜热、冷却和成熟四个阶段，不同阶段微生物群落发生演替，对物质降解与转化起到关键作用。

3. 好氧发酵工艺主要包括条垛式发酵、通气静态发酵和反应器系统发酵。条垛式发酵操作简单、成本低，但易受气候影响；通气静态发酵投资成本低、自动化程度高；反应器发酵机械化程度高，但初期投资大。好氧发酵过程中产生的热量可以回收利用，包括水套法、管式埋入堆法、顶部空间换热器法等。热量回收可用于热水供应、地板采暖等，体现了好氧发酵在能源回收和环境保护方面的潜力。

4. 好氧发酵不仅是一种废弃物处理技术，也是一种能源回收方式。产生的热量可通过热回收技术转化为可用能源，适用于建筑供暖、农业温床等。此外，好氧发酵形成的有机肥对土壤改良、污染修复和作物生长具有显著效果。腐殖质作为有机肥的关键成分，能提高土壤结构稳定性和保水能力，同时减少硝酸盐沥滤风险和温室气体排放。

5. 好氧发酵在农业和环境领域具有深远影响。有机肥能抑制土传病害，通过微生物代谢活动减少病原微生物。堆肥茶作为一种液体肥料，含有有益微生物和营养物质，能改善土壤和植物健康。此外，好氧发酵肥料对土壤中有害物质的生物修复具有重要作用，能降低重金属含量，提高土壤质量。随着全球能源需求的增长，好氧发酵作为一种可持续的能源和资源回收方式，展现出广阔的应用前景。

复习思考题

1. 好氧发酵过程分为哪几个阶段？固体废物在各阶段需要经历哪些物质代谢和化学反应？微生物在其中起何作用？

2. 好氧发酵工艺包含哪些处置方式？请详细说明各处理方式间的特点及异同。

3. 在好氧发酵过程中，有哪些因素影响好氧发酵产品的最终品质？请举例说明如何调控关键因素以提高肥料品质。

4. 好氧发酵过程中的热能回收技术有哪些，它们各自的适用场景是什么？

5. 有机肥在土壤改良和环境保护方面有哪些作用，其作用机制是什么？请举例说明。

参考文献

[1] Behl M, Thakar S, Ghai H, et al. Chapter 21-Fundamentals of fermentation technology[M], Basic Biotechniques for Bioprocess and Bioentrepreneur ship, 2023: 313-328.

[2] Fan S Y, Li A R, Heijne A T, et al. Heat potential, generation, recovery and utilization from composting: A review[J]. Resources, Conservation & Recycling, 2021, 175: 105850.

[3] Jiang F Z, Jiang Z W, Huang J Y, et al. Exploration of potential driving mechanisms of *Comamonas testosteroni* in polycyclic aromatic hydrocarbons degradation and remodelled bacterial community during co-composting[J]. Journal of Hazardous Materials, 2023, 458: 132032.

[4] Liu T, Chen H Y, Zhou Y W, et al. Chapter 2-Composting as a sustainable technology for integrated municipal solid waste management[M]. Biomass, Biofuels, Biochemicals, 2022: 23-39.

[5] Malesani R, Pivato A, Bocchi S, et al. Compost Heat Recovery Systems: An alternative to produce renewable heat and promoting ecosystem services[J]. Environmental Challenges, 2021, 4: 100131.

[6] Óscar J S, Ospina D A, Montoya S. Compost supplementation with nutrients and microorganisms in composting process[J]. Waste Management. 2017, 69: 136-153.

[7] Sayara T, Salimia R B, Hawamde F, et al. Recycling of Organic Wastes through Composting: Process Performance and Compost Application in Agriculture[J]. Agronomy, 2020, 10: 1838.

[8] Waqas M, Nizami A S, Aburiazaiza A S, et al. Optimizing the process of food waste compost and valorizing its applications: A case study of Saudi Arabia[J]. Journal of Cleaner Production, 2018, 176: 426-438.

[9] Wu J Q, Yao W K, Zhao L, et al. Estimating the synergistic formation of humus by abiotic and biotic pathways during composting[J]. Journal of Cleaner Production, 2022, 363: 132470.

[10] 解强，罗克结，赵由才. 城市固体废弃物能源化利用技术[M]. 北京：化学工业出版社，2018.

[11] 魏自民，席北斗，赵越. 生活垃圾微生物强化堆肥技术[M]. 北京：中国环境科学出版社，2008.

[12] 罗娟，赵立欣，姚宗路，等. 规模化养殖场畜禽粪污处理综合评价指标体系构建与应用[J]. 农业工程学报，2020，36(17)：182-189.

[13] 于艳玲，曹永娜，贺巍，等. 生物质好氧发酵热生产与回收利用研究进展[J]. 农业工程学报，2024，40(05)：25-37.

[14] 吴宇琦. 典型有机固体废物高效处理处置与资源化[M]. 北京：化学工业出版社，2022.

第 10 章

固体废物好氧发酵过程中污染源控制

学习目标

1. 掌握好氧发酵过程评价指标体系，并能利用多种指标评估好氧发酵产物的成熟度和稳定性。

2. 了解好氧发酵过程中病原微生物、臭气、重金属和抗生素等污染源的控制方法，并能够提出有效的控制策略。

3. 学习并分析好氧发酵工艺实例，掌握实际操作流程和关键参数控制，为实际应用提供参考。

在生物经济中，有机固废中生物质的循环利用使碳、氮、磷等营养元素的利用和循环闭合成为可能，显著提高这些生物质的再利用率。好氧发酵通过将生物质进行生物降解，转化为有机肥料，促进养分的循环利用，是连接农耕、畜牧和保持土壤有机质的桥梁，因其具有方便快捷，成本低廉，环境效益高等特点而日益受到关注。然而，有机固废的好氧发酵技术仍存在一些不足，包括操作周期长、过程中产生臭气或空气污染，以及基质中固有的无机/有机污染物或产品不成熟造成的安全问题。病原微生物、重金属、抗生素的传播等污染源是需要评估的重要问题。

本章介绍了固体废物好氧发酵的评价体系及好氧发酵过程中病原微生物、臭气、重金属和抗生素等污染源的控制，同时列举好氧发酵工艺实例。这些信息对合理化有机固体废物好氧发酵及好氧发酵在废物回收利用中的可持续性至关重要，并阐述了未来的挑战和前景。

10.1 固体废物好氧发酵过程评价指标体系

好氧发酵产物安全使用的主要要求是稳定度和成熟度，即产物中有机化合物成分稳定、不含植物毒性和病原体、有利于植物发芽和生长。养分含量、有机质含量、盐分、稳定性、污染物和病原体等均能够被利用来评价好氧发酵过程。不稳定的好氧发酵产物存在相当多的问题，一方面，未成熟的好氧发酵产物中厌氧发酵的部分可能存在臭气；另一方面，动植物毒性会抑制植物生长，传播动植物土传疾病。因此选择使用多种物理、化学、光谱、生物指标多指标衡量能更好地综合评价好氧堆肥成熟度和稳定性（表 10-1）。

表 10-1　堆肥成熟度测量的基本物理、化学和生物指标

指标		标注
物理	温度	与环境温度相等
	气味	土壤味
	色泽	深棕色或黑色
化学	pH	5.5～8.5
	可溶性有机碳含量	<1.7%
	铵态氮含量	<0.4g/kg
	铵态氮/(硝态氮+亚硝态氮)	<0.5
	碳氮比	(15～20)∶1
	腐殖化指数	>1.9
生物	呼吸指数	<0.1mg CO_2/(g·h)
	发芽指数	>70%

10.1.1　物理指标

好氧发酵产物色泽气味和体系温度均可以大致显示发酵程度，但是不够准确。一般来说，随着有机固废的降解，体系温度稳步下降，当温度降至环境温度数天后，好氧发酵过程基本完成。好氧发酵产物中的臭气随着发酵程度的提升会不断降低，最终散发出腐殖土的味道。而产物颜色则从原始物料的黄色、绿色、灰色等本色逐渐转变为成熟产品的棕黑色或黑色。然而由于温度、气味、色泽变化在好氧发酵过程中较难界定，因此很难制定统一标准来通过物理标准评估产物成熟度和稳定性。

10.1.2　化学指标

pH、碳氮比、氮化合物分布、可溶性有机碳、腐殖质等化学指标是评价堆肥成熟度的可靠特征。

（1）pH

堆肥的 pH 值通常在 5.5～8.5 之间，这是评估堆肥成熟度的常用指标。

（2）腐殖化程度

好氧发酵过程其实是有机物的腐殖化过程，活跃的微生物将有机固废转化为稳定的腐殖质。根据胡敏酸和富里酸的比值（腐殖化指数）来表示产物成熟程度，腐殖化指数>1.9 即表示物料已经腐殖化。

（3）可溶性有机碳含量

可溶解的有机化合物是有机碳中最活跃的部分。稳定的好氧发酵产物具有较低的可溶性有机碳含量。在土地上施用可溶性有机碳含量高的堆肥会通过矿化作用消耗土壤中的氧气，阻碍根系呼吸，并通过产生 H_2S 等有毒化合物而大大降低植物产量。因此，采用可溶性有机碳含量应低于 1.7%的好氧发酵产物应用于农业。

(4) 碳氮比

碳氮比不仅是反映好氧发酵原始物料可行性的指标，也是反映可溶性有机碳情况的可靠指标。一般来说，堆肥在较高的 C/N 比值下相对稳定且难以矿化。相比之下，N/C 比值高的堆肥中氮的损失会发臭。除以污水、污泥作为原始物料的好氧发酵外，大多数情况下，C/N 比低于（15～20）∶1 表明最终产品是成熟的。

(5) 氮化合物分布

好氧发酵产品的成熟度也可以用硝化程度来表示。在好氧发酵过程中，有机氮首先在微生物的作用下转化为 NH_4^+-N，然后稳定地氧化为 NO_2^--N 或 NO_3^--N。NO_3^- 是成熟堆肥中的主要无机氮成分。对于不成熟的发酵产品，NH_4^+-N 的含量会很高，而 NO_3^- 则含量较低，在成熟堆肥中，NH_4^+-N 的含量通常<0.4g/kg。NH_4^+-N/(NO_2^--N+NO_3^--N) 的比值通常用于判断堆肥的成熟度。当该比值小于 0.5 时，通常认为堆肥已经较为成熟。NH_4^+-N/(NO_2^--N+NO_3^--N) 低于 0.4 的产品更适用于农业生产。此外，不同类型的堆肥原料和堆肥条件可能会影响该比值的具体数值，但一般情况下，比值越低，堆肥成熟度越高。

10.1.3 生物指标

好氧发酵成熟度也可通过生物指标来评估，如产物中微生物稳定性、微生物活性（如微生物生物量和代谢活性）以及可生物降解化合物的浓度。有氧呼吸指数指的是氧气消耗速率，可作为评估堆肥成熟度的最合适参数之一。根据产生的二氧化碳量、耗氧量和温度变化，可评估可生物降解的有机化合物，可生物降解的有机物含量越低，稳定性越高。而植物毒性试验，如发芽试验、生长试验和酶活性测定，也可用于评估产物的成熟度。一般来说，不成熟的好氧发酵产物会抑制植物生长，其毒性主要来自较低分子量的有机酸（如乙酸）、高浓度的 NH_4^+-N、多酚和其他物质。通过好氧发酵，有毒物质会逐渐分解，从而提高发芽率，发芽率超过 80%，可以认为其植物毒性被消除。

值得一提的是，单一指标的结果可能会导致对好氧发酵成熟度和稳定性不可靠的评价。因此，应综合考虑多个指标。通过化学方法、生物活性测定和植物毒性分析来评估产物成熟度和稳定性更为可靠。一般来说，化学方法可提供有关的基本性质，而生物毒性分析（特别是植物生长测试）可提供有关堆肥对植物生长影响的最可靠、最直接的信息。除成熟度外，其他质量标准，如养分含量、重金属、pH 值和可溶性盐类，也决定了好氧发酵产物的质量，在确定产物的用途时也应予以考虑。

10.2 好氧发酵过程中病原微生物的控制

生物质的循环利用是生物经济可持续发展的基石，生物质在好氧发酵过程中的残留物和产物一起被送回土壤。这些加工过的生物质中存在的病原微生物可能会影响环境安全。土壤可能是人类病原体的储存库，而大规模使用好氧发酵产物是否会改变这些微生物在生物圈中的丰度，及其在土壤中的持久性仍是争论的主题。在农业生产中，病原微生物含量通常在好氧发酵过程中降低，但是仍在产物中可以检测到病原体，生产无病原体残留的好氧发酵产物并不可行，由农艺循环造成的病原微生物的去向问题可能会对环境造成不利影响。因此，好氧发酵过程中存在的病原微生物是否会田间转移并威胁到土壤可持续性仍是目前争论的主题。

研究表明，致病生物和病原体或病原体只占好氧发酵微生物群落的很小一部分。好氧发酵的微生物群落会被高温和拮抗环境有效消灭。然而，尽管如此，好氧发酵潜在的生物风险仍需谨慎对待并采取预防措施。病原微生物的类型和数量以及主要的进入途径在很大程度上取决于原始物料，但加工活动也是一个因素。

好氧发酵中常见的病原微生物主要包括细菌、真菌、病毒等。细菌是好氧发酵原始物料中的简单单细胞生物，种类繁多，数量巨大。与腐熟阶段相比，细菌的主要风险多出现在好氧发酵初始阶段，这是因为潜在的致病细菌通常更适应低温环境，长时间保持高温可降低与致病细菌相关的风险。因此好氧发酵规范规定，有机固体废物必须在规定温度下发酵一段时间，以避免致病细菌残留。与细菌不同的是，真菌更适宜在好氧发酵的后期存在。真菌和真菌产物（如孢子、葡聚糖、霉菌毒素等）是主要生物气溶胶，环境中常见的真菌及产物大多不会引起传染病，除了有特殊过敏症的个体可能会出现过敏反应或免疫系统受损的个体可能出现感染。病毒具有包裹在蛋白质外壳中的极小片段的遗传物质。一般来说，病毒在宿主环境以外的地方存活率不高，在发酵过程中通常很容易失活。因此，病毒更多仅存在于原始物料中，这也是部分国家和地区普遍不采用好氧发酵作为动物尸体的处理方式的主要原因。此外，原始物料中可能会涉及寄生虫、原生动物、蠕虫等，然而，好氧发酵过程中产生的高温环境会大量减少寄生生物的存活。因此，对好氧发酵过程中的病原微生物控制，除了对原始物料进行管控，应投入更多精力达到好氧发酵要求的规范中。

10.3 好氧发酵过程中臭气产生特性及控制

好氧发酵是微生物在有氧条件下分解有机物的生物过程，然而好氧发酵过程不可避免地会产生臭气。这项缺点阻碍了好氧发酵的推广和应用。好氧发酵过程中蛋白质、碳水化合物和脂质（脂肪和油）在微生物从中获取能量和养分的过程中会分解成各种中间化合物。这些中间化合物有些是挥发性物质，其中包括氨气（NH_3）、挥发性有机化合物（VOC）、硫化氢（H_2S）和其他恶臭气体，这些臭气会影响人类和动物的健康，并造成环境污染。因此，了解有机固体废物好氧发酵过程中臭气的产生特性，寻求控制臭气的方法是减少臭气污染的重要途径。

10.3.1 好氧发酵过程中臭气产生特性

好氧发酵过程中产生臭气的主要原因是固体废物中有机组分的分解，其中一些中间体是挥发性臭味剂。通常，在缺氧和厌氧条件下更易产生和积累臭气。因此在固体废物好氧发酵过程中，保证好时间和氧气含量，这些中间化合物能够进一步分解成无害的产物。化合物随空气飘散，被人的鼻子吸入，大脑就能感知到它的气味（图 10-1）。挥发性是化合物产生气味的必要条件。气味是由挥发的化学物质自身的蒸气压决定，蒸气压高的臭味化合物更容易挥发；随着温度的升高，蒸气压也随之升高，因此温度升高时挥发速率加快。

图 10-1　好氧发酵过程中产生臭气

扫码见彩图

图10-1

好氧发酵过程中常见的产生臭气的化学物质包括氨、硫化氢、有机硫化物、挥发性脂肪酸和萜烯如表 10-2 所示。在好氧发酵过程中，臭味剂通常以组合形式出现。一般来说，随着分解活动的进行，挥发性化合物的组合会发生变化，特征气味也会随之改变。一般来讲，在好氧发酵进程的 10～14d 内，以及原始固体废物可降解组分占比高时，臭气的发生更为普遍。

表 10-2　有机材料在处理和分解过程中释放的常见臭味剂

化合物名称	异味描述	化学式	20℃或 25℃蒸气压/mmHg
挥发性脂肪酸（VFA）			
甲酸	刺激性气味	$HCOOH$	42.8
乙酸	醋味，刺激性气味	CH_3COOH	15.7
丙酸	馊味、刺激性	C_2H_5COOH	3.53
丁酸	馊黄油味，体臭味	C_3H_7COOH	1.65
戊酸	难闻的汗味	C_4H_9COOH	0.1
异戊酸	馊奶酪味	$(CH_3)_2C_2H_3COOH$	0.554
己酸	刺激性气味	$C_5H_{11}COOH$	0.2
挥发性含氮化合物：氨、胺、吲哚			
氨	尖锐刺激性气味	NH_3	7510
腐胺	腐臭味	$NH_2(CH_2)_4NH_2$	4.12
尸胺	腐臭味，腐烂的肉味	$NH_2(CH_2)_5NH_2$	1.0
甲胺	腥臭，腐鱼腥味	CH_3NH_2	1810
二甲胺	腐鱼腥味	$(CH_3)_2NH$	1520
三甲胺	鱼腥味，刺激性	$(CH_3)_3N$	2650
乙胺	类似氨气，刺激性	$C_2H_5NH_2$	7.50
吲哚	粪便味，臭味	C_8H_7N	0.012
甲基吲哚	粪便味，臭味	C_9H_9N	0.015

续表

化合物名称	异味描述	化学式	20℃或25℃蒸气压/mmHg
挥发性硫化合物：硫化氢、硫醇、有机硫化物			
硫化氢	臭鸡蛋味	H_2S	15600
甲硫醇	刺鼻的烂白菜味，大蒜味	CH_3SH	1510
乙基硫醇	腐烂的卷心菜味	C_2H_5SH	529
二硫化碳	甜得发腻的烂南瓜	CS_2	360
二甲基硫醚	腐烂的卷心菜味	$(CH_3)_2S$	502
二甲基二硫醚	腐臭，硫黄味	$(CH_3)_2S_2$	28.7
萜烯			
α-蒎烯	尖锐的松节油味	$C_{10}H_{16}$	4.75
柠檬烯	尖锐的柠檬味	$C_{10}H_{16}$	1.98
酮和醛			
苯酚	药味	C_6H_5OH	0.38
丙酮	刺激性溶剂味	CH_3COCH_3	225
丁酮	甜味	$CH_3COCH_2CH_3$	72
甲醛	涩，药味	H_2CO	3883
乙醛	甜水果味	CH_3CHO	900

好氧堆肥过程中臭气的排放取决于体系内的物理、化学性质和热处理条件。这些条件包括氧气、温度、pH值和原料属性，如水分、体积密度、结构和养分等。好氧发酵过程会消耗大量氧气。在刚翻动的好氧发酵体系中心氧气含量由与外界环境相似的21%下降至1%以下。在缺乏氧气或厌氧条件下，兼性厌氧细菌逐渐占据主导地位，这些细菌在降解有机组分的过程中会产生并积累更高浓度的臭味化合物。因此在生产实践中，只要有时间和充足的氧气，这些化合物就能够逐渐转化为无害产物。

好氧发酵过程中温度也是影响臭气排放的重要因素之一。通常通过温度影响体系中其他因素间接导致臭气的更多排放。一方面，随着温度的升高，溶解在固体周围液膜中的分子动能增加，使更多的分子进入气相，其中包括挥发性的臭味分子和溶解氧。体系中孔隙空间的臭味剂浓度会增加，而液膜中可利用的氧气分子减少。另一方面，高于45℃的温度会抑制体系中有机酸的分解，持续积累的有机酸等物质产生强烈的臭气。此外，嗜热微生物在温度接近65℃时逐步受到抑制，温度超过70℃后严重受抑制。嗜热细菌将有机组分完全代谢为CO_2的能力减弱，产生更多的不完全分解化合物和臭味化合物。

研究表明，对臭气产生影响最大的因素是初始原料混合物的特性。水分含量、孔隙空间、碳氮比对臭气的产生有重要的影响。水分含量对氧气输送有重要影响，过高的水分含量会显著降低体系中微生物的可用氧含量。空气通过强制或自然对流在绒毛中移动的能力取决于充满空气的孔隙空间的大小。当孔隙空间被过量的水占据或因压实而缩小时，体积密度增大，就很难提供足够的空气来满足微生物的耗氧量，氧气含量就会下降。通常来说，只有当原始物料碳氮比较低时（如小于20）才会产生臭味。庭院垃圾和一些农业残留物等原料在不添加添加剂的情况下具有理想的碳氮比。生物源固体废物、食物厨余、厌氧分解设施产生的沼渣和粪便等原料本身含氮量高，C/N往往更低。过量的氮为氨（NH_4^+和NH_3）和含氮的臭味化合物的形成提供了原料。其次，过量的 NH_3 会抑制微生物的稳定化，导致在后续工艺阶段产生异味。虽然 NH_3 本身很少成为令人生厌的臭气来源，但是低碳氮比和高 NH_3 排放与较高的有气味硫化物排放有关，造成后一种影响的原因可能是可用碳库不足，而这正是微生物同化氮和硫化合物所必需的。

10.3.2　控制臭气产生的方法

针对臭气产生的特性，控制好氧发酵过程中臭气产生的方法一般通过改进工艺和原始物料预处理进行。原始物料的臭气可以在集中进行好氧发酵前进行预处理。高度可降解的有机固废考虑需尽快进行处理，含水率高的原料不宜储存，可以考虑与足量大体积干燥改良剂混合或覆盖，如动物粪便可在家禽和牲畜饲养区添加大量垫料，有机酸含量过高的原料中可选择酌情添加石灰，草木灰等其他碱性材料，在减少臭气的同时提高 pH 值。

如前所述，防止好氧发酵过程中产生臭气的第一道防线，是遵守基本的好氧发酵规范，即保证好通气、碳氮比、孔隙空间、含水量、pH 且温度适宜。满足上述条件后，臭气的控制策略则以限制臭气排放为主要策略。好氧发酵过程中臭气的产生主要由低氧和高温导致。如果可以进行氧含量测定，且平均氧气含量低于 5%，或温度超过 65～70℃持续几天，除调整体系原始物料基本性质外，可以采取以下一种或多种补救措施：

① 降低体积密度或增加孔隙空间，以加强自然对流和氧气的扩散。

② 减小体系高度或宽度，增加表面积以减少热量损失。

③ 添加回收堆肥，降低耗氧量。

④ 在好氧发酵前几周的活跃代谢阶段频繁翻堆，抑制厌氧条件。

⑤ 考虑使用添加剂减少挥发性化合物的排放，包括生物炭、沸石、草木灰等。

针对腐熟阶段的好氧发酵产生的臭气，延长腐熟前的活跃代谢时间，频繁监控腐熟堆的温度，对腐熟堆进行少量喷水灌溉降温都是常见的臭气控制手段。值得注意的是，体系可能由于干燥过早进入腐熟阶段，因此适当关注体系含水率，保持物料的多孔性显得尤为重要。此外对腐熟阶段体系进行强制通气也是行之有效的方法之一。

10.4　好氧发酵过程中重金属的控制

重金属污染是好氧发酵产品应用的主要限制因素之一。有机固体废物中重金属的主要来源可能是食物链同化和受污染的土壤。对于秸秆、园林垃圾等植物废弃物，通常通过根系吸收积累重金属，畜禽粪便等动物源废弃物则更多来源于动物饲料，动物对重金属的吸收率很低，大部分被排出体外，因此排泄物中重金属含量很高。

重金属可以以离子、分子或其他组合形式存在于环境中。重金属的流动性和生物利用率在很大程度上取决于其具体的存在形态而非其总含量。重金属的形态与其来源、周围环境参数以及进入环境后可能与其他物质发生的相互作用有关。不同的种类表现出不同的生物毒性和环境行为。目前通常将重金属分成四个部分：可酸提取部分、可还原部分、可氧化部分和残留部分。可酸提取部分的毒性作用最强，是生物可利用部分，而残留部分的毒性作用最弱。就重金属总含量而言，由于有机组分的矿化和分解，好氧发酵过程中的重金属会浓缩并发生形态转化。

在好氧发酵的过程中，重金属对微生物的毒性作用通常体现在两方面：一方面是影响蛋白质（酶）的功能，破坏 DNA 的双链结构；另一方面是影响微生物的正常代谢过程。一些必需的营养元素，如铜和锌，参与了广泛的酶促过程，涉及生理功能的许多方面。然而，重金属阳离子可能会在特定蛋白质（如酶）的结合位点取代生理必需阳离子，从而改变或破坏生物功能。此外，金属物种还能与新生蛋白质上敏感的硫醇基结合，影响蛋白质折叠或酶与辅助因子的结合，从而破坏蛋白质的正常生物活性。同时，这些反应经常需要并产生活性氧。活性氧主要在过渡金属参与芬顿反应或破坏配位时产生。通常，生物体内有一个抗氧化系统，可以清除体内多余的活性氧。然而，过量的重金属阳离子可能会刺激自由基和活性氧的形成，导致氧化应激，并破坏其产生与由过氧化氢酶、过氧化物酶和超氧化物歧化酶等酶类抗氧化剂，以及谷胱甘肽和抗坏血酸等非酶类清除剂组成的抗氧化系统活性之间的平衡。这些毒性作用最终会影响好氧发酵产物的质量。微生物膜含有金属阳离子的吸附位点，是重金属毒性的作用部位。研究表明微生物的细胞膜上有不同的转运蛋白来控制金属的吸收和排出。细胞膜上的转运体被认为是决定金属毒性的关键因素，影响正常的膜转运过程。此外，当暴露于有毒金属时，细胞膜的完整性也会受到严重损害。

在好氧发酵过程中，通常采用修正基本性质，使用添加剂或微生物菌剂等方式降低重金属毒性。体系基本性质是好氧发酵过程中降低重金属毒性的关键因素。好氧发酵的基本性质不仅可以直接改变重金属的毒性，还可以通过调节微生物活动间接改变重金属的毒性。好氧发酵过程中减轻毒性的主要途径是 pH 值对溶解的抑制、腐殖质的结合和无机阳离子的保护作用等。在高 pH 值条件下，金属溶解受到抑制，并形成化合物或沉淀。然而，随着 pH 值的增加，微生物群落结构和好氧发酵过程受到影响，在堆肥过程中，通过提高 pH 值来降低重金属的毒性可能难以调节。此外，好氧发酵过程中有机组分的转化也会通过金属与新形成的腐殖质的相互作用影响金属的分布。腐殖质中存在大量可与重金属发生反应或结合的官能团，因此对重金属的流动性有很大影响。生物炭是常用的好氧发酵添加剂，作为一种重金属改良剂，生物炭具有许多有利的固定特性，如微孔结构、活性官能团、高 pH 值和阳离子交换容量。生物炭主要通过吸附和沉淀机制大幅降低生物可利用的重金属含量。研究表明，已从受重金属污染的水生系统和土壤中分离出许多微生物物种。以白腐真菌为例，它们能够通过独特的胞外氧化酶系统、细胞壁阳离子交换、胞外有机酸螯合和胞内生物累积等方式固定重金属。同时，重金属还可能通过涉及蛋白质或细胞相关多糖（如脂多糖）的相互作用，与微生物细胞表面结合或沉淀。这种细胞外吸附作用可降低重金属的生物利用率，从而实现微生物修复的目的。此外，重金属可在细胞内发生生物转化，包括氧化还原、甲基化和去甲基化。这些反应可将有毒金属转化为毒性较低或可用性较低的形态，并降低其生态毒性。

10.5 好氧发酵过程中抗生素的控制

自从青霉素被发现以来，抗生素在世界中发挥着至关重要的作用。抗生素不仅促进了人类和动物的健康，改变了我们的生活方式，还大大提高了我们的生活质量，因此它们被广泛应用于畜牧业、水产养殖业、农业和养蜂业。尽管抗生素的使用为我们的社会和世界作出了巨大贡献，但其副作用也因抗生素耐药性的产生而对我们的环境和生态造成了巨大影响。在已使用的抗生素中，大部分被人类和牲畜使用。然而，仅有 10%～40%的抗生素能被人类和动物肠道代谢，其残留物被释放到废水和粪便中，导致废水处理和畜牧场成为抗生素耐药性风险的高发区域，尤其是活性污泥和畜禽粪便，最终会影响地下水、土壤和周围环境。因此，解决抗生素残留和抗生素耐药性风险对固体废物资源化利用至关重要。

由于污水、污泥和畜禽粪便中抗生素残留种类繁多、数量巨大，微生物受到很大影响，这不仅可能对好氧发酵过程产生有害影响，而且还可能对抗生素耐药基因特征产生有害影响。如果好氧发酵固体废物中的抗生素和抗生素抗性基因残留，在施用之前没有被彻底清除，也会引发公共卫生问题。因此，研究抗生素的变化、抗生素的消除因素及其对好氧发酵过程的影响，对于探索更好的好氧发酵策略以减少环境中活性成分的输入至关重要。

在动物中使用最多的抗生素是四环素类、大环内酯类、氟喹诺酮类和磺胺类。四环素类抗生素家族包括四环素、土霉素、金霉素、地美环素和多西环素。好氧发酵对四环素的去除率较高，去除率在 39.7%～100%之间。Arikan 等发现，好氧发酵第 6 天土霉素的去除率下降了 95%，好氧发酵结束时去除率超过 99.8%。在 45 天的好氧发酵过程中，大部分四环素类药物都有所减少。四环素、金霉素和土霉素的去除率分别为 93.8%～95.7%、96.2%～97.2%、97.3%～98.5%。除四环素、金霉素和土霉素外，多西环素的降解率也有类似的下降趋势。大环内酯类抗生素是由链霉菌产生的广谱抗生素，在治疗家畜和家禽的呼吸道和消化道疾病方面发挥着不可替代的作用。泰乐菌素是一种常见的大环内酯类药物。据报道，泰乐菌素在猪粪中很容易降解和水解，在有氧条件下 12h 内几乎完全降解。此外，泰乐菌素可被快速降解，在好氧发酵的前 9 天，泰乐菌素从 62.56mg/kg 降至 0.35mg/kg，好氧发酵 30 天后进一步降至 0.01mg/kg。氟喹诺酮类药物具有广泛的抗菌活性，对动物有较好的口服吸收效果。然而，研究表明，环丙沙星和氧氟沙星在好氧发酵过程中并没有完全降解，而是继续存在，在环境中具有持久性。磺胺类药物是一类重要的合成抗菌药物，在药理学中被广泛用于治疗人类和动物的细菌感染。与氟喹诺酮类药物相比，由于氟喹诺酮分子结构比磺胺结构更难降解，因此磺胺类药物很容易被清除。

好氧发酵过程中抗生素的降解效率受很多因素的影响，如不同的环境条件（温度、湿度、pH 值和通风）、抗生素的种类等。据报道，抗生素的去除主要发生在加热和嗜热阶段，去除效率随堆肥最高温度的升高而增加。高温不仅能促进抗生素的分解，还能加强抗生素的水解作用。在好氧发酵过程中，高温能有效降解四环素类药物及磺胺类药物。通风是为好氧发酵过程中提供氧气的最有效方法，可满足好氧微生物的需氧量。通风有利于好氧微生物的繁殖和活动，从而促进抗生素等有机物的分解。对于不同种类的抗生素，其化学结构不同，好氧发酵过程中对环境条件的反应也不同，从而导致降解效率的差异。

10.6　好氧发酵工艺实例

有机固体废物的好氧发酵工艺是一个将有机固废转化为营养丰富土壤改良剂的过程。以下是一个具体的好氧发酵实例，展示了这一过程的各个步骤。

（1）前期准备和原料收集

拉科鲁尼亚大学校园（UDC）的好氧发酵计划始于 2011 年，目的是处理 UDC 校园内大学食堂产生的所有生物废物（BWUC）。校园的好氧发酵废物包括修剪灌木割草获得园林废物，以及来自各个大学食堂的厨房和食物废物。好氧发酵计划的诞生与最终于 2013 年启动的城市菜园项目有关。其目的是生产高质量的土壤改良剂和有机肥料，用于校园的城市农民和园艺。

据粗略估计，在拉科鲁尼亚大学，正常课程期间，估计最大废物量（如果所有有机废物都从源头分离出来进行好氧发酵）达到每周 1450kg，这相当于每年有 63t 食堂有机废物可能被好氧发酵。分选处理塑料和金属等不适当材料的存在罕见或零星，不合格的材料一直远低于原材料的 1%。

（2）建立好氧发酵堆

如图 10-2 显示了 UDC 校园部分好氧发酵区的视图。大多数好氧发酵区都配备了静态好氧发酵机，遵循家庭（后院）和社区好氧发酵做法。其中七个地区的好氧发酵是在塑料好氧发酵箱（KompContainer® Trading，Pettenbach，Austria）中进行的，容量从 340L 到 1400L 不等。例如，340L KompContainer® 的尺寸为 76cm×76cm（底座）×85cm 高，而 1050L KompContainer® 的直径为 136cm，高为 107cm。操作程序确定将原始 BWUC 添加到同一个好氧发酵箱中，直到它几乎装满，然后将原始 BWUC 引导到另一个好氧发酵机，使第一个好氧发酵机处于好氧降解状态，直到完全成熟。在保持嗜热（51.5℃±9.5℃）温度约 80 天后，在平均每批处理 360.5kg BWUC 的 340L 静态好氧发酵中，三个半月后获得了稳定的好氧发酵（RottegradeⅣ-Ⅴ级）。

图 10-2　UDC 校园内好氧发酵区视图

扫码见彩图

图10-2

考虑到不同好氧发酵批次，嗜热阶段的平均温度为（59.0±7.5）℃，因此，达到的热梯度平均为 44℃，是所有 UDC 好氧发酵中最高的。在特定条件下，超过 60℃甚至 70℃是很常见的。模块化好氧发酵机平均需要 65 天才能填充，在此期间嗜热温度保持在 50～75℃之间。该区域的同化率为（15.6±3.4）kg/工作日。在此基础上，确保好氧发酵的水分在40%～60%、通气性和C/N比（碳氮比）适宜。

（3）好氧发酵稳定性和特性的评估

在这些检查中，嗜热阶段的平均温度（T_m）达到（45.8±16.7）℃。该值低于操作员进行连续监测期间记录的值，一方面是由于动态好氧发酵机的预期温度较低；另一方面是由于低负载矩的检查重合，在这些阶段中显示出较小的变异性。

在动态好氧发酵机中，第一阶段的最低氧值在11～14mg O_2 的范围。然而，在同一阶段中，静态好氧发酵机中氧气含量的差异（12%～20%）没有统计学意义（$P=0.07$）。静态和动态系统之间的其他参数没有显著差异（$P>0.1$）。在全部测量结果中，最后阶段（$P<0.01$）和阶段2（$P<0.05$）的氧气水平明显高于第一阶段，而第二阶段和第三阶段之间的差异并不显著。在整个过程中和不同系统中记录的氧气水平表明具有非常好的氧合能力，这是由于使用了足够数量和质量的膨胀材料。

在整个过程中未发现pH值差异（总样品组的平均值为7.7±0.7）。由于灌溉方法，水分含量的差异也非常有限［平均值为（67.3±3.6）%］，其目的是在过程结束时保持高水分含量，以有利于蚯蚓在以后阶段的活动。通常认为好氧发酵作为商业修正案的法规中规定的最大水分含量为40%。然而，由于好氧发酵直接从好氧发酵成熟地点带到使用地点，没有中间储存，因此认为没有必要在施用土壤之前降低水分含量。

在整个过程中，有机物含量也有所下降，平均从最初的80%下降到最终的65%。与第二阶段和最终阶段相比，第一阶段和第二阶段之间有机质含量的降低更明显和显著。

低碳氮比和高氮含量表明，好氧发酵过程有利于养分的保存，从而产生具有较高肥料价值的产品。磷含量在其他工业好氧发酵中处于最高水平，并且与该地区家庭好氧发酵中的磷含量相似。与相同的家庭好氧发酵源相比，K和Mg含量较低，而Ca含量较高。另外，最终好氧发酵的营养成分高于Sangamithirai等人报道的校园内产生的各种废物组合，包括某些类型的食堂废物，如水果废物、废咖啡渣、废茶叶和蔬菜废物，但庭院废物的比例很大。

本章小结

1. 固体废物好氧发酵的评价指标体系，用于评估产物的成熟度和稳定性，确保其安全用于农业生产。该体系涵盖了物理、化学和生物三个方面的指标，分别反映发酵程度、有机物分解程度、养分含量和产物对植物生长的影响。

2. 病原微生物残留是影响好氧发酵产物安全性的重要因素。本章分析了几种病原微生物的种类、风险和控制方法，并强调了高温处理、原料选择和微生物菌剂等手段的重要性。同时，原料种类、发酵温度和时间等因素也会影响病原微生物的控制效果。

3. 好氧发酵过程中产生的臭气会污染环境，本章深入探讨了臭气的产生特性，并提出了改进工艺、原料预处理和添加抑制剂等控制方法。此外，氧气含量、温度和原料特性等因素也会影响臭气的产生量和排放量。

4. 重金属污染是好氧发酵产物应用的主要限制因素之一。本章分析了重金属的来源、影响和控制方法，并强调了调整pH值、增加腐殖质含量和使用添加剂等手段的重要性。重金属的形态与其毒性作用密切相关，可溶性部分毒性最强。

5. 抗生素控制：抗生素残留会导致抗生素耐药性基因产生，对环境和人体健康造成危害。本章分析了抗生素的来源、影响和控制方法，并强调了高温好氧发酵、通风和选择易降解抗生素种类等手段的重要性。抗生素的降解受环境条件和种类的影响。

复习思考题

1. 固体废物好氧发酵过程评价指标体系有哪些?
2. 好氧发酵产物的成熟度和稳定性如何通过化学指标和生物指标进行综合评估?
3. 好氧发酵过程中，如何利用添加剂或微生物菌剂来降低重金属毒性?
4. 结合本章内容和实际案例，谈谈好氧发酵技术在固体废物处理中的优势和局限性。
5. 有机固体废物的好氧发酵工艺步骤一般有哪些?
6. 好氧发酵产物在农业生产中的应用前景如何? 如何提高好氧发酵产物的市场竞争力?

参考文献

[1] Abdellah Y A Y, Shi Z J, Luo Y S, et al. Effects of different additives and aerobic composting factors on heavy metal bioavailability reduction and compost parameters: A meta-analysis [J]. Environmental Pollution, 2022, 307: 119549.

[2] Bao H Y, Fu Q Q, Wang Z F. Chapter 9-Antibiotic residues and the effects on composting process[J]. Current Developments in Biotechnology and Bioengineering, 2023: 221-249.

[3] Cao T T, Zheng Y H, Dong H M. Control of odor emissions from livestock farms: A review[J]. Environmental Research, 2023, 225: 115545.

[4] Chen X M, Zhao Y, Zhang C, et al. Speciation, toxicity mechanism and remediation ways of heavy metals during composting: A novel theoretical microbial remediation method is proposed [J]. Journal of Environmental Management, 2020, 272: 111109.

[5] Nellie J B, Jane G, Ginny B, et al. Chapter 13- Safety and health principles and practices for composting facilities[M]. The Composting Handbook, 2022: 627-683.

[6] O'Neill T, Rynk R, Black G, et al. Chapter 12-Odor management and community relations[M]. The Composting Handbook, 2022: 549-625.

[7] Pascal P, Céline D, Lynda A, What on earth? The impact of digestates and composts from farm effluent management on fluxes of foodborne pathogens in agricultural lands [J]. Science of The Total Environment, 2022, 840: 156693.

[8] Quadar J, Chowdhary A B, Dutta R, et al. Chapter 12-Economic and quality evaluation of composting technologies[M]. Current Developments in Biotechnology and Bioengineering, 2023: 295-318.

[9] Sangamithirai K M, Jayapriya J, Hema J, et al. Evaluation of in-vessel co-composting of yard waste and development of kinetic models for co-composting[J]. International Journal of Recycling of Organic Waste in Agriculture, 2015, 4(3): 157-165.

[10] Torrijos V, Dopico D C, Soto M. Integration of food waste composting and vegetable gardens in a university campus[J]. Journal of Cleaner Production, 2021, 315: 128175.

[11] Xiao R, Liu T. Chapter 4-Composting system and mature end-products production [M]. Current Developments in Biotechnology and Bioengineering, 2023: 81-97.

[12] 陆文静，王洪涛，赵岩. 固体废物处理设施恶臭影响研究及案例分析[M]. 北京：化学工业出版

社，2020.
[13] 边炳鑫，赵由才，乔艳云. 农业固体废物的处理与综合利用[M]. 北京：化学工业出版社，2017.
[14] 饶静，许翔宇，纪晓婷. 我国农业面源污染现状、发生机制和对策研究[J]. 农业经济问题，2011，32(08)：81-87.
[15] 杨林章，冯彦房，施卫明，等. 我国农业面源污染治理技术研究进展[J]. 中国生态农业学报，2013，21(01)：96-101.
[16] 阙慧，孙翔，肖芸，等. 基于好氧堆肥的餐厨垃圾肥料化利用污染分析及控制策略[J]. 环境工程，2014，32(01)：97-101.